# 混凝土结构平法施工图识读

主编　张春光

副主编　段　欣　刘　学　赵永会

電子工業出版社

Publishing House of Electronics Industry

北京•BEIJING

## 内 容 简 介

本书是根据教育部发布的《中等职业学校专业教学标准（试行）土木水利类（第一辑）》中的相关教学内容和要求编写而成的。

本书以现行国家建筑标准22G101系列图集为准，从平法制图规则入手，详细介绍典型构造节点详图，结合实际工程结构施工图纸，采用理论联系实际的方法，对各知识点进行全面介绍。

对初学者而言，本书介绍了大量工程实际案例，可以直接应用到工程实践中，为今后进行工程实践奠定坚实的基础。

本书可作为中等职业学校土建类专业学生学习和参加职教高考的备考用书，也可供施工技术、工程造价、工程监理等相关从业人员及其他对平法制图技术有兴趣的初学人士学习参考，还可作为上述专业人员的培训教材使用。



**图书在版编目（CIP）数据**

混凝土结构平法施工图识读 / 张春光主编. —北京：电子工业出版社，2021.11

ISBN 978-7-121-42428-1

Ⅰ. ①混… Ⅱ. ①张… Ⅲ. ①混凝土结构－建筑制图－识图－中等专业学校－教材 Ⅳ. ①TU204.21

中国版本图书馆CIP数据核字（2021）第242379号

责任编辑：张　凌　　　　特约编辑：田学清
印　　刷：北京天宇星印刷厂
装　　订：北京天宇星印刷厂
出版发行：电子工业出版社
　　　　　北京市海淀区万寿路173信箱　　　邮编 100036
开　　本：880×1230　1/16　印张：16.5　字数：290.4千字
版　　次：2021年11月第1版
印　　次：2025年2月第6次印刷
定　　价：49.00元

凡所购买电子工业出版社图书有缺损问题，请向购买书店调换。若书店售缺，请与本社发行部联系，联系及邮购电话：（010）88254888，88258888。

质量投诉请发邮件至zlts@phei.com.cn，盗版侵权举报请发邮件至dbqq@phei.com.cn。

本书咨询联系方式：（010）88254549。

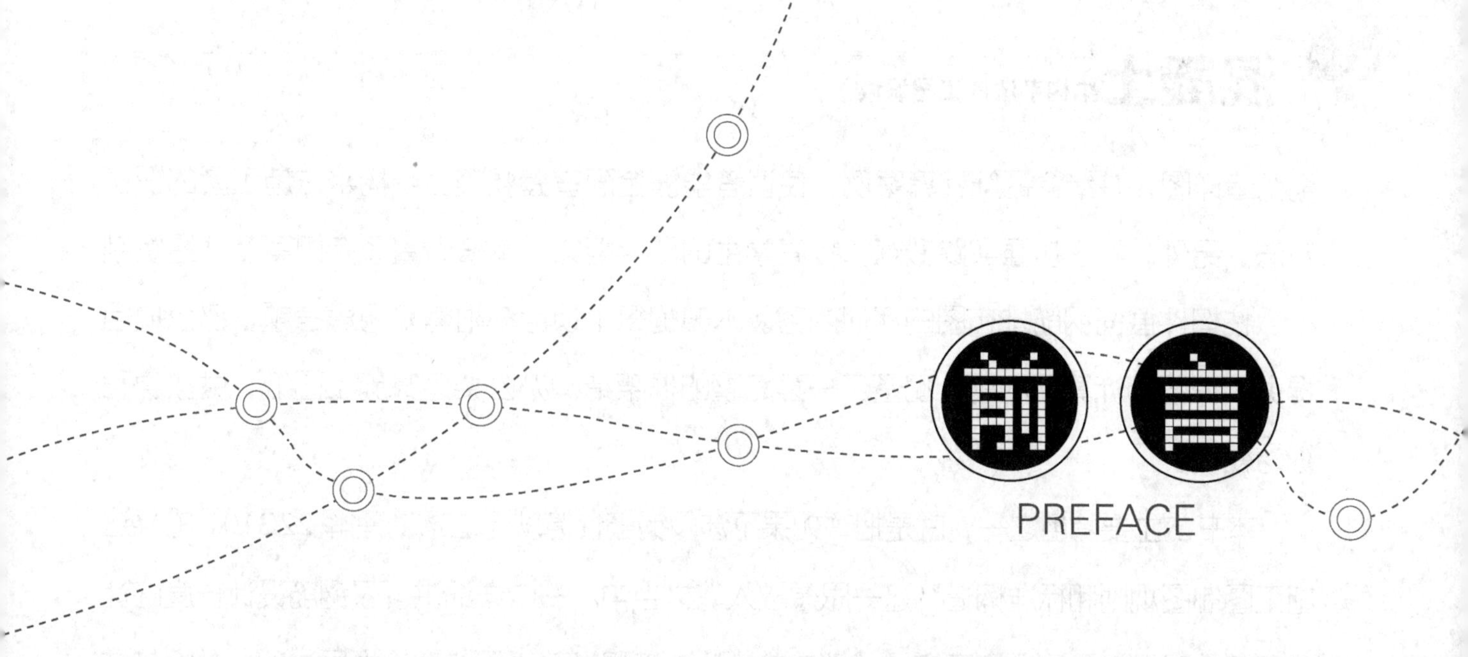


党的二十大报告指出，“统筹职业教育、高等教育、继续教育协同创新，推进职普融通、产教融合、科教融汇，优化职业教育类型定位”。为建立健全教育质量保障体系，提高职业教育质量，教育部于 2014 年发布了中等职业学校专业教学标准（以下简称专业教学标准）。专业教学标准是指导和管理中等职业学校教学工作的主要依据，是保证教育教学质量和人才培养规格的纲领性教学文件。在“教育部办公厅关于公布首批《中等职业学校专业教学标准（试行）》目录的通知”（教职成厅函〔2014〕11 号）中强调，“专业教学标准是开展专业教学的基本文件，是明确培养目标和规格、组织实施教学、规范教学管理、加强专业建设、开发教材和学习资源的基本依据，是评估教育教学质量的主要标尺，同时也是社会用人单位选用中等职业学校毕业生的重要参考。”

**本书特色**

本书是根据教育部发布的《中等职业学校专业教学标准（试行）土木水利类（第一辑）》中的相关教学内容和要求编写而成的，积极响应并落实了党的二十大报告关于“深化教育领域综合改革，加强教材建设和管理”的要求。

“平法”是“混凝土结构施工图平面整体表示方法”的简称，利用平法绘制的混凝土结构施工图称为平法施工图。《混凝土结构平法施工图识读》就是专为学习平法而编写的教材，其基本内容以现行国家建筑标准 22G101 系列图集为准。

本书分为“通用构造篇”和“构件识图篇”两部分，包括八个教学项目。按照梁、柱、板、剪力墙、板式楼梯和基础构件的顺序，讲解了各构件的平法施工图制图规则和标准配筋构造详图，并结合钢筋计算案例，使读者能够全面掌握混凝土结构平法施工图的识读方法。另外，为了加强实践锻炼，提高学生的动手能力，本书设置了专门章节介绍绘制梁、柱构件截面钢筋排布图的实训内容。本书的每个项目都附有复习思考题，部分项目提供了识图与计算钢筋题，配备了一套完整的框架结构办公楼建筑施工图纸，供教学和练习使用。

本书的主要特色之一，就是把“如果不涉及钢筋计算就无法透彻理解 22G101 的平法施工图制图规则和标准构造”这一思想融入教材当中。书中详细讲解了钢筋设计长度的计算原理，对钢筋各种角度弯钩的“外皮差值”计算提供了详尽的理论推导过程，并将其结论应用于钢筋计算案例当中。推导过程由山东城市建设职业学院的李晓红教授加以总结、完善和提升，形成了较系统的计算理论。这一理论的总结应用，完美解决了工程实践当中计算钢筋弯钩增加长度的问题。本书对 HPB300 级钢筋 180° 弯钩增加长度取值 6.25d 的问题也给出了详细的推导和解释。可以预见，在不久的将来，这一理论将会逐渐被整个建筑工程行业接受，特别是在建筑工程施工技术课程中，以及造价行业的钢筋计算中，这一理论将被当作定论使用。作为本书的教学人员，必须对此全面掌握，融会贯通，确保钢筋计算准确无误。

本书的主要特色还包括注重深化课程思政。本教材全面贯彻党的教育方针，落实立德树人根本任务，将课程育人贯穿于教学全过程，帮助教学者深刻领悟党的二十大精神，将中华优秀传统文化、中国智慧、新时代取得的重大历史性成就等思政元素融入教学，以润物无声的方式引导学生树立正确的世界观、人生观和价值观。

开设混凝土结构平法施工图识读课程是教学改革、课程改革的一种尝试。本书在结构、内容、形式等方面进行了大胆的探索与创新，以案例应用作为引领，按照项目教学法方式进行编写，严格遵照 22G101 系列图集的标准规范要求，又形成了完整的知识结构体系，便于中职学生系统地学习。

本书对教学内容和课时安排给出了初步建议，共计 110 课时，各学校可根据自身的实际情况灵活选用或调整其中的内容和时间。

| 单元序号 | 项目名称 | 课时 |
|---|---|---|
| 项目一 | 平法概述 | 6 |
| 项目二 | 钢筋设计长度与下料长度 | 4 |
| 项目三 | 识读梁平法施工图 | 36 |
| 项目四 | 识读柱平法施工图 | 26 |
| 项目五 | 识读板平法施工图 | 18 |
| 项目六 | 识读剪力墙平法施工图 | 8 |
| 项目七 | 识读板式楼梯平法施工图 | 6 |
| 项目八 | 识读基础平法施工图 | 6 |
| 配套图纸 | ××办公楼建筑施工图（建施、结施） | |

## 本书作者

本书由鲁中中等专业学校的张春光担任主编，由山东省教科院的段欣和鲁中中等专业学校的刘学、赵永会担任副主编，由鲁中中等专业学校的史少磊、滨州职业学院的赵霞教授担任主审，还有其他老师参与了设计测试、试教和修改工作，在此一并表示衷心的感谢。

## 教学资源

为了提高学习效率和教学效果，方便教师教学，本书提供配套的 PPT 电子教学演示文档等教学资源，有需要的读者可登录华信教育资源网（http://www.hxedu.com.cn）免费注册后下载。有问题请在网站留言板留言或与电子工业出版社联系（E-mail：hxedu@phei.com.cn）。

由于编者水平有限，书中难免存在疏漏和不妥之处，恳请广大师生和读者批评指正。

## 作者寄语

同学们！党的二十大报告提出“时代呼唤着我们，人民期待着我们，唯有矢志不渝、笃行不怠，方能不负时代、不负人民。”让我们努力学好专业知识，继承先辈的志愿，把祖国建设成为世界一流的基建强国。

编　者

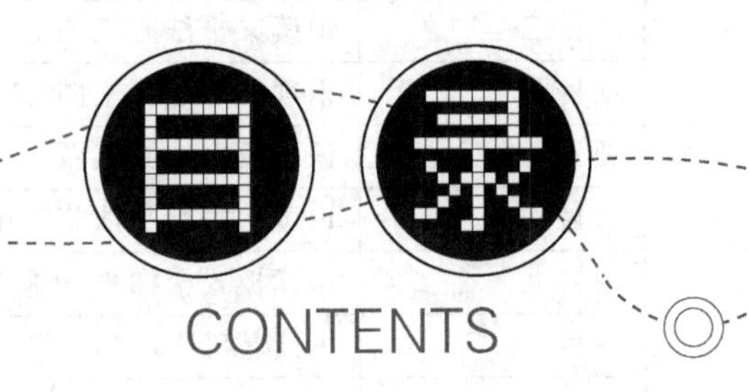


CONTENTS

# 上篇　通用构造篇

思政小课堂

# 项目一 平法概述

## 教学目标与要求

### 教学目标

通过对本项目的学习，学生应能够：

1. 理解混凝土结构施工图平面整体表示方法的定义和特点。
2. 熟悉平法 G101 系列图集的发展历程。
3. 了解平法施工图的设计依据和适用范围。
4. 了解混凝土结构材料和体系。
5. 熟悉平法施工图的结构设计总说明。
6. 掌握并能灵活选用通用标准构造。

### 教学要求

| 教学要点 | 知识要点 | 权重 |
| --- | --- | --- |
| 平法定义 | 掌握平法的基本概念和特点，了解平法诞生的背景 | 30% |
| G101 系列图集的发展历程 | 了解平法发展历史上的几件大事 | 10% |
| 平法的科学性 | 了解对平法的客观评价 | 10% |
| 混凝土结构材料和结构体系 | 熟悉混凝土结构材料和结构体系 | 10% |
| 结构设计总说明 | 掌握结构设计总说明的基本内容及与平法相关的内容 | 10% |
| 平法施工图的通用标准构造 | 掌握混凝土环境类别，纵向钢筋最小保护层厚度，钢筋的锚固、弯钩和弯折，箍筋和拉筋的构造规定和设计要求等 | 30% |

# 任务1 平法基本理论和平法图集的发展

## 一、平法定义

“平法”是“混凝土结构施工图平面整体表示方法”的简称。

混凝土结构施工图平面整体表示方法就是把各类结构构件的尺寸和配筋等按照平面整体表示方法的制图规则，直接整体表达在各类结构构件的平面布置图上，再与G101系列图集内相对应的各类构件的标准构造详图相配合，构成一套新型的、完整的结构设计图纸。

利用平法绘制的混凝土结构施工图称为平法施工图。平法施工图改变了传统的将各类结构构件从结构平面布置图中索引出来，再逐个绘制配筋详图的烦琐的绘图表达方式，是结构施工图设计绘图表达方式的重大改革。

平法的定义可简单归纳为：平法施工图+G101=完整的结构设计图纸。

平法的定义包含两层含义：第一层含义，目前提到的“平法”是指利用平法制图规则绘制的“混凝土结构施工图”，即平法施工图，工程实践中又称为“工程蓝图”；第二层含义，平法施工图必须与现行G101系列图集相配合，才能构成一套完整的结构设计图纸。即现行G101系列图集是必须与平法施工图配套使用的正式设计图纸，是目前工地上正在使用的混凝土结构平法施工图不可分割的一部分。

G101系列图集中的每个结构构件均包括相应的制图规则和标准构造详图两部分内容。平法制图规则指导人们看懂平法施工图上标注的数字和符号，它既是设计者绘制梁、柱、墙、板等结构构件平法施工图的依据，也是施工、监理人员准确理解和实施平法施工图的标准。平法标准构造详图编入了我国国内常用的且较为成熟的节点构造做法，如要了解某个结构构件内的钢筋形状和尺寸，就要查阅G101系列图集中相关的标准构造详图。

毋庸置疑，只有熟练掌握G101系列图集的相关内容，才能快速、准确地读懂混凝土结构平法施工图。这是建筑工程技术、工程造价、工程监理等建筑类相关专业的学生在学校必须掌握的基本技能之一。

## 二、平法的基本理论和系统构成

平法的基本理论以结构设计者的知识产权归属为依据，将结构设计分为创造性设计内容与重复性设计内容两部分。由设计工程师采用数字化、符号化的平面整体表示方法制图规则完成创造性设计内容部分，大量的重复性设计内容部分则采用标准构造设计方法。这两部分为对应互补的关系，将其合并可构成完整的结构设计方案。

创造性设计内容与重复性设计内容的划分主要是根据结构设计主系统中各子系统之间的层次性、关联性、功能性和相对独立性等关系确定的。

根据结构设计各阶段工作的形式和内容，将全部结构设计作为一个完整的主系统，该主系统由三个子系统构成，如图 1-1 所示。第一子系统为结构方案（结构体系）设计，第二子系统为结构计算分析，第三子系统为结构施工图设计。

主系统
- 第一子系统：结构方案（结构体系）设计
- 第二子系统：结构计算分析
- 第三子系统：结构施工图设计

**图 1-1　结构设计主系统的构成图**

平法属于上述第三子系统，即关于结构施工图设计子系统的方法。简单而言，平法就是把结构设计成果以“平法施工图 + G101”的方式呈现出来，即混凝土结构施工图。

## 三、平法的诞生与形成

建筑结构施工图的设计发展经历了三个时期：一是新中国成立初期至 20 世纪 90 年代末的详图法，又称配筋图法；二是 20 世纪 80 年代初期至 20 世纪 90 年代初我国东南沿海开放城市广泛应用的梁表法；三是 20 世纪 90 年代至今已基本普及的平法。

平法的创始人是原山东大学教授陈青来先生。平法的发明及推广应用优化了建筑结构施工图计算机辅助设计（CAD）技术，对提高结构设计效率起到了重大促进作用。

平法顺应了建筑结构设计发展和革新的客观需要。1996 年，《混凝土结构施工图平面整体表示方法制图规则和构造详图（现浇混凝土框架、剪力墙、框架-剪力墙、框支剪力墙结构）》（96G101）国家建筑标准设计图集的正式出版发行，标志着我国建筑结构施工图设计正式进入了“平法时代”。目前，平法已成为我国建筑结构设计、施工领域普遍应用的主导技术之一。

随着平法建筑结构 CAD 设计软件的开发与应用，平法技术已普遍应用于建筑结构设计的实际工作中。与传统方法相比，平法可使设计图纸的数量减少 60%～80%；若以工程数量计，相当于使绘图仪的寿命提高了 3～4 倍，同时，设计质量问题也大大减少。因此，平法施工图深受设计、施工、监理及造价人员的欢迎。

## 四、平法 G101 系列图集的发展历程

1996 年 11 月，96G101 在批准之日向全国正式出版发行。

从 2003 年 1 月开始，依据国家 2000 系列混凝土结构新规范，修订出版了《混凝土结构施工图平面整体表示方法制图规则和构造详图（现浇混凝土框架、剪力墙、框架-剪力墙、框支剪力墙结构）》（03G101-1）；之后，陆续出版了《混凝土结构施工图平面整体表示方法制图规则和构造详图（现浇混凝土板式楼梯）》（03G101-2）、《混凝土结构施工图平面整体表示方法制图规则和构造详图（筏形基础）》（04G101-3）、《混凝土结构施工图平面整体表示方法制图规则和构造详图（现浇混凝土楼面与屋面板）》（04G101-4）、《混凝土结构施工图平面整体表示方法制图规则和构造详图（独立基础、条形基础、桩基承台）》（06G101-6）、《混凝土结构施工图平面整体表示方法制图规则和构造详图（箱形基础和地下室结构）》（08G101-5）、《G101 系列图集施工常见问题答疑图解》（08G101-11）等系列图集。以上统称为 03G101 系列图集，包括现浇混凝土结构的柱、墙、梁、板、楼梯、独基、条基、桩基承台、筏基、箱基和地下室结构的平法制图规则及标准配筋构造详图。

2009 年，为了解决施工中的钢筋翻样计算和现场安装绑扎，从而实现设计构造与施工建造的有机结合，出版了与 03G101 系列图集配套使用的 06G901 系列国家建筑标准设计图集 5 册。

2011 年至 2013 年，依据《混凝土结构设计规范》（GB 50010—2010）、《建筑抗震设计规范》（GB 50011—2010）、《高层建筑混凝土结构技术规程》（JGJ 3—2010）等规范，将 03G101 系列图集进行了合并、修订和新增，统称为 11G101 系列图集。

2012 年，国家依据上述规范，又对 06G901 系列图集进行了修版，统称为 12G901 系列图集。

2016 年，依据《混凝土结构设计规范》（GB 50010—2010，2015 年版）、《建筑抗震设计规范》（GB 50011—2010，2016 年局部修订）、《高层建筑混凝土结构技术规程》（JGJ 3—2010）、《中国地震动参数区划图》（GB 18306—2015）及《建筑结构制图标准》（GB/T 50105—2010）等规范，将 11G101 系列图集修订、升版，统称为 16G101 系列图集。

2018 年，依据上述规范、标准，将 12G901 修版为 18G901 系列图集，与 16G101 系列图集配套使用。

2022 年，依据《工程结构通用规范》（GB 55001-2021）、《建筑与市政工程抗震通用规范》（GB 55002-2021）、《混凝土结构通用规范》（GB 55008-2021）等规范，将 16G101 系列图集修订、升版，统称为 22G101 系列图集，如表 1-1 所示。

表 1-1　22G101 系列图集汇总表

| 序　号 | 图　集　号 | 图集全称 | 执行时间 | 替代图集号 |
|---|---|---|---|---|
| 1 | 22G101-1 | 《混凝土结构施工图平面整体表示方法制图规则和构造详图（现浇混凝土框架、剪力墙、梁、板）》 | 2022.5 | 16G101-1 |
| 2 | 22G101-2 | 《混凝土结构施工图平面整体表示方法制图规则和构造详图（现浇混凝土板式楼梯）》 | 2022.5 | 16G101-2 |
| 3 | 22G101-3 | 《混凝土结构施工图平面整体表示方法制图规则和构造详图（独立基础、条形基础、筏形基础、桩基础）》 | 202.5 | 16G101-3 |
| 4 | 17G101-11 | 《G101 系列图集常见问题答疑图解》 | 2017.9.1 | 13G101-11 |

截止目前，与 22G101 系列图集配套的 G901 系列图集尚未正式出版发行。

## 五、平法 G101 系列图集的修版原因

1966 年，我国颁布了《钢筋混凝土结构设计规范》第一版，1974 年、1989 年、2002 年和 2010 年先后对其进行了数次修改，颁发新规范，废止旧规范。2010 年颁发的《混凝土结构设计规范》（GB 50010—2010）在 2015 年重新进行了修订、出版，是目前执行的最新规范。

新版混凝土结构设计规范名称中去掉了“钢筋”两个字，一是与国际接轨；二是因为混凝土结构包括素混凝土结构、钢筋混凝土结构、预应力混凝土结构和各种其他形式的加筋混凝土结构等，去掉“钢筋”两字更为贴切，其包含的范围也更广泛。

实际上，平法 G101 系列图集中的各种结构构件（柱、剪力墙、梁、板、各类基础及楼梯等）的标准配筋构造详图主要来自《混凝土结构设计规范》的相关内容，G101 系列图集可以看作图解版的《混凝土结构设计规范》。显然，《混凝土结构设计规范》修版了，那么平法图集也应该随之修版，这是 G101 系列图集四次主要修版的重要原因之一。

另外，从平法图集的发展历程来看，经过 20 多年的实践探索，平法新技术、新做法、新工艺也需要不断地补充、完善和发展。

## 六、平法的科学性

在原国家建设部组织编撰的《建筑结构施工图平面整体设计方法》科研成果鉴定过程中，有关专家对平法的效果给予了高度评价，具体可概括为如下几点。

### 1. 够简单

平法采用标准化的设计制图规则，结构施工图表达方法数字化、符号化，单张图纸的信息量大且集中；构件分类明确，层次清晰，表达准确，设计效率成倍提高；平法使设计者易掌握全局，易调整，易修改，易校审，易控制设计质量。平法分层结构设计的图纸与水平逐层施工的顺序完全一致，对标准层可实现单张图纸施工，施工人员对结构比较容易形成整体概念，有利于施工质量管理。

### 2. 易操作

平法采用标准化构造详图，形象、直观，易理解、易操作；标准构造详图集国内较成熟、可靠的常规节点构造之大成，集中分类归纳后编制成国家建筑标准设计图集供设计选用，可避免构造做法重复及其伴生的设计失误，保证节点构造在设计与施工两方面均达到高质量、高水准。

### 3. 低能耗

平法施工图是有序化、定量化的设计图纸，与其配套使用的标准设计图集可以重复使用；与传统方法相比，其图纸数量大大减少，综合设计成本大幅度降低，既节约了人力资源，又节约了自然资源。

### 4. 高效率

平法大大提高了设计效率，解放了结构设计人员的生产力。它的推广和普及使设计院的建筑设计与结构设计人员的比例发生了明显改变，结构设计人员在数量上仅为建筑设计人员的25%～50%，同时，结构设计周期明显缩短，设计强度显著降低。

5．改变用人结构

平法的应用影响了建筑结构设计领域的人才结构，这为施工单位招聘结构人才留出了相当大的空间，专业院校毕业生人才就业分布趋向合理。随着时间的推移，大批土建高级技术人才必将对施工建设领域的科技进步产生促进作用。

6．促进人才竞争

平法促进了设计院内部的人才竞争，也促进了结构设计水平的不断提高。

## 任务2 混凝土结构材料、体系和结构设计总说明

### 一、平法施工图的设计依据和适用范围

1．平法施工图的设计依据

平法施工图的制图规则和标准构造详图必须符合国家现行的有关规范、规程和标准。对未包括在内的抗震和非抗震构造详图以及其他未尽事项，应在具体设计中由设计者另行设计。

平法标准构造详图的主要设计依据如下：

《中国地震动参数区划图》 GB 18306—2015

《混凝土结构设计规范》（2015年版） GB 50010—2010

《建筑抗震设计规范》（2016年局部修订） GB 50011—2010

《高层建筑混凝土结构技术规程》 JGJ 3—2010

《建筑结构制图标准》 GB/T 50105—2010

2．平法施工图的适用范围

平法图集适用于抗震设防烈度为6～9度地区的现浇混凝土框架结构、剪力墙结构、框架-剪力墙结构和部分框支剪力墙结构等主体结构施工图的设计，以及各类结构中的现浇混

凝土板（包括有梁楼盖和无梁楼盖）、地下室结构部分现浇混凝土墙体、柱、梁、板的结构施工图的设计，还有各类现浇钢筋混凝土板式楼梯，各类常用的独立基础、条形基础、筏形基础和桩基础承台等结构构件施工图的设计。

## 二、平法施工图的表示方法和出图顺序

### 1. 平法施工图的表示方法

平法施工图的基本特点是在平面布置图上直接表示构件的截面尺寸和配筋值。

平法施工图的表示方法有三种：平面注写方式、列表注写方式和截面注写方式。

### 2. 平法施工图的出图顺序

平法施工图的出图顺序如下：

结构设计总说明→基础及地下结构平法施工图→柱和剪力墙平法施工图→梁平法施工图→板平法施工图→楼梯及其他特殊构件平法施工图。

上述顺序形象地表达了现场真实的施工顺序：底部支承结构（基础及地下结构）→竖向支承结构（柱和剪力墙）→水平支承结构（梁）→平面支承结构（板）→楼梯及其他特殊构件。

图纸顺序和施工组织顺序基本一致，便于施工技术人员理解、掌握和具体实施操作。

## 三、混凝土结构材料

常见的混凝土结构主要构件有柱、剪力墙、梁、板、楼梯和各种类型的基础等。这些混凝土构件均是由钢筋和混凝土两种材料组合而成的。

### 1. 钢筋

（1）钢筋分类。

混凝土结构构件中的钢筋按作用可分为受力筋、架立筋、箍筋、分布筋和构造筋等，其主要特征如下。

① 受力筋：钢筋主要承受由荷载产生的拉力（或压力），配置于梁、柱、板等各种钢筋混凝土构件中。

② 架立筋：一般在梁中使用，与受力筋、箍筋一起形成钢筋骨架，以固定箍筋位置。

③ 箍筋：多配置于梁、柱或杆件等长条形构件内，用于固定纵向钢筋及承受剪应力。

④ 分布筋：一般用于平板或条形基础底板内，与受力筋垂直，用于固定受力筋，并与受力筋一起构成钢筋网，将荷载均匀分布给受力筋。另外，平板上表面的分布筋还有抵抗热胀冷缩所引起的温度变形的作用。

⑤ 构造筋：因构件在构造上的要求或施工安装的需要而配置的钢筋。例如，板支座处的顶部所加的构造筋，属于前者；而预制板的吊环则属于后者。构造筋不需要经设计计算。

（2）钢筋的种类和符号。

钢筋可分为普通钢筋和预应力钢筋两大类。

普通钢筋有光圆钢筋和带肋钢筋（又称螺纹钢筋或变形钢筋）之分，钢筋的牌号、符号、公称直径和强度如表 1-2 所示。其中，HPB300 为热轧光圆钢筋，HRB335、HRB400、HRBF400、HRB500、HRBF500 为热轧带肋钢筋，而 RRB400 为余热处理钢筋。

表 1-2　钢筋的牌号、符号、公称直径和强度

| 牌　　号 | 符　　号 | 公称直径 $d$/mm | 屈服强度标准值 $f_{yk}$/MPa | 极限强度标准值 $f_{stk}$/MPa |
|---|---|---|---|---|
| HPB300 | Φ | 6～22 | 300 | 420 |
| HRB335 | Φ̲ | 6～50 | 335 | 455 |
| HRB400<br>HRBF400<br>RRB400 | Φ̲̲<br>Φ̲̲$^{F}$<br>Φ̲̲$^{R}$ | 6～50 | 400 | 540 |
| HRB500<br>HRBF500 | Φ̲̅<br>Φ̲̅$^{F}$ | 6～50 | 500 | 630 |

在同一混凝土构件中，同一部位的纵向受力钢筋应采用同一牌号。

预应力构件有专用图集，故常用的预应力钢筋（如钢丝、钢绞线等）在此不进行详述。

需要说明的是，钢筋牌号在旧版专业资料当中又称为钢筋级别：HPB300 相当于Ⅰ级钢筋，HRB335 相当于Ⅱ级钢筋，HRB400 相当于Ⅲ级钢筋，HRB500 相当于Ⅳ级钢筋。目前，新标准已经将 HRB335 钢筋淘汰，今后将大力推广更高强度的钢筋，以节约材料、绿色节能、可持续发展等，尽快实现“碳达峰”和“碳中和”的国家战略目标。在平法制图规则中，钢筋一般采用钢筋牌号表示，原则上不再使用钢筋级别的称谓。

（3）钢筋代换原则。

在工程施工过程中，由于材料供应的原因，往往需要对构件中的受力钢筋进行代换。钢筋代换不能简单地采用等面积代换或用大直径代换，特别是在有抗震设防要求的框架梁、柱、剪力墙的边缘构件等关键部位，当代换后的纵向钢筋总承载力设计值大于原设计纵向钢筋总承载力设计值时，会造成薄弱部位的转移，造成构件在有影响的关键部位发生混凝土的脆性破坏（混凝土压碎、剪切破坏等），对结构并不安全。

钢筋代换应是等强度代换，简称“等强代换”，应遵循以下原则：

① 当需要进行钢筋代换时，应办理设计变更文件。钢筋代换主要包括钢筋的牌号、直径、数量等的改变。

② 钢筋代换后，钢筋混凝土构件的纵向钢筋总承载力设计值应相等。

③ 钢筋代换后，应满足最小配筋率、最大配筋率和钢筋间距等构造要求。

④ 钢筋强度和直径改变后，应确保正常使用阶段的挠度和裂缝宽度在允许的范围内。

**2. 混凝土**

混凝土按其立方体抗压强度标准值划分强度等级，分为C15、C20、C25、C30、C35、C40、C45、C50、C55、C60、C65、C70、C75、C80，共14个级别。数值越大，表示混凝土的抗压强度等级越高。

混凝土的抗拉强度比抗压强度低得多，一般为抗压强度的1/20～1/10不等。

实际工程中的普通混凝土受弯构件（如梁、板等）多采用C20～C30；普通混凝土受压构件（如柱、剪力墙等）多采用C30～C40；预应力混凝土构件多采用C30～C65；高层建筑底层柱不低于C50，有的采用C60，甚至更高。

## 四、混凝土结构体系

混凝土结构包括素混凝土结构、钢筋混凝土结构、预应力混凝土结构和各种其他形式的加筋混凝土结构。

结构体系应根据建筑的抗震设防类别、抗震设防烈度、建筑高度、场地条件、地基、结构材料和施工等因素，经技术、经济和使用条件等方面的综合比较后确定。

现浇钢筋混凝土房屋的结构类型及其适用的最大高度应符合现行混凝土规范的要求。平面和竖向均不规则的结构适用的最大高度应适当降低。结构体系中的抗震墙指的是结构抗侧力体系中的钢筋混凝土剪力墙，既承担竖向的重力荷载，也承担地震力造成的水平荷载，但不包括只承担重力荷载的混凝土墙。

适用平法制图规则表达的常见的混凝土结构类型有如下几种：

① 框架结构。

② 框架-抗震墙（剪力墙）结构。

③ 抗震墙（剪力墙）结构。

④ 部分框支抗震墙（剪力墙）结构。

⑤ 框架-核心筒结构。

⑥ 砌体结构中的现浇钢筋混凝土构件，如楼梯、楼板、基础等承重构件，但圈梁、构造柱及压顶等非承重或附属构件不属于平法施工图的内容。

## 五、混凝土结构设计总说明的基本内容

混凝土结构设计总说明通常包括以下几部分：

① 结构概述。

② 场区与地基。

③ 基础结构。

④ 地上主体结构。

⑤ 设计、施工所依据的规范、规程和标准设计图集等。

图 1-2 所示为××办公楼结构施工图结构设计总说明（部分），供读者参考学习。

## 六、结构施工图中必须写明与平法施工图密切相关的内容

为了确保工程施工按照平法施工图的要求顺利实施，在具体工程施工图结构设计总说明或其他结构施工图纸中，必须写明下列与平法施工图密切相关的内容，以备施工人员及时查阅。

# 结构设计总说明(部分)

一、工程概况及结构布置

本工程为框架结构，无地下室，地上4层。

二、建筑结构的安全等级及设计使用年限

建筑结构的安全等级：二 级；

设计使用年限：50 年；

建筑抗震设防类别：丙 类，即标准设防。

三、自然条件

1. 抗震设防有关参数：抗震设防烈度为8度；抗震等级为二级。

2. 场地的工程地质条件：

(1)本工程专为教学设计，无地质勘察报告。

(2)本工程的建筑场地为抗震一般地段，场地类别为Ⅲ类建筑场地。

四、本工程±0.000相当于绝对标高40.600m(暂定)

五、本工程设计所遵循的标准、规范、规程

1.《建筑结构可靠度设计统一标准》(GB 50068—2001)
2.《建筑结构荷载规范》(GB 50009—2012)
3.《混凝土结构设计规范》(GB 50010—2010)
4.《建筑抗震设计规范》(GB 50011—2010)
5.《建筑地基基础设计规范》(GB 50007—2011)
6.《建筑地基处理技术规范》(JGJ 79—2012)
7.《混凝土结构施工图平面整体表示方法制图规则和构造详图》(16G101—1)
8.《混凝土结构施工图平面整体表示方法制图规则和构造详图》(16G101—2)
9.《混凝土结构施工图平面整体表示方法制图规则和构造详图》(16G101—3)

六、设计采用的活荷载标准值

本工程按《建筑结构荷载规范》(GB 50009—2012)标准取值。

七、地基基础

采用独立基础，天然地基，地基承载力特征值$f_{ak}$=160kPa。

八、主要结构材料

1. 钢筋：$d$<12mm时 采用HPB300级钢筋(Φ)，$d$≥12mm时 采用HRB400级钢筋(⏀)。

注：普通纵向受力钢筋的抗拉强度实测值与屈服强度的实测值的比值不应小于1.25，且钢筋的屈服强度实测值与强度标准值的比值不应大于1.3；钢筋在最大拉力下的总伸长率实测值不应小于9%。

2. 混凝土：

| 混凝土结构部位 | | 混凝土强度等级 | 备 注 |
|---|---|---|---|
| 基础垫层 | | C15 | |
| 独立基础 | | C30 | |
| 基础顶~11.000 | 墙、柱、梁、板、楼梯 | C30 | |
| 11.000~14.400 | 墙、柱 | C30 | |
| | 梁、板、楼梯 | C25 | |
| 其他构件：构造柱、过梁、圈梁等 | | C25 | |

3. 型钢、钢板：Q235-B。

4. 焊条：HPB300级钢筋焊接：E43；HRB400级钢筋：E50。

5. 砌体(填充墙)。

陶粒混凝土砌块：容重<7.50kN/m³ 砂浆：采用M5水泥砂浆

九、钢筋混凝土结构构造

本工程采用国家标准图《混凝土结构施工图平面整体表示方法制图规则和构造详图》(16G101-1~3)表示方法。图中未注明的构造要求应按照标准图的有关要求执行。

1. 主筋的混凝土保护层厚度

基础：40mm 柱：30mm

梁：25mm 板：15mm

注：(1)室内正常环境为一类；室内潮湿环境为二(a)类；露天环境、与无侵蚀的水或土壤直接接触的环境为二(b)类。

(2)纵向受力钢筋保护层厚度除满足上述要求外，还应满足不小于钢筋的公称直径。

2. 钢筋接头形式及要求

(1)框架梁、框架柱、抗震墙暗柱的受力钢筋直径⏀≥16时采用直螺纹机械连接，接头性能等级为一级；当受力钢筋直径＜⏀16时可采用绑扎搭接。

(2)接头位置宜设置在受力较小处，在同一根钢筋上应尽量少设接头。

(3)受力钢筋接头的位置应相互错开，当采用绑扎搭接接头时，在任一1.3倍搭接长度区段内，当采用机械连接接头时，在任一接头处的35$d$($d$为较大的直径)区段内，有接头的受力钢筋截面面积占受力钢筋总截面面积的百分率应符合下表规定。

| 接头形式 | 受拉钢筋 | | 受压钢筋 |
|---|---|---|---|
| | 梁、板、墙 | 柱 | |
| 绑扎搭接接头(%) | 25 | 50 | 50 |
| 机械接头(%) | 50 | | 不限 |

3. 纵向钢筋锚固搭接长度

(1)纵向受拉钢筋锚固长度$l$及抗震锚固长度$l$执行16G101-1~3。

(2)纵向受拉钢筋的搭接长度如下。

| 纵向钢筋连接接头面积百分率(%) | 25 | 50 | 100 |
|---|---|---|---|
| $l_l$ | 1.2$l_a$ | 1.4$l_a$ | 1.6$l_a$ |
| $l_{lE}$ | 1.2$l_{aE}$ | 1.4$l_{aE}$ | 1.6$l_{aE}$ |

注：在任何情况下，纵向受拉钢筋的搭接长度不应小于300mm。

4. 现浇钢筋混凝土板

除具体施工图中有特别规定者外，现浇钢筋混凝土板的施工应符合以下要求。

(1)板的底部钢筋伸入支座长度应>5$d$，且应伸入支座中心线。

(2)板的边支座和中间支座板顶标高不同时，负筋在梁内或墙内的锚固长度应满足受拉钢筋的最小锚固长度$l_a$。

(3)双向板的底部钢筋，短跨钢筋置于下排，长跨钢筋置于上排；上部钢筋，短跨钢筋置于上排，长跨钢筋置于下排。

(4)当板底与梁底平时，板的下部钢筋伸入梁内须弯折后置于梁的下部纵向钢筋之上。

5. 钢筋混凝土梁

(1)梁内箍筋除单肢箍外，其余采用封闭形式，端部弯钩做成135°，详见《16G101-1》。

(2)梁内第一根箍筋距柱边或梁边50mm起。

(3)主梁上在次梁作用处，箍筋应贯通布置，凡未在次梁两侧注明附加箍筋者，均在次梁两侧共设8组箍筋，箍筋肢数、直径同主梁箍筋，间距50mm。次梁吊筋在梁配筋图中表示。

(4)主次梁高度相同时，次梁的下部纵向钢筋应置于主梁下部纵向钢筋之上。

(5)梁的纵向钢筋需要设置接头时，底部钢筋应在距支座1/4跨度范围内接头，上部钢筋应在跨中1/3跨度范围内接头。同一接头范围内的接头数量不应超过总钢筋数量的50%(绑扎为25%)。

(6)梁跨度等于或大于6m时，模板按跨度的0.3%起拱；悬臂梁>4m，按悬臂长度的0.4%起拱。起拱高度不小于20mm。

(7)梁上柱支在主梁作用处，在主梁上柱的两侧共设8组附加箍筋，箍筋直径、肢数同梁箍筋，间距50mm；另设主梁吊筋2⏀18于柱下。

6. 钢筋混凝土柱

柱与现浇过梁、圈梁连接处，在柱内应预留插筋，长度为1.2$l_a$。

7. 填充墙

(1)填充墙的材料、平面位置见建施图，不得随意更改。

(2)当首层填充墙下有基础梁或结构梁板时，填充墙可直接砌筑于其上。

十、预埋件

所有钢筋混凝土构件均应按各工种的要求(如建筑吊顶、门窗、栏杆、管道吊架等)设置预埋件。各工种应配合土建施工，将需要的埋件留全。

十一、其他

1. 本工程图示尺寸以毫米(mm)为单位，标高以米(m)为单位。

2. 本工程楼板图中表示梁截面及梁顶标高，未注明标高者均为楼面结构标高。

图 纸 目 录

| 序号 | 图号 | 图 名 | 图纸型号 |
|---|---|---|---|
| 1 | 结施-01 | 结构设计总说明、图纸目录 | A3 |
| 2 | 结施-02 | 基础平法施工图 | A3 |
| 3 | 结施-03 | 柱平法施工图 | A3 |
| 4 | 结施-04 | 3.800~11.000m梁平法施工图 | A3 |
| 5 | 结施-05 | 14.400m梁平法施工图 | A3 |
| 6 | 结施-06 | 3.800~11.000m板平法施工图 | A3 |
| 7 | 结施-07 | 14.400m板平法施工图 | A3 |
| 8 | 结施-08 | 楼梯结构详图 | A3 |
| | | | |

| 设计 | 张春光 | 工程名称 | ××办公楼 | 日期 | 2017.9 |
|---|---|---|---|---|---|
| QQ | 2449958846 | 图名 | 结构设计总说明<br>图纸目录 | 图号 | 结施-01 |

图 1-2 ××办公楼结构施工图结构设计总说明(部分)

① 图集号：注明选用的平法标准图集号，如图集号为22G101-1、2、3。

② 使用年限：写明混凝土结构的设计使用年限，如设计使用年限为50年。

③ 抗震等级和抗震设防类别：进行抗震设计时，应写明结构抗震等级及抗震设防烈度；进行非抗震设计时，也应写明。抗震等级分为一、二、三、四共四个等级。

依据现行国家标准《建筑工程抗震设防分类标准》(GB 50223-2008)，将建筑工程分为特殊设防类（甲类）、重点设防类（乙类）、标准设防类（丙类）和适度设防类（丁类）四个抗震设防类别。

④ 混凝土强度等级和钢筋牌号：应写明柱、墙、梁等构件在不同部位所选用的混凝土强度等级和钢筋牌号，以确定纵向受拉钢筋的最小锚固长度及最小搭接长度等。当采用机械锚固形式时，设计者应指定机械锚固的具体形式、必要的构件尺寸及质量要求等。

⑤ 标准构造详图有多种选择：当标准构造详图有多种可选择的构造做法时，如框架顶层端节点（顶梁边柱）的配筋构造，应写明在何部位选用何种构造做法；当未写明时，则设计人员自动授权施工人员可以任选一种构造做法。

⑥ 钢筋连接形式：写明柱（包括墙柱）纵筋、墙身分布筋、梁上部贯通筋在具体工程中需接长时所采用的连接形式及有关有求。必要时，应注明对接头的性能要求。

⑦ 环境类别：对混凝土保护层厚度有特殊要求时，写明结构不同部位的柱、墙、梁构件所处的环境类别。

⑧ 嵌固部位：设计人员必须注明上部结构嵌固部位的具体位置，对于剪力墙和框架柱构件，嵌固部位对钢筋计算的影响极大。

⑨ 后浇带：设置后浇带时，注明后浇带的位置、浇筑时间和后浇混凝土的强度等级，以及其他特殊要求。

# 任务 3 平法施工图通用构造

## 一、混凝土结构环境类别

混凝土结构环境类别指的是混凝土暴露表面所处的环境条件，设计时应该在结构设计总说明中注明，如表 1-3 所示。

表 1-3 混凝土结构环境类别

| 环境类别 | 条件 |
|---|---|
| 一 | 室内干燥环境；<br>无侵蚀性静水浸没环境 |
| 二 a | 室内潮湿环境；<br>非严寒和非寒冷地区的露天环境；<br>非严寒和非寒冷地区与无侵蚀性的水或土壤直接接触的环境；<br>严寒和寒冷地区的冰冻线以下与无侵蚀性的水或土壤直接接触的环境 |
| 二 b | 干湿交替环境；<br>水位频繁变动环境；<br>严寒和寒冷地区的露天环境；<br>严寒和寒冷地区的冰冻线以上与无侵蚀性的水或土壤直接接触的环境 |
| 三 a | 严寒和寒冷地区冬季水位变动区；<br>受除冰盐影响的环境；<br>海风环境 |
| 三 b | 盐渍土环境；<br>受除冰盐影响的环境；<br>海岸环境 |
| 四 | 海水环境 |
| 五 | 受人为或自然的侵蚀性物质影响的环境 |

混凝土结构环境类别的划分是为了保证设计使用年限内钢筋混凝土结构构件的耐久性，不同环境对耐久性的要求也不同。混凝土结构应根据设计使用年限和环境类别进行耐久性设计。

## 二、纵向受力钢筋的混凝土保护层最小厚度

混凝土构件中的钢筋不允许外露，因此应做好钢筋的防锈、防火及耐腐蚀等工作。从构造上看，自钢筋的外边缘至构件表面之间应留有一定厚度的混凝土保护层。

混凝土保护层厚度 $c$ 是指最外层钢筋（如梁、柱箍筋等）外边缘至混凝土构件表面的距离。混凝土保护层最小厚度 $c_{\min}$ 应根据混凝土结构的环境类别、构件类别和混凝土强度等级等条件来选取。表 1-4 取自国家建筑标准《混凝土结构设计规范》(GB 50010—2010，2015 年版)。

**表 1-4　混凝土保护层最小厚度 $c_{\min}$**　　（单位：mm）

| 环境类别 | 板、墙 | | 梁、柱 | | 基础梁（顶面和侧面） | | 独立基础、条形基础、筏形基础（顶面和侧面） | |
|---|---|---|---|---|---|---|---|---|
| | ≤C25 | ≥C30 | ≤C25 | ≥C30 | ≤C25 | ≥C30 | ≤C25 | ≥C30 |
| 一 | 20 | 15 | 25 | 20 | 25 | 20 | - | - |
| 二 a | 25 | 20 | 30 | 25 | 30 | 25 | 25 | 20 |
| 二 b | 30 | 25 | 40 | 35 | 40 | 35 | 30 | 25 |
| 三 a | 35 | 30 | 45 | 40 | 45 | 40 | 35 | 30 |
| 三 b | 45 | 40 | 55 | 50 | 55 | 50 | 45 | 40 |

注：(1) 表中数据适用于设计工作年限为 50 年的混凝土结构。当设计使用年限为 100 年时，在一类环境中，最外层钢筋的保护层厚度不应小于表中数值的 1.4 倍；在二、三类环境中，应采取专门的有效措施；

(2) 构件中受力钢筋的保护层厚度不应小于钢筋的公称直径；

(3) 混凝土强度等级为 C25 时，表中保护层厚度数值应增加 5mm;

(4) 基础底面钢筋的保护层厚度，有混凝土垫层时应从垫层顶面算起，且不应小于 40mm；无垫层时不应小于 70mm。

梁、柱、剪力墙和板保护层厚度示意图如图 1-3 所示。当保护层厚度大于 50mm 时，应配置防裂、防剥落钢筋网片构造，详见《G101 系列图集常见问题答疑图解》。

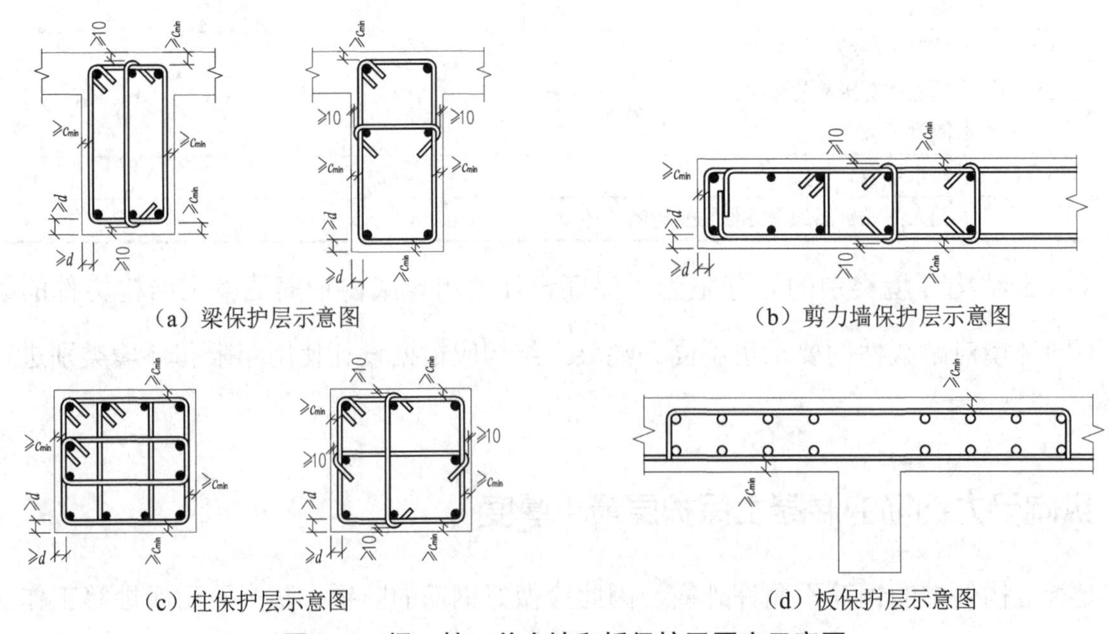


(a) 梁保护层示意图　(b) 剪力墙保护层示意图

(c) 柱保护层示意图　(d) 板保护层示意图

**图 1-3　梁、柱、剪力墙和板保护层厚度示意图**

"平法识图"的关键是学会计算钢筋的设计长度。而要解决这个问题，首先要知道构件的保护层最小厚度。如果在具体的平法施工图中，设计师已在图纸中给定了各种结构构件的保护层最小厚度，我们就直接使用这些数据，否则应按表 1-4 取用。

查表 1-4 取用构件的保护层最小厚度时，应注意理解表格下方的注释文字说明，这些文字说明和表格是不可分割的一个整体。本书中其余表格下方注释内容的意义同样如此。

## 三、受拉钢筋的锚固和各种锚固长度

钢筋混凝土结构中的钢筋之所以能够承受拉力（或压力），主要是依靠钢筋和混凝土之间的黏结锚固作用（旧版资料中又称"握裹力"），因此，钢筋在混凝土中的锚固是混凝土结构受力的基础。如果锚固失效，则结构将丧失承载能力并由此导致结构破坏。

在《混凝土结构设计规范》（GB 50010—2010，2015 年版）中，受拉钢筋锚固包括基本锚固长度 $l_{ab}$、抗震基本锚固长度 $l_{abE}$、锚固长度 $l_a$ 和抗震锚固长度 $l_{aE}$ 四个基本指标。其中，$l_a$、$l_{aE}$ 用于钢筋直锚或总锚固长度情况（当支座宽度大于钢筋锚固长度时使用），$l_{ab}$、$l_{abE}$ 用于钢筋弯折锚固或机械锚固情况（当支座宽度小于钢筋锚固长度时使用），施工中应按 G101 系列图集中标准构造详图所标注的长度进行计算。

### 1. 纵向受拉钢筋的基本锚固长度 $l_{ab}$ 和抗震基本锚固长度 $l_{abE}$

当计算中充分利用钢筋的抗拉强度时：

$$l_{ab}=\alpha\frac{f_y}{f_t}\cdot d$$

$$l_a=\zeta_a l_{ab}\text{，且}\geqslant 200\text{mm}$$

$$l_{abE}=\zeta_{aE} l_{ab}$$

$$l_{aE}=\zeta_{aE} l_a=\zeta_a l_{abE}$$

式中，$f_y$ ——普通钢筋的抗拉强度设计值；

$f_t$ ——混凝土轴心抗拉强度设计值，当混凝土强度等级＞C60 时，按 C60 取值；

$\zeta_a$ ——受拉钢筋锚固长度修正系数，如表 1-5 所示；

$\zeta_{aE}$——纵向受拉钢筋抗震锚固长度修正系数，对一、二级抗震等级取 1.15，对三级抗震等级取 1.05，对四级抗震等级取 1.00；

$\alpha$ ——钢筋的外形系数，光面钢筋为 0.16，带肋钢筋为 0.14。

受拉时，HPB300 光面钢筋末端的 180°弯钩弯后平直段长度不应小于 $3d$。

表 1-5　受拉钢筋锚固长度修正系数 $\zeta_a$

| 序　号 | 锚固条件 | $\zeta_a$ | 备　注 |
|---|---|---|---|
| 1 | 带肋钢筋公称直径大于 25 | 1.10 | 粗直径带肋钢筋相对肋高减小，对钢筋锚固作用有降低的作用 |
| 2 | 环氧树脂涂层带肋钢筋 | 1.25 | 为解决恶劣环境中钢筋的耐久性问题，工程中采用环氧树脂涂层钢筋。这种钢筋表面光滑，对锚固有不利影响，试验表明涂层使钢筋锚固强度降低了 20%左右 |
| 3 | 施工过程中易受扰动的钢筋 | 1.10 | 钢筋在混凝土施工过程中易受扰动的情况下（如滑模施工或其他施工期依托钢筋承载的情况），混凝土在凝固前受扰动会影响与钢筋的黏结锚固作用 |
| 4 | 锚固区保护层厚度 | 当 $c<3d$ 时，$\zeta_a$=1.0<br>当 $c=3d$ 时，$\zeta_a$=0.8<br>当 $3d<c<5d$ 时，$\zeta_a$=0.95−0.05$c$<br>当 $c\geq5d$ 时，$\zeta_a$=0.7 | 锚固钢筋常因外围混凝土的纵向劈裂而削弱混凝土对钢筋的锚固作用，当混凝土保护层厚度较大（$c\geq3d$）时，黏结锚固作用加强，锚固长度可适当缩短。此处保护层厚度指锚固长度范围内钢筋在各个方向的保护层厚度 |

注：当锚固条件多于一项时，锚固长度系数 $\zeta_a$ 按连乘计算，但最终的取值不应小于 0.6。

为了方便在具体工程中应用，受拉钢筋的基本锚固长度 $l_{ab}$ 和抗震基本锚固长度 $l_{abE}$ 不再代入公式进行计算，而是直接查表 1-6 获得。

表 1-6　受拉钢筋的基本锚固长度 $l_{ab}$ 和抗震基本锚固长度 $l_{abE}$

| 钢筋种类 | 抗震等级 | 混凝土强度等级 | | | | | | | |
|---|---|---|---|---|---|---|---|---|---|
| | | C25 | C30 | C35 | C40 | C45 | C50 | C55 | ≥C60 |
| HPB300 | 一、二级（$l_{abE}$） | 39$d$ | 35$d$ | 32$d$ | 29$d$ | 28$d$ | 26$d$ | 25$d$ | 24$d$ |
| | 三级（$l_{abE}$） | 36$d$ | 32$d$ | 29$d$ | 26$d$ | 25$d$ | 24$d$ | 23$d$ | 22$d$ |
| | 四级（$l_{abE}$）<br>非抗震（$l_{ab}$） | 34$d$ | 30$d$ | 28$d$ | 25$d$ | 24$d$ | 23$d$ | 22$d$ | 21$d$ |
| HRB400<br>HRBF400<br>RRB400 | 一、二级（$l_{abE}$） | 46$d$ | 40$d$ | 37$d$ | 33$d$ | 32$d$ | 31$d$ | 30$d$ | 29$d$ |
| | 三级（$l_{abE}$） | 42$d$ | 37$d$ | 34$d$ | 30$d$ | 29$d$ | 28$d$ | 27$d$ | 26$d$ |
| | 四级（$l_{abE}$）<br>非抗震（$l_{ab}$） | 40$d$ | 35$d$ | 32$d$ | 29$d$ | 28$d$ | 27$d$ | 26$d$ | 25$d$ |
| HRB500<br>HRBF500 | 一、二级（$l_{abE}$） | 55$d$ | 49$d$ | 45$d$ | 41$d$ | 39$d$ | 37$d$ | 36$d$ | 35$d$ |
| | 三级（$l_{abE}$） | 50$d$ | 45$d$ | 41$d$ | 38$d$ | 36$d$ | 34$d$ | 33$d$ | 32$d$ |
| | 四级（$l_{abE}$）<br>非抗震（$l_{ab}$） | 48$d$ | 43$d$ | 39$d$ | 36$d$ | 34$d$ | 32$d$ | 31$d$ | 30$d$ |

在表 1-6 中，非抗震基本锚固长度 $l_{ab}$ 与四级抗震基本锚固长度 $l_{abE}$ 相同。

### 2. 纵向受拉钢筋的锚固长度 $l_a$ 和抗震锚固长度 $l_{aE}$

进一步推导抗震锚固长度 $l_{aE}$ 的公式，发现受拉钢筋的锚固长度 $l_a$（$l_a=\zeta_a l_{ab}$）和抗震锚固长度 $l_{aE}$（$l_{aE}=\zeta_{aE}l_a=\zeta_{aE}\zeta_a l_{ab}=\zeta_a l_{abE}$）的公式中都要用到同一个锚固长度修正系数 $\zeta_a$，如表 1-5 所示。因此，要想得到 $l_a$ 和 $l_{aE}$，准确查到 $\zeta_a$ 的数值是非常重要的。

为方便在具体工程中应用，受拉钢筋的锚固长度 $l_a$ 和抗震锚固长度 $l_{aE}$ 不再代入公式进行计算，而是直接查表 1-7 和表 1-8 得到。仔细对比我们会发现，表 1-7 中的 $l_a$ 与表 1-6 中的 $l_{ab}$ 的数值是一样的，即此时的修正系数 $\zeta_a$ 为 1.0。实际工程不同时，应该乘上该系数。

表 1-7 受拉钢筋锚固长度 $l_a$

| 钢筋种类 | 混凝土强度等级 | | | | | | | |
|---|---|---|---|---|---|---|---|---|
| | C25 | C30 | C35 | C40 | C45 | C50 | C55 | ≥C60 |
| HPB300 | 34*d* | 30*d* | 28*d* | 25*d* | 24*d* | 23*d* | 22*d* | 21*d* |
| HRB400<br>HRBF400<br>RRB400 | 40*d* | 35*d* | 32*d* | 29*d* | 28*d* | 27*d* | 26*d* | 25*d* |
| HRB500<br>HRBF500 | 48*d* | 43*d* | 39*d* | 36*d* | 34*d* | 32*d* | 31*d* | 30*d* |

注：表中计算值 $l_a$ 不应小于 200mm。

表 1-8 受拉钢筋抗震锚固长度 $l_{aE}$

| 钢筋种类 | 抗震等级 | 混凝土强度等级 | | | | | | | |
|---|---|---|---|---|---|---|---|---|---|
| | | C25 | C30 | C35 | C40 | C45 | C50 | C55 | ≥C60 |
| HPB300 | 一、二级 | 39*d* | 35*d* | 32*d* | 29*d* | 28*d* | 26*d* | 25*d* | 24*d* |
| | 三级 | 36*d* | 32*d* | 29*d* | 26*d* | 25*d* | 24*d* | 23*d* | 22*d* |
| HRB400<br>HRBF400<br>RRB400 | 一、二级 | 46*d* | 40*d* | 37*d* | 33*d* | 32*d* | 31*d* | 30*d* | 29*d* |
| | 三级 | 42*d* | 37*d* | 34*d* | 30*d* | 29*d* | 28*d* | 27*d* | 26*d* |
| HRB500<br>HRBF500 | 一、二级 | 55*d* | 49*d* | 45*d* | 41*d* | 39*d* | 37*d* | 36*d* | 35*d* |
| | 三级 | 50*d* | 45*d* | 41*d* | 38*d* | 36*d* | 34*d* | 33*d* | 32*d* |

注：（1）四级抗震等级时，$l_{aE}=l_a$；

（2）当采用环氧树脂涂层带肋钢筋时，表中的数据应乘以 1.25；

（3）当纵向受拉钢筋在施工过程中易受扰动时，表中的数据应乘以 1.1；

（4）当纵向受拉钢筋锚固区保护层厚度不小于 3*d* 时，可按表 1–5 考虑修正系数。

## 四、纵向受拉钢筋弯钩锚固和机械锚固形式

弯钩锚固和机械锚固主要利用受拉钢筋端部弯钩（或锚头）对混凝土的局部挤压作用，

来提高钢筋的锚固承载力，可以有效减小钢筋锚固总长度。

本图集标准构造详图中钢筋采用 90° 弯钩锚固时，图示“平直段长度”及“弯折段长度”均指包括弯弧在内的投影长度，见图 1-4 所示。

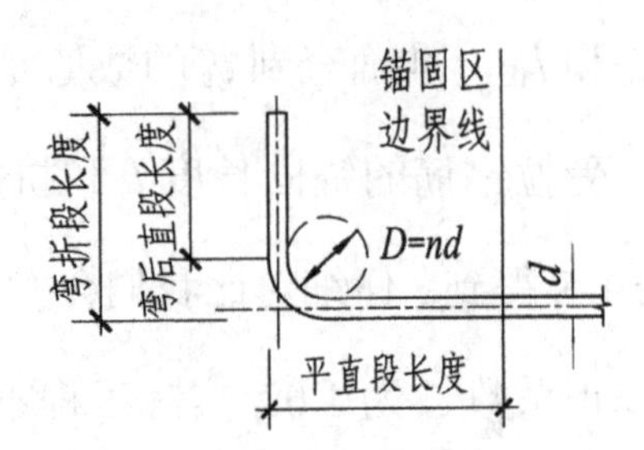


**图 1–4　钢筋 90° 弯折锚固示意**

弯钩锚固有 90° 和 135° 两种形式，如图 1-5（a）和图 1-5（b）所示；机械锚固有锚板穿孔塞焊和螺栓锚头二种形式，如图 1-5（c）和图 1-5（d）所示。

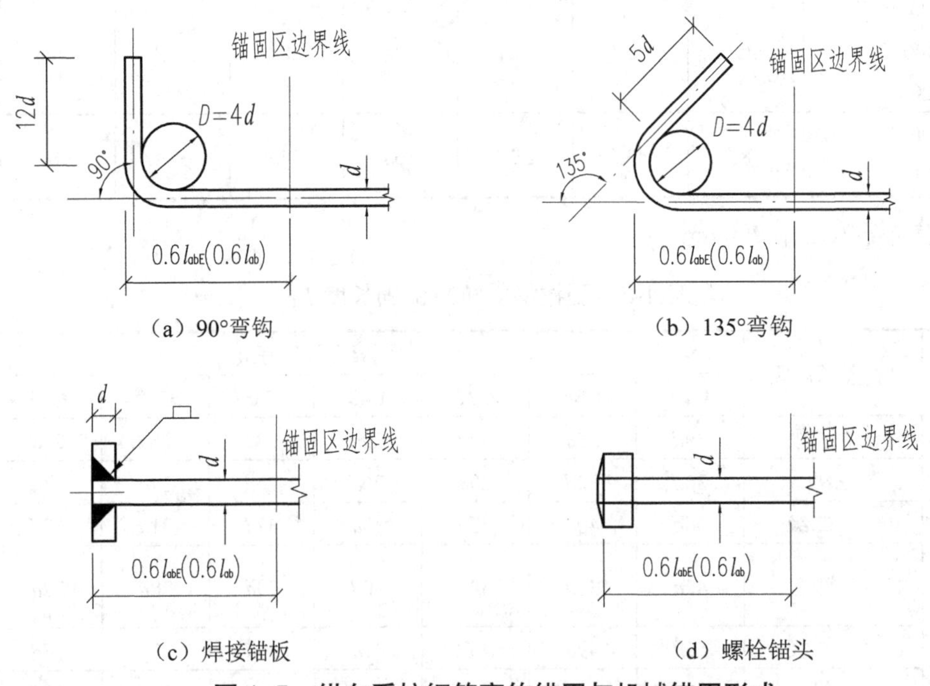


（a）90°弯钩　（b）135°弯钩

（c）焊接锚板　（d）螺栓锚头

**图 1–5　纵向受拉钢筋弯钩锚固与机械锚固形式**

### 1. 90° 弯钩形式

当构件支座宽度小于钢筋锚固长度 $l_{aE}$（或 $l_a$）时，钢筋末端可采用弯折锚固形式，简称弯锚。其中，进入支座内的水平直段和垂直弯折段的长度规定可参考各种构件构造详图。

### 2. 135° 弯钩形式

135° 弯钩形式主要用于封闭箍筋及拉筋端部锚固。

### 3. 锚板穿孔塞焊和螺栓锚头形式

当构件支座宽度小于钢筋锚固长度 $l_{aE}$（或 $l_a$）时，钢筋末端还可采用锚板穿孔塞焊或螺栓锚头形式，其中，进入支座内的水平直段长度规定可参考各种构件构造详图。

锚板穿孔塞焊就是将钢筋塞焊在钢板上，简称锚板；螺栓锚头就是在钢筋末端丝接螺栓，简称锚头。需注意焊接锚板和螺栓锚头的承压面积不应小于锚固钢筋截面面积的 4 倍，且应满足钢筋间距要求，钢筋净距小于 $4d$ 时应考虑群锚效应的不利影响。

以上锚固形式均需由设计人员在图纸结构设计总说明中予以明确标注。

## 五、钢筋连接方式

### 1. 钢筋的三种连接方式

钢筋连接方式主要有绑扎搭接、机械连接和焊接三种方式，其各自的特点如表 1-9 所示。

**表 1-9　绑扎搭接、机械连接和焊接的特点**

| 类　型 | 机　理 | 优　点 | 缺　点 |
| --- | --- | --- | --- |
| 绑扎搭接 | 利用钢筋与混凝土之间的黏结锚固作用实现传力 | 应用广泛，连接形式简单 | 对于直径较粗的受力钢筋，绑扎搭接长度较长，施工不方便，且连接区域容易发生过宽的裂缝 |
| 机械连接 | 利用钢筋与连接件的机械咬合作用或钢筋端面的承压作用实现钢筋连接 | 比较简便、可靠 | 机械连接头连接件的混凝土保护层厚度及连接件间的横向净距将减小 |
| 焊接 | 利用热熔融金属实现钢筋连接 | 节省钢筋，接头成本低 | 焊接接头往往需要人工操作，因此连接的稳定性较差 |

设置接头时应遵循以下原则：

（1）接头尽量设置在受力较小处，应避开结构受力较大的关键部位。抗震设计时应避开梁端、柱端箍筋加密区，如必须在该区域连接，则应采用机械连接或焊接方式。

（2）在同一跨度或同一层高内的同一受力钢筋上宜少设连接接头，不宜设置两个或两个以上接头。

（3）接头位置宜互相错开，在连接范围内钢筋接头面积百分率应限制在一定范围内。

（4）在钢筋连接区域应采取必要的构造措施，在纵向受力钢筋搭接长度范围内应配置横向构造钢筋或箍筋。

（5）轴心受拉杆件及小偏心受拉杆件（如桁架和拱的拉杆）纵向受力钢筋不得采用绑扎搭接接头。当受拉钢筋直径>25mm 及受压钢筋直径>28mm 时，不宜采用绑扎搭接。

**2. 纵向受拉钢筋非抗震绑扎搭接长度 $l_l$ 和抗震绑扎搭接长度 $l_{lE}$**

钢筋连接采用绑扎搭接形式时，需要一定的绑扎搭接长度，简称搭接长度，而另两种连接形式没有搭接长度。纵向受拉钢筋非抗震搭接长度 $l_l$ 与抗震搭接长度 $l_{lE}$ 的取值是按表 1-10 中的公式计算得到的，其中，纵向受拉钢筋绑扎搭接长度修正系数 $\zeta_l$ 如表 1-11 所示。

**表 1-10 纵向受拉钢筋绑扎搭接长度 $l_l$ 和 $l_{lE}$**

| 分类 | 公式 | 备注 |
|---|---|---|
| 抗震 | $l_{lE}=\zeta_l l_{aE}$ | 1.当不同直径钢筋搭接时，其 $l_l$ 与 $l_{lE}$ 均按直径较小的钢筋计算；<br>2.在任何情况下，$l_l$ 和 $l_{lE}$ 不应小于 300mm；<br>3.式中 $\zeta_l$ 为纵向受拉钢筋绑扎搭接长度修正系数，当接头面积百分率为中间值时，可按内插法取值 |
| 非抗震 | $l_l=\zeta_l l_a$ | |

**表 1-11 纵向受拉钢筋绑扎搭接长度修正系数 $\zeta_l$**

| 纵向钢筋搭接接头面积百分率（%） | ≤25 | 50 | 100 |
|---|---|---|---|
| $\zeta_l$ | 1.2 | 1.4 | 1.6 |

为了方便在具体工程中应用，纵向受拉钢筋非抗震搭接长度 $l_l$ 和抗震搭接长度 $l_{lE}$ 应该直接查表 1-12 和表 1-13 获得，不允许再通过计算取得。

**表 1-12 纵向受拉钢筋非抗震绑扎搭接长度 $l_l$**

| 钢筋种类及同一连接区段内搭接钢筋接头面积百分率 | | 混凝土强度等级 | | | | | | | |
|---|---|---|---|---|---|---|---|---|---|
| | | C25 | C30 | C35 | C40 | C45 | C50 | C55 | ≥C60 |
| HPB300 | ≤25% | 41*d* | 36*d* | 34*d* | 30*d* | 29*d* | 28*d* | 26*d* | 25*d* |
| | 50% | 48*d* | 42*d* | 39*d* | 35*d* | 34*d* | 32*d* | 31*d* | 29*d* |
| | 100% | 54*d* | 48*d* | 45*d* | 40*d* | 38*d* | 37*d* | 35*d* | 34*d* |

续表

| 钢筋种类及同一连接区段内搭接钢筋接头面积百分率 | | 混凝土强度等级 | | | | | | | |
|---|---|---|---|---|---|---|---|---|---|
| | | C25 | C30 | C35 | C40 | C45 | C50 | C55 | ≥C60 |
| HRB400 HRBF400 RRB400 | ≤25% | 48*d* | 42*d* | 38*d* | 35*d* | 34*d* | 32*d* | 31*d* | 30*d* |
| | 50% | 56*d* | 49*d* | 45*d* | 41*d* | 39*d* | 38*d* | 36*d* | 35*d* |
| | 100% | 64*d* | 56*d* | 51*d* | 46*d* | 45*d* | 43*d* | 42*d* | 40*d* |
| HRB500 HRBF500 | ≤25% | 58*d* | 52*d* | 47*d* | 43*d* | 41*d* | 38*d* | 37*d* | 36*d* |
| | 50% | 67*d* | 60*d* | 55*d* | 50*d* | 48*d* | 45*d* | 43*d* | 42*d* |
| | 100% | 77*d* | 69*d* | 62*d* | 58*d* | 54*d* | 51*d* | 50*d* | 48*d* |

表 1-13 纵向受拉钢筋抗震绑扎搭接长度 $l_{lE}$

| 钢筋种类及同一连接区段内搭接钢筋接头面积百分率 | | | 混凝土强度等级 | | | | | | | |
|---|---|---|---|---|---|---|---|---|---|---|
| | | | C25 | C30 | C35 | C40 | C45 | C50 | C55 | ≥C60 |
| 一、二级抗震等级 | HPB300 | ≤25% | 47*d* | 42*d* | 38*d* | 35*d* | 34*d* | 31*d* | 30*d* | 29*d* |
| | | 50% | 55*d* | 49*d* | 45*d* | 41*d* | 39*d* | 36*d* | 35*d* | 34*d* |
| | HRB400 HRBF400 RRB400 | ≤25% | 55*d* | 48*d* | 44*d* | 40*d* | 38*d* | 37*d* | 36*d* | 35*d* |
| | | 50% | 64*d* | 56*d* | 52*d* | 46*d* | 45*d* | 43*d* | 42*d* | 41*d* |
| | HRB500 HRBF500 | ≤25% | 66*d* | 59*d* | 54*d* | 49*d* | 47*d* | 44*d* | 43*d* | 42*d* |
| | | 50% | 77*d* | 69*d* | 63*d* | 57*d* | 55*d* | 52*d* | 50*d* | 49*d* |
| 三级抗震等级 | HPB300 | ≤25% | 43*d* | 38*d* | 35*d* | 31*d* | 30*d* | 29*d* | 28*d* | 26*d* |
| | | 50% | 50*d* | 45*d* | 41*d* | 36*d* | 35*d* | 34*d* | 32*d* | 31*d* |
| | HRB400 HRBF400 RRB400 | ≤25% | 50*d* | 44*d* | 41*d* | 36*d* | 35*d* | 34*d* | 32*d* | 31*d* |
| | | 50% | 59*d* | 52*d* | 48*d* | 42*d* | 41*d* | 39*d* | 38*d* | 36*d* |
| | HRB500 HRBF500 | ≤25% | 60*d* | 54*d* | 49*d* | 46*d* | 43*d* | 41*d* | 40*d* | 38*d* |
| | | 50% | 70*d* | 63*d* | 57*d* | 53*d* | 50*d* | 48*d* | 46*d* | 45*d* |

### 3. 钢筋的连接区段长度

连接区段长度就是相邻两个连接接头中心间的距离。凡是连接接头中心位于同一连接区段内的接头，均定义为同一批接头。

图 1-6 所示为同一连接区段内纵向受拉钢筋绑扎搭接、机械连接与焊接接头示意图。绑扎搭接连接区段长度为 $1.3l_l$（或 $1.3l_{lE}$）；机械连接区段长度为 35*d*；焊接连接区段长度为 35*d*，且≥500mm。

纵向受拉钢筋绑扎搭接接头在同一连接区段内的度量，应该量取搭接接头中心间的距离，如图 1-6 所示。但在现场有时很难准确量得接头的中心，所以在工程实践当中，多采用对钢筋端点进行度量的方法。如图 1-7 所示为同一批纵向受拉钢筋绑扎搭接“同一连接区段”实用图示，虽然改变了测量点，但实质内容保持不变，测量控制的还是搭接接头中心间的距离。此方法既保证了测量精度，又简化了测量过程。

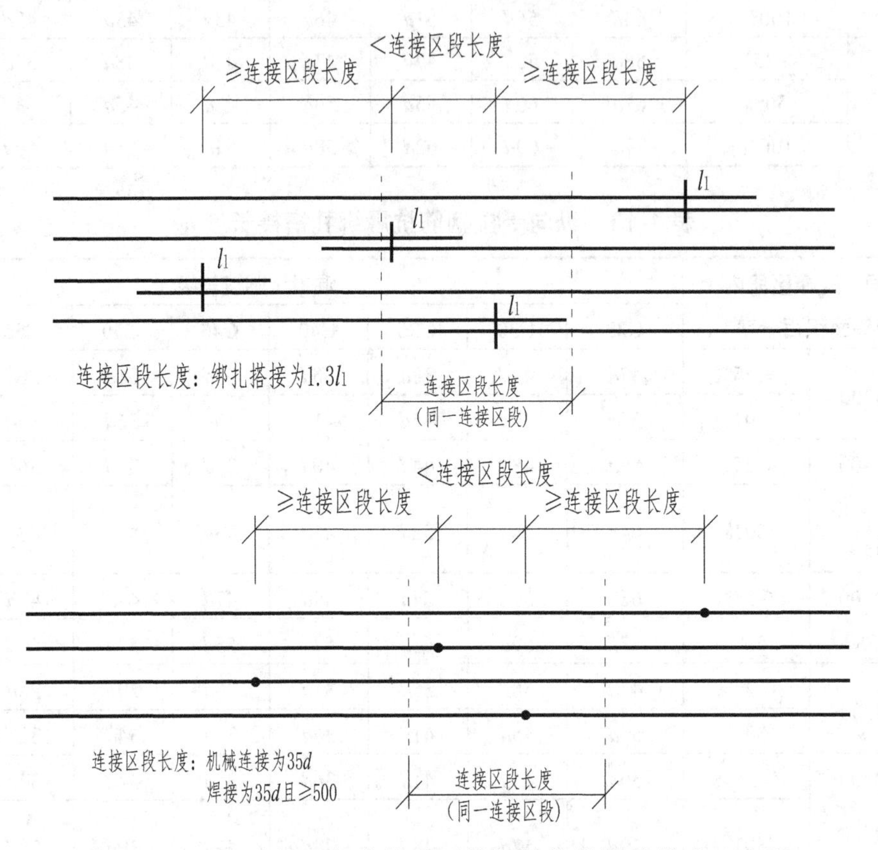


图 1-6　同一连接区段内纵向受拉钢筋绑扎搭接接头示意图

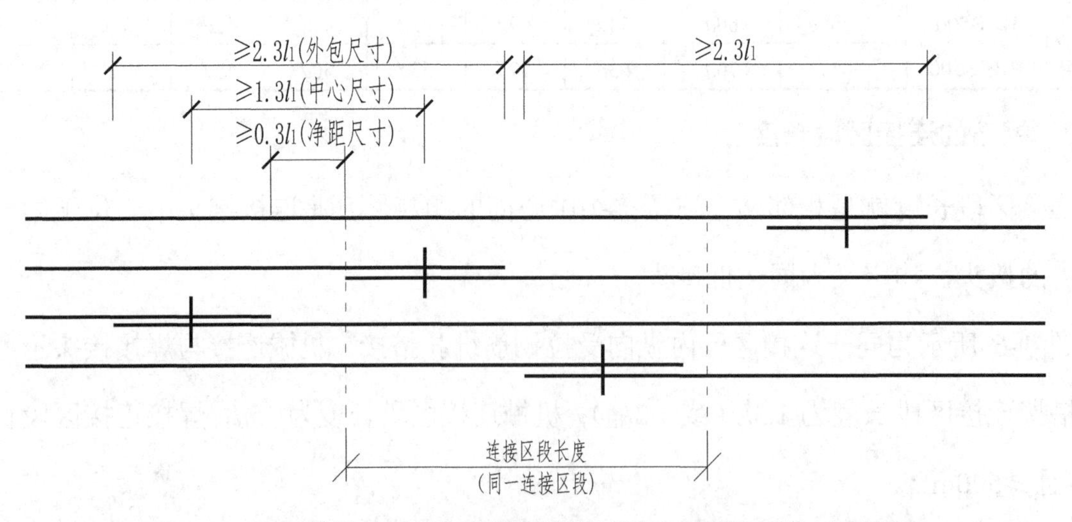


图 1-7　同一批纵向受拉钢筋绑扎搭接“同一连接区段”实用图示

另外，定义同一连接区段的目的是明确同一批钢筋连接接头面积百分率的计算标准。由此，我们将绑扎搭接同一连接区段的定义更新为以下方式进行描述。

同一批钢筋连接区段长度为 1.3$l_l$（两个接头的近端距离为 0.3$l_l$，中心距离为 1.3$l_l$，远端距离为 2.3$l_l$），凡位于该连接区段内的搭接接头均属于同一批连接的钢筋。

图 1-8 所示为框架柱纵筋分两批连接的三种连接方式示意图。

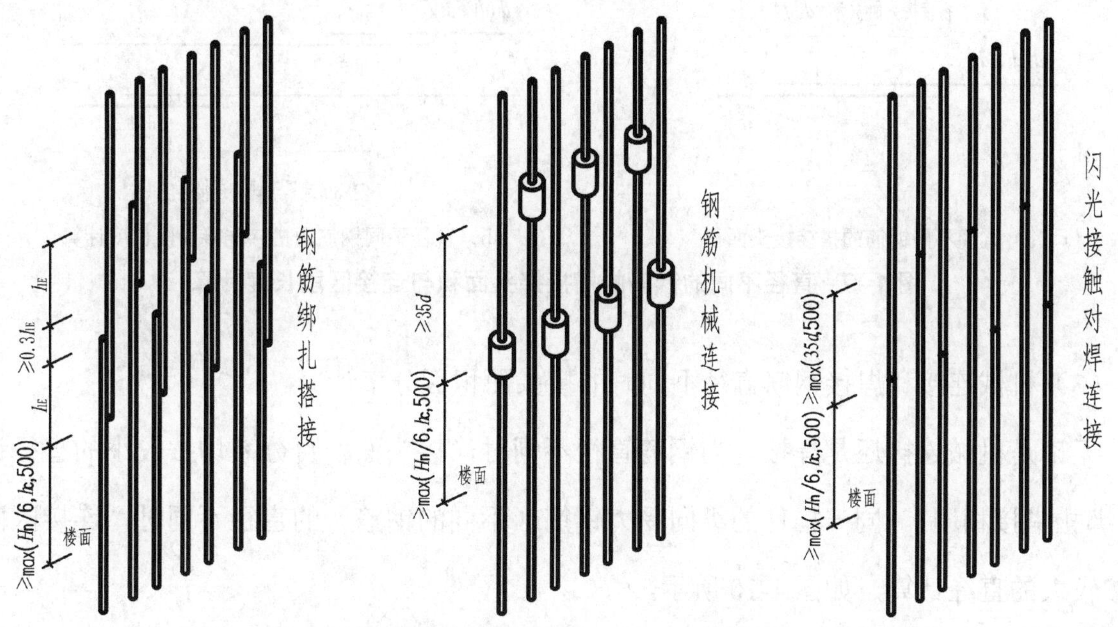


**图 1–8　框架柱纵筋分两批连接的三种连接方式示意图**

### 4. 接头面积百分率计算

在同一连接区段内连接的纵向钢筋被视为同一批连接的钢筋，无论是绑扎搭接、机械连接还是焊接的接头面积百分率，均为同一批钢筋中有接头的纵向钢筋截面面积与全部纵向钢筋截面面积的比值。

（1）连接钢筋的直径相同时的接头面积百分率计算。

当钢筋的直径相同时，接头面积百分率的计算比较简单。假设图 1-6 中的所有钢筋的直径相同，那么所有接头分属于三个连接区段，即钢筋分三批进行连接，从左到右三批接头的面积百分率分别为 25%、50%、25%；图 1-8 中分两批连接的抗震框架柱纵向钢筋绑扎搭接接头的接头面积百分率均为 50%。

（2）绑扎搭接钢筋直径不同时的接头面积百分率计算。

粗、细钢筋（同一根钢筋）搭接时，按较细钢筋的直径计算搭接长度和接头面积百分率，如图 1-9（a）所示。这是因为钢筋通过接头传力时，均按受力较小的细直径钢筋考虑承载受力，而粗直径钢筋往往有较大的余量。此原则对于其他连接方式同样适用。

同一构件的纵向受力钢筋（不同的钢筋）的直径不同时，各自的搭接长度也不同，此时连接区段长度应取相邻搭接钢筋中较大直径钢筋的搭接长度计算，如图 1-9（b）所示。

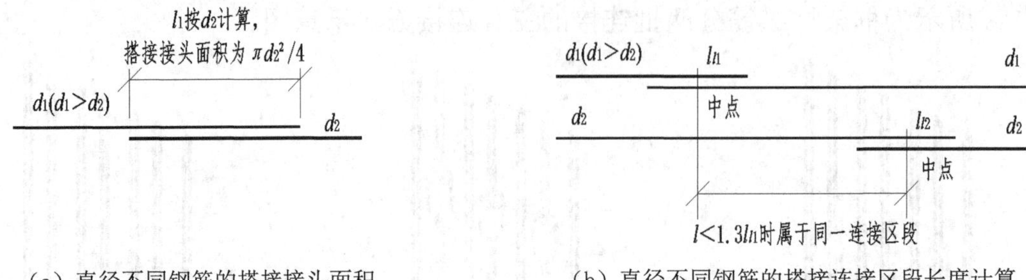


（a）直径不同钢筋的搭接接头面积　　（b）直径不同钢筋的搭接连接区段长度计算

**图 1-9　直径不同的钢筋的搭接接头面积与连接区段长度计算**

（3）机械连接和焊接钢筋直径不同时的接头面积百分率计算。

无论是机械连接还是焊接，当钢筋直径不同时，接头面积百分率均按较小的直径计算（与绑扎搭接相同）。同一构件的纵向受力钢筋（不同的钢筋）的直径不同时，连接区段长度按较大的直径计算，如图 1-10 所示。

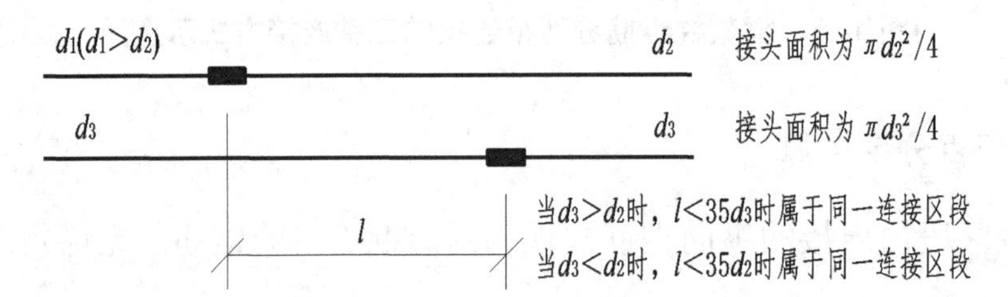


**图 1-10　机械连接和焊接钢筋直径不同时的接头面积与连接区段长度计算**

## 六、梁、柱和剪力墙钢筋间距

### 1. 梁纵向钢筋间距

（1）梁纵向钢筋间距如图 1-11（a）所示。

梁上部纵向钢筋水平方向的净间距（钢筋外边缘间的最小距离）不应小于 30mm 和 1.5$d$ 的较大值（$d$ 为钢筋的最大直径）；分上下多排时，各排钢筋之间的净间距不应小于 25mm 和 $d$ 的较大值。

梁下部纵向钢筋水平方向的净间距不应小于 25mm 和 $d$ 的较大值，当梁的下部纵向钢筋配置多于两排时，两排以上钢筋的水平方向的中心距应比下面两排的中心距增大一倍，且各排钢筋之间的净间距不应小于 25mm 和 $d$ 的较大值。

（2）梁的侧面钢筋。

当梁的腹板高度 $h_w \geqslant 450$mm 时，在梁的两个侧面应沿高度均匀配置纵向构造钢筋，其间距 $a$ 不宜大于 200mm。

当设计注明梁侧面纵向受拉钢筋为抗扭钢筋时，应满足侧面纵向构造钢筋的布置要求。

**2. 柱纵向钢筋间距**

柱纵向钢筋间距如图 1-11（b）所示。柱纵向受力钢筋的净间距不应小于 50mm，纵筋的中心距不应大于 300mm；当抗震柱截面尺寸大于 400mm 时，纵筋中心距不宜大于 200mm。

**3. 剪力墙钢筋间距**

剪力墙钢筋间距如图 1-11（c）所示。混凝土剪力墙水平受力钢筋及竖向分布钢筋的中心距均不应大于 300mm。

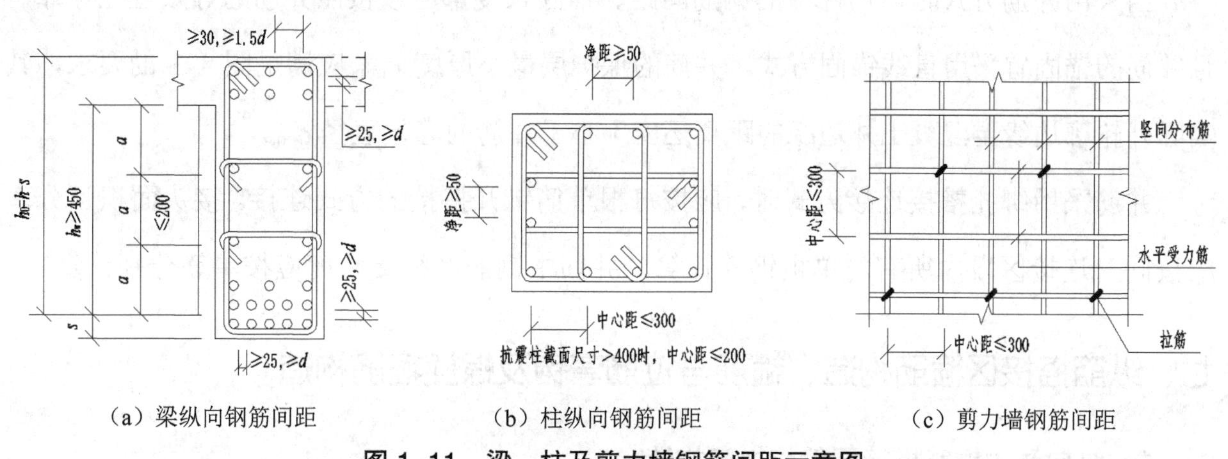


（a）梁纵向钢筋间距　　（b）柱纵向钢筋间距　　（c）剪力墙钢筋间距

**图 1–11　梁、柱及剪力墙钢筋间距示意图**

## 特别提示

在进行梁内力及配筋计算时，需首先确定梁的计算截面尺寸，图 1-11（a）中梁的计算高度 $h_0$ 等于梁高度 $h$–$s$，$s$ 为梁底至梁下部纵向受拉钢筋合力点的距离；当梁下部纵向受拉钢筋为一排时，$s$ 取至钢筋中心的位置；当梁下部纵向受拉筋为两排时，可近似取值为 65mm。

**4. 梁和柱纵筋采用并筋时的保护层厚度、钢筋间距及锚固长度**

（1）并筋的主要形式和等效直径的计算方法。

由 2 根单根钢筋组成的并筋可按竖向或横向的方式布置，由 3 根单根钢筋组成的并筋宜按品字形布置，如图 1-12 所示。

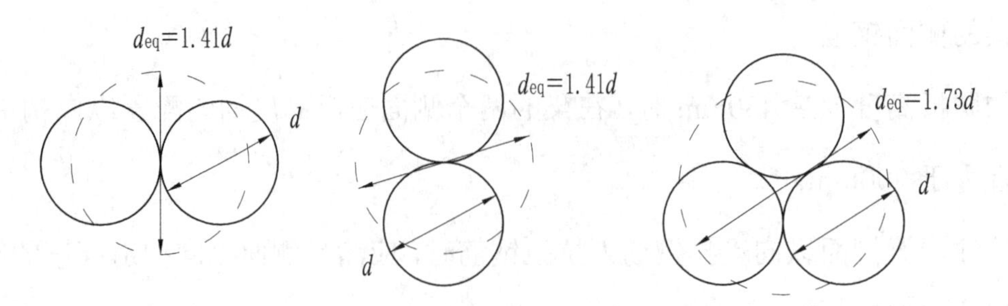


图 1–12　并筋形式和等效直径计算

并筋等效直径 $d_{eq}$ 按截面积相等的原则换算确定。当直径相同的钢筋数量为 2 根时，并筋等效直径 $d_{eq}$ 取 1.41 倍单根钢筋直径；当直径相同的钢筋数量为 3 根时，并筋等效直径 $d_{eq}$ 取 1.73 倍单根钢筋直径。

（2）并筋时的保护层厚度、钢筋间距及锚固长度。

当采用并筋方式时，构件中的钢筋间距、锚固长度都应该按照并筋的等效直径计算，且并筋的锚固宜采用直线锚固方式。并筋的保护层最小厚度 $c_{min}$ 应满足图 1-3 的要求，其实际外轮廓边缘至混凝土外边缘的距离还应不小于并筋的等效直径 $d_{eq}$。

并筋采用绑扎搭接连接方式时，应按每根单筋错开搭接的方式连接。接头面积百分率应按同一连接区段内所有的单根钢筋计算，并筋中钢筋的搭接长度应按单筋分别计算。

## 七、纵筋搭接区箍筋构造、箍筋与拉筋弯钩及螺旋箍筋构造

### 1. 纵向受力钢筋搭接区箍筋加密构造

绑扎搭接钢筋在受力后的分离趋势及搭接区混凝土的纵向劈裂，尤其是受弯构件挠曲后的翘曲变形，要求对搭接连接区域有很强的约束。因此，无论是抗震设计还是非抗震设计，在梁、柱类构件纵向钢筋搭接长度范围内应按构造要求配置箍筋，如图 1-13 所示，具体规定如下。

（1）箍筋直径不小于搭接钢筋最大直径的 0.25 倍（$\geqslant d/4$）；

（2）箍筋间距不应大于搭接钢筋最小直径的 5 倍（$\leqslant 5d$），且不应大于 100mm；

（3）当受压钢筋的直径>25mm 时，还应在搭接区两个端面外 100mm 范围内各设置两个箍筋。

图 1-13（a）所示为柱纵向受压钢筋直径>25mm 时的搭接区箍筋加密构造。

箍筋加密区与非加密区的分界箍筋应计入加密区箍筋数量。

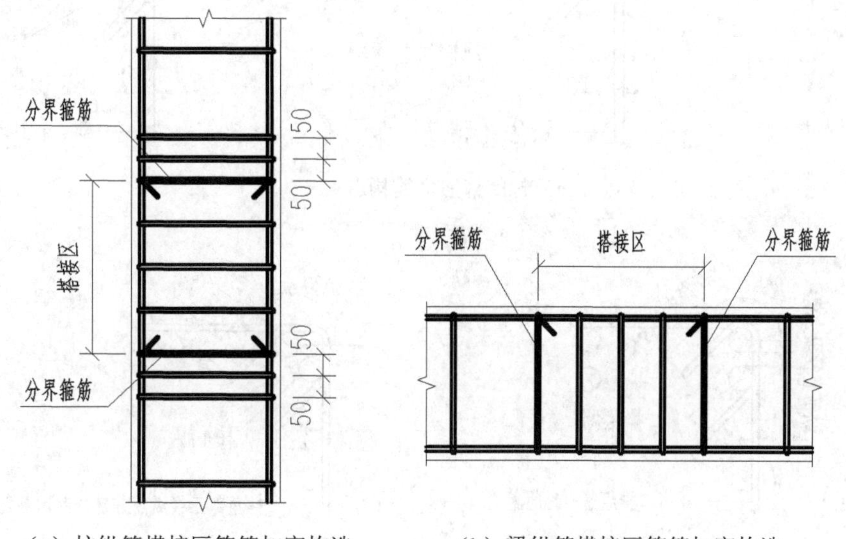


（a）柱纵筋搭接区箍筋加密构造　　（b）梁纵筋搭接区箍筋加密构造

**图 1–13　梁、柱纵筋搭接区箍筋加密构造**

## 特别提示

（1）梁、柱类构件纵向钢筋的搭接接头。当设在箍筋非加密区时，需在搭接长度范围内按标准加密箍筋。

（2）机械连接和焊接接头在连接区段内没有箍筋加密的构造要求。

### 2. 封闭箍筋及拉筋弯钩构造

封闭箍筋及拉筋弯钩构造如图 1-14 所示。进行非抗震设计时，箍筋及拉筋弯钩平直段长度为 $5d$。进行抗震设计时，箍筋及拉筋弯钩平直段长度为 $10d$ 和 75mm 中的较大值。

封闭箍筋弯钩构造（一）如图 1-14（a）所示，焊接封闭箍筋多为在工厂加工制作，近几年在工程实践中的应用越来越多；绑扎搭接的梁、柱纵筋多为斜向排布，此时，正常制作箍筋弯钩即可满足要求；当采用竖向排布时，需要对箍筋弯钩进行相应的处理方可满足要求。

封闭箍筋弯钩构造（二）如图 1-14（b）所示，当梁的上部或下部有二排纵筋时，应保证上、下排钢筋之间的间距，为 25 和纵筋公称直径之间取大值；当采用 3 根钢筋并筋排布时，需要对箍筋弯钩进行相应的处理方可满足要求。

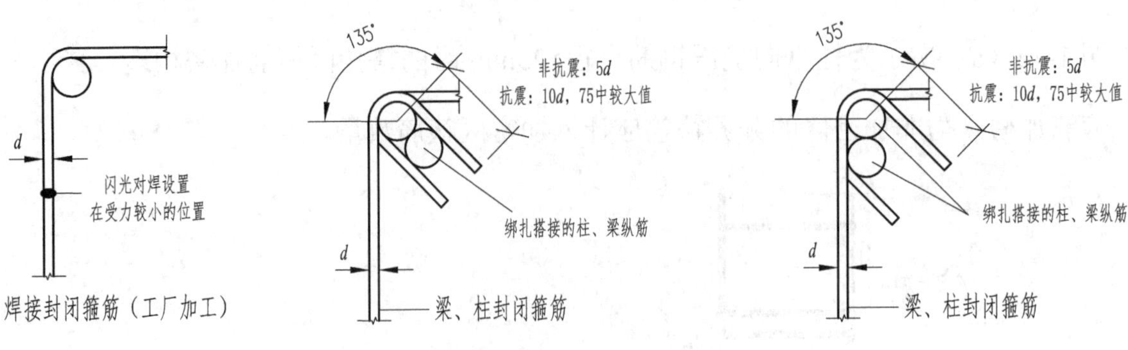


（a）封闭箍筋弯钩构造（一）

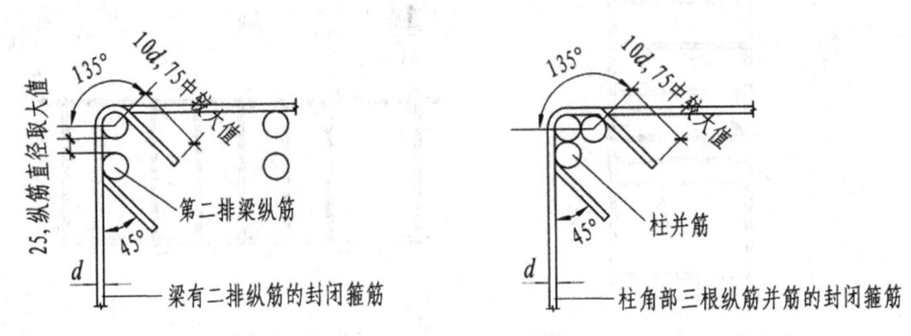


（b）封闭箍筋弯钩构造（二）

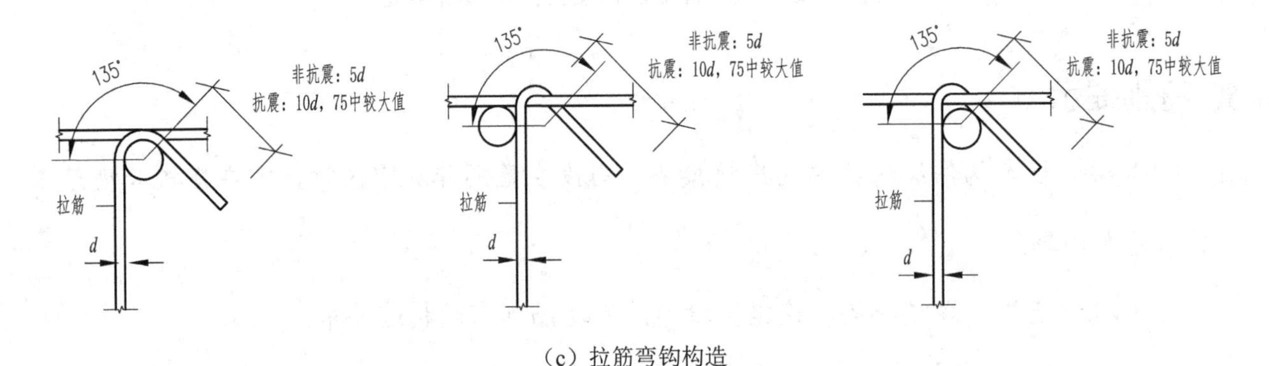


（c）拉筋弯钩构造

**图 1-14 封闭箍筋及拉筋弯钩构造**

拉筋弯钩构造如图 1-14（c）所示，共包括三种构造类型，具体如下：

（1）拉筋仅钩住纵筋。

（2）拉筋仅钩住箍筋，此时必须注意拉筋应靠近纵筋。

（3）拉筋同时钩住纵筋和箍筋。在工程实践中，若图纸中未说明，梁、柱和剪力墙中的拉筋均应该采用这种构造方式。

**3. 螺旋箍筋和圆柱环状箍筋搭接构造**

当圆柱采用螺旋箍筋构造时，如图 1-15 所示，在开始与结束位置应有水平段，长度不小于一圈半，端部采用 135° 弯钩，弯钩平直段长度非抗震时取 $5d$，抗震时取 $10d$ 和 75mm

中的较大值；如果箍筋需要连接加长，可采用绑扎搭接的方式构造，搭接长度应≥$l_{aE}$（或$l_a$），且≥300mm，同时钩住纵筋。

内环定位筋应采用焊接圆环，间距为1.5m，直径≥12mm。

圆柱环状箍筋搭接构造与螺旋箍筋搭接构造的要求相同。

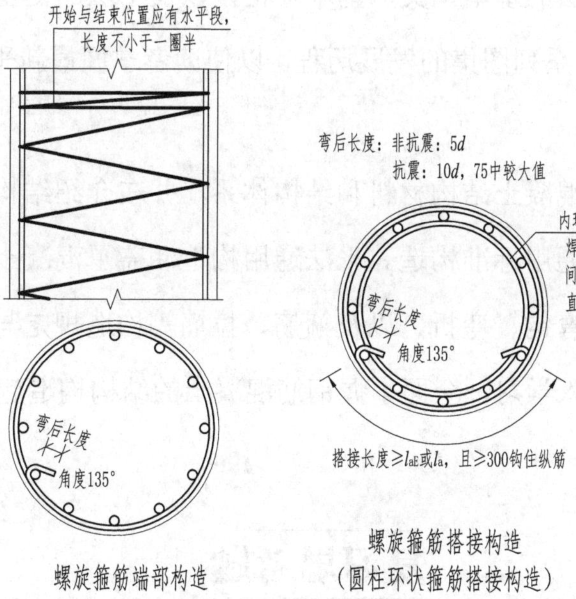


**图1-15　螺旋箍筋和圆柱环状箍筋搭接构造**

## 八、钢筋图例

本图集中所涉及的部分钢筋图例如表1-14所示。

**表1-14　钢筋图例**

| 名　称 | 图　例 | 说　明 |
|---|---|---|
| 钢筋端部截断 | | 表示长、短钢筋投影重叠时，短钢筋的端部用45°斜划线表示 |
| 钢筋搭接连接 | | — |
| 钢筋焊接 | | — |
| 钢筋机械连接 | | — |
| 端部带锚固板的钢筋 | | — |

45°斜划线为钢筋截断符号，其本身不代表钢筋，只代表此处有钢筋截断，其朝向为截断钢筋的来源方向。以“钢筋搭接连接”图例为例，左侧截断符号朝向右侧，代表右侧方向来的钢筋在此截断；右侧截断符号朝向左侧，代表左侧方向来的钢筋在此截断，中间重叠部分即为搭接长度。

## 小　结

本项目简单介绍了平法的基本定义、基本理论，以及平法的诞生、形成和发展历程；重点介绍了 G101 和 G901 系列图集的发展历程，以使读者掌握最新平法图集资料，为后续的学习奠定基础。

本项目还概括论述了混凝土结构材料和结构体系，并在介绍结构设计总说明之后，全面、详细地阐述了平法的通用标准构造。平法通用构造涵盖了混凝土环境类别、保护层厚度，钢筋的锚固、连接、弯钩、弯折，以及箍筋、拉筋等构造规定与设计要求等，内容丰富、论述清晰，对学生深入学习、全面掌握钢筋混凝土的结构构造起着十分重要的作用。

## 复习思考题

1．什么是平法？平法包含哪两层含义？平法的创始人是谁？

2．钢筋牌号及对应的符号有哪些？

3．钢筋代换的原则是什么？

4．具体工程施工图中必须写明的与平法施工图密切相关的内容有哪些？

5．什么是混凝土保护层厚度？影响因素有哪些？

6．查阅受拉钢筋的基本锚固长度 $l_{ab}$ 表和基本抗震锚固长度 $l_{abE}$ 表的条件有哪些？

7．查阅受拉钢筋的锚固长度 $l_a$ 表和抗震锚固长度 $l_{aE}$ 表的条件有哪些？

8．纵向受拉钢筋弯钩锚固和机械锚固形式各有哪几种？

9．钢筋连接有哪几种方式？其连接区段长度分别是多少？

10．查阅纵向受拉钢筋非抗震搭接长度 $l_l$ 表和抗震搭接长度 $l_{lE}$ 表的条件有哪些？

11．梁、柱纵向钢筋的间距和剪力墙钢筋的间距分别是多少？

12．封闭箍筋及拉筋弯钩构造有几种类型？

13．简述螺旋箍筋和圆柱环状箍筋搭接构造。

项目二

# 钢筋设计长度与下料长度

## 教学目标与要求

### 教学目标

通过对本项目的学习，学生应能够：

1. 掌握钢筋计算的原理和方法。
2. 熟练掌握箍筋外皮的设计长度和施工下料长度的计算原理与方法。
3. 熟练掌握拉筋外皮的设计长度和施工下料长度的计算原理与方法。

### 教学要求

| 教 学 要 点 | 知 识 要 点 | 权 重 |
|---|---|---|
| 钢筋的两种长度 | 掌握钢筋设计长度和下料长度的定义及区别 | 15% |
| 箍筋外皮设计尺寸计算 | 掌握箍筋外皮设计尺寸的计算原理和方法 | 40% |
| 拉筋外皮设计尺寸计算 | 掌握 135°和 180°拉筋外皮设计尺寸的计算原理与方法 | 35% |
| 180° 弯钩增加长度计算 | 掌握 HPB300 级钢筋末端 180°弯钩增加长度的计算原理和方法 | 10% |

# 任务 1　计算钢筋设计长度和下料长度

## 知识导读

在工程实践中，钢筋翻样人员计算钢筋施工下料长度时必须考虑节点处的钢筋排布构造，其长度计算是相对准确的（但不是唯一的），而施工下料长度又是根据钢筋设计标注长度来计算的，因此，计算钢筋的设计长度时也要考虑钢筋排布构造。

众所周知，在计算钢筋的工程量时，钢筋长度采用的就是设计长度。《房屋建筑与装饰工程计量规范》（GB 500854—2013）中的计算规则是这样描述的，“按设计图示钢筋（网）长度（面积）乘单位理论质量计算”钢筋工程量，这里的“设计图示钢筋长度”指的就是钢筋设计长度。

目前在工程造价、建筑工程施工技术等很多课程当中，有关钢筋设计长度的计算大多还采用传统计算方法，这与当前的平法环境有些脱节，因为二者之间有着较大的差别和界限。

本书后面讲述的所有钢筋设计长度的计算均按照统一标注的外皮尺寸计算，并要符合 22G101 系列图集的标准构造要求，力求将钢筋设计长度计算结果直接应用于施工下料长度的计算中。

为了帮助学生理解和掌握标准配筋构造，本书通过各种构件钢筋计算范例阐明了梁、柱、板等构件的钢筋设计长度计算的思路和方法，希望能对读者有所启发。

## 一、钢筋设计构造详图和施工排布构造详图

22G101 系列图集是与混凝土结构平法施工图配套使用的正式设计文件，图集中的构造详图就是钢筋设计构造详图。图 2-1（a）取自图集 22G101-1，为抗震楼层框架梁上、下部纵筋在端支座的弯锚构造，此图就是钢筋设计构造详图。图中未画出柱子外侧的纵筋，但有相应的文字“伸至柱外侧纵筋内侧，且≥$0.4l_{abE}$”来描述。

几乎所有抗震楼层框架梁端节点的纵筋弯锚构造都要套用这个详图来进行钢筋施工排布放样。但是在施工现场，该节点处的钢筋较密集，符合这个设计构造详图的钢筋排布不是唯一的，可能同时有几种排布方案可行。为了解决施工中的钢筋翻样计算和现场安装绑

扎，国家出版了与 G101 配套使用的《混凝土结构施工钢筋排布规则与构造详图》（G901）系列图集，该系列图集中的构造详图就是钢筋施工排布构造详图。图 2-1（b）、图 2-1（c）和图 2-1（d）均取自图集 G901，是框架梁中间层端节点的弯锚构造，符合 G101 设计构造详图，是指导钢筋施工排布的三种构造详图。

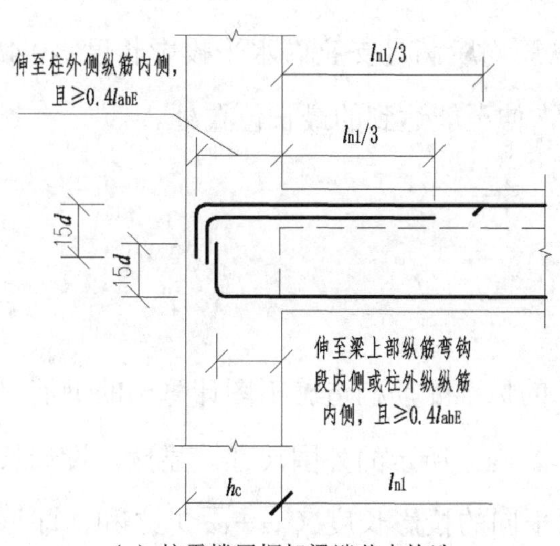


（a）抗震楼层框架梁端节点构造

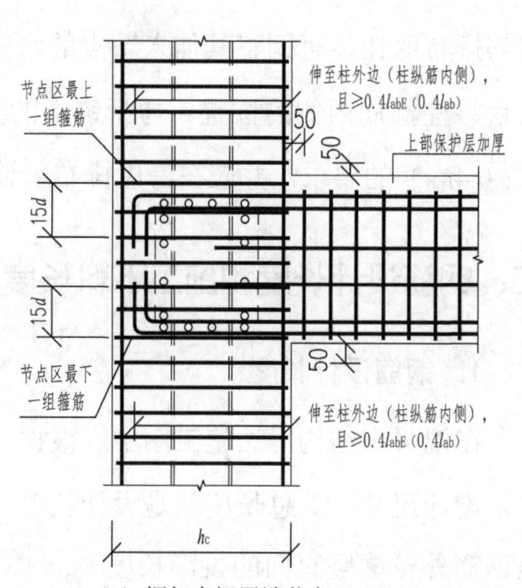


（b）框架中间层端节点（一）

（梁纵筋在支座处弯锚，弯折段未重叠）

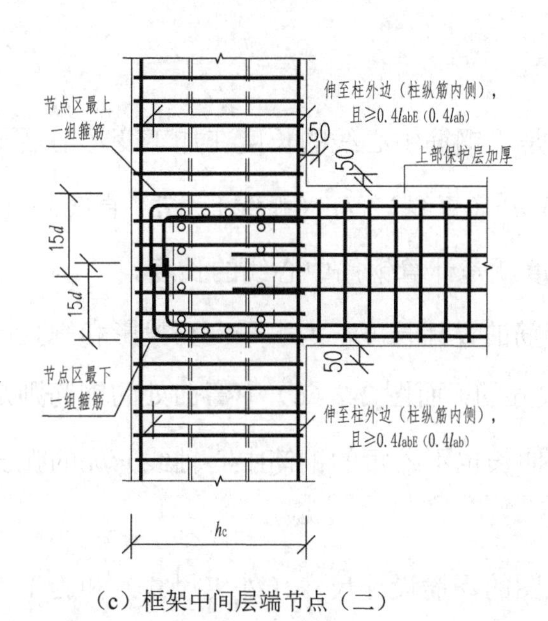


（c）框架中间层端节点（二）

（梁纵筋在支座处弯锚，弯折段重叠，内外排不靠贴）

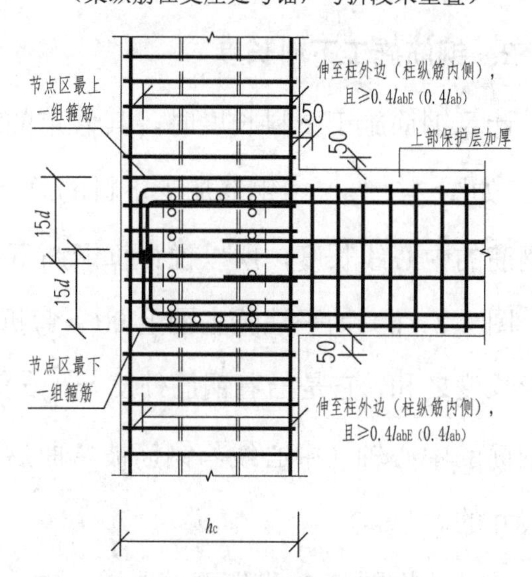


（d）框架中间层端节点（三）

（梁纵筋在支座处弯锚，弯折段重叠，内外排靠贴）

**图 2–1　钢筋设计构造详图和施工排布构造详图**

从图 2-1 可直观地看到，这 4 个图均为框架梁纵筋在端支座处的弯锚构造。图 2-1（a）为 G101 系列图集中的钢筋设计构造详图，施工中可能出现三种钢筋排布构造：当弯折段上、下未重叠时，可选择图 2-1（b）的构造；当弯折段上、下重叠时，可选择图 2-1（c）

或图 2-1（d）中任何一种构造。

总之，G901 中的钢筋施工排布构造详图符合 G101 钢筋设计构造详图的要求，且考虑了现场钢筋排布躲让后的钢筋翻样排布构造。如图 2-1（b）、图 2-1（c）和图 2-1（d）所示的框架梁纵筋在端支座内弯折锚固的竖向弯折段，如需与相交叉的另一方向的框架梁纵向钢筋排布躲让，可调整其伸入节点的水平段长度。水平段向柱外边方向调整时，最长可伸至紧靠柱箍筋内侧的位置。弯折锚固的梁各排纵筋均应满足支座内水平投影长度≥$0.4l_{abE}$（或 $0.4l_{ab}$）的要求，并应在考虑排布躲让因素后，伸至能达到的最长位置处。

## 二、钢筋设计长度和施工下料长度

### 1. 钢筋设计长度

在混凝土结构平法施工图中，根据 22G101 的标准配筋构造施工图计算出的钢筋尺寸就是设计尺寸，其总长度就是设计长度，如图 2-2（a）所示的外围尺寸。显然，设计长度是钢筋外轮廓竖直向的投影长度（$\overline{ab}+\overline{xy}$）和水平向的投影长度（$\overline{yz}+\overline{cd}$）之和，即该钢筋的设计总尺寸为各直线段之和 $\overline{ab}+\overline{xy}+\overline{yz}+\overline{cd}$。

### 2. 钢筋施工下料长度

计算钢筋施工下料长度时，其假定的前提是“钢筋中心线的长度在加工变形前后不改变”。如图 2-2（a）中钢筋加工下料的总尺寸是 $\overline{ab}$（直线）+$\widehat{bc}$（弧线）+$\overline{cd}$（直线），也就是钢筋的中心线长度，所以说计算钢筋下料长度就是计算钢筋中心线的长度。

图 2-2（b）为平法施工图上 90° 弯折处钢筋的设计长度，为水平向正投影和垂直向正投影长度之和，它是沿着钢筋外皮 $\overline{xy}+\overline{yz}$度量尺寸的；而图 2-2（c）中弯曲处的钢筋则是沿着钢筋的中心轴（中心线，钢筋被弯曲后既不伸长也不缩短的钢筋中心轴线）$\widehat{bc}$的弧长度量尺寸的。

通过分析图 2-2 我们可以知道，结构施工图的钢筋设计尺寸（外皮尺寸）和施工下料尺寸（中心线尺寸）并不完全相同。图 2-2 中钢筋的施工图设计总尺寸 $\overline{ab}+\overline{xy}+\overline{yz}+\overline{cd}$，减去钢筋加工下料总尺寸 $\overline{ab}+\widehat{bc}+\overline{cd}$，实际上就是钢筋 90° 弯曲处的外皮尺寸 $\overline{xy}+\overline{yz}$与 $\widehat{bc}$弧线的弧长之间的差值，通常称为外皮差值。因为此差值是由量度原因引起的，所以在有些资料当中，又称此差值为量度差值，如表 2-1 所示。本质上，设计长度和下料长度是一个问题的两个方面，都是钢筋的长度问题，前者是钢筋弯曲成型后的外皮尺寸，后者是钢筋弯曲成型前后的中心线尺寸。在钢筋弯曲过程中，中心线内侧缩短，外侧伸长，中心线长度不变，只不过因为在工程实践中不方便量测中心线和内侧尺寸，所以采用量测外皮尺寸的方法，因此出现了量度差值这一现象。这一差值又被形象地称为弯曲伸长值。由此可知，施工下料长度的计算公式为：

下料长度=设计长度-外皮差值

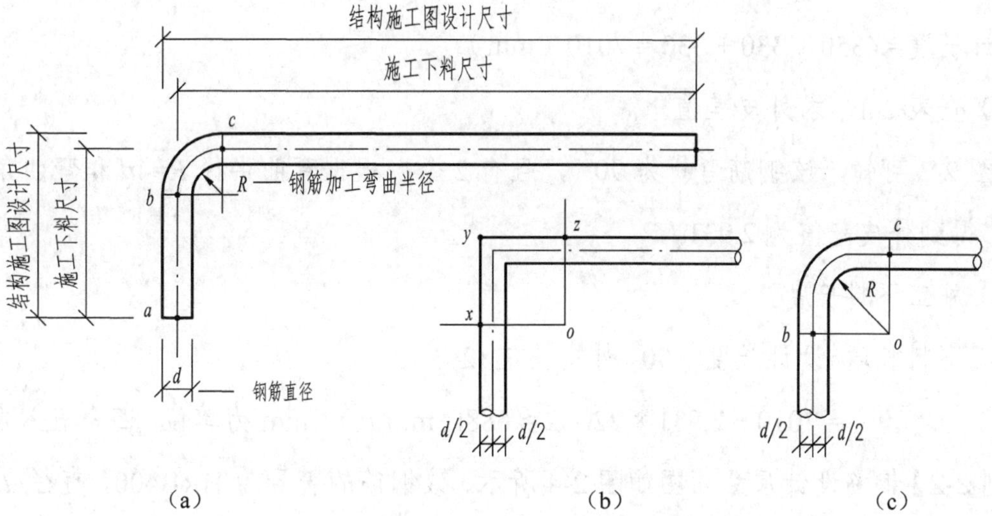

图 2-2　钢筋设计长度和施工下料长度示意图

按照不同的弯曲角度和弯曲半径，将钢筋的外皮差值计算出来，如表 2-1 所示。我们可以根据结构施工图的钢筋设计尺寸来计算钢筋的施工下料尺寸。

表 2-1　钢筋的外皮差值

| 弯曲角度 | $R$=1.25$d$ | $R$=1.75$d$ | $R$=2$d$ | $R$=2.5$d$ | $R$=4$d$ | $R$=6$d$ | $R$=8$d$ |
|---|---|---|---|---|---|---|---|
| 30° | 0.290$d$ | 0.296$d$ | 0.299$d$ | 0.305$d$ | 0.323$d$ | 0.384$d$ | 0.373$d$ |
| 45° | 0.490$d$ | 0.511$d$ | 0.522$d$ | 0.543$d$ | 0.608$d$ | 0.694$d$ | 0.780$d$ |
| 60° | 0.765$d$ | 0.819$d$ | 0.846$d$ | 0.900$d$ | 1.061$d$ | 1.276$d$ | 1.491$d$ |
| 90° | 1.751$d$ | 1.966$d$ | 2.073$d$ | 2.288$d$ | 2.931$d$ | 3.790$d$ | 4.648$d$ |
| 135° | 2.240$d$ | 2.477$d$ | 2.595$d$ | 2.831$d$ | 3.539$d$ | 4.484$d$ | 5.428$d$ |
| 180° | 3.502$d$ | 3.932$d$ | 4.146$d$ | 4.576$d$ | — | — | — |

注：（1）平法框架主筋 $d$≤25mm，$R$ 取 4$d$（6$d$）；$d$>25mm，$R$ 取 6$d$（8$d$），括号内为顶层边节点要求；

（2）弯曲角度 $R$=2.5$d$ 常用于箍筋和拉筋；

（3）弯曲角度 $R$=1.75$d$ 常用于轻骨料中的 HPB300 级主筋。

### 3. 根据钢筋的设计尺寸简图计算钢筋的设计长度和施工下料长度

**【例 2-1】**单根钢筋设计尺寸简图如图 2-3 所示。该钢筋的牌号为 HRB400，直径 $d$=22mm，

钢筋加工弯曲半径 $R$=4$d$。求该钢筋的设计长度及加工弯曲前所需切下的施工下料长度。

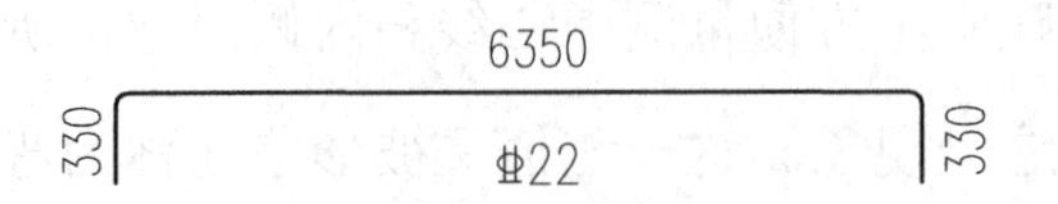


图 2-3　单根钢筋设计尺寸简图

**解：**（1）钢筋的设计长度。

设计长度= 6350 + 330 + 330 = 7010（mm）

（2）查表 2-1，求外皮差值。

由图 2-3 可知，该钢筋弯折为 90°，且有 2 个。根据弯曲半径 $R$=4$d$ 和弯曲角度 90°查表 2-1，得到外皮差值为 2.931$d$。

（3）施工下料长度。

施工下料长度=设计长度 − 90° 外皮差值×2

= 7010 − 2.931 × 22 × 2 ≈ 6881（mm）（以 mm 为单位，四舍五入取整计算）

**【例 2-2】**钢筋设计尺寸简图如图 2-4 所示。该钢筋的牌号为 HRB400，直径 $d$ = 20mm，钢筋加工弯曲半径 $R$ = 4$d$。求该钢筋的设计长度及加工弯曲前所需切下的施工下料长度。

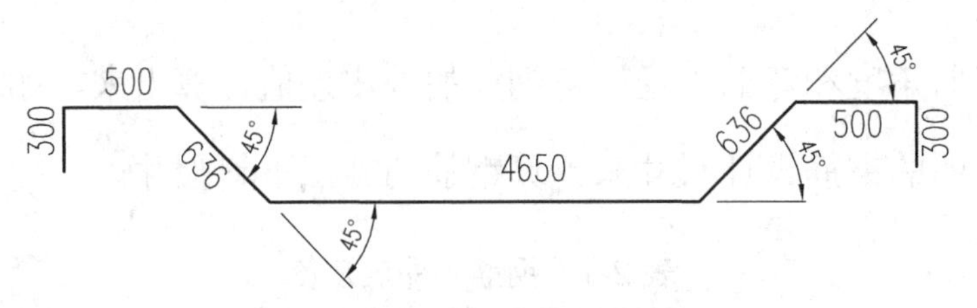


图 2-4　钢筋设计尺寸简图

**解：**（1）钢筋的设计长度。

设计长度= 4650 + 300 × 2 + 500 × 2 + 636 × 2 = 7522（mm）

（2）查表 2-1，求外皮差值。

由图 2-4 可知，该钢筋有 2 个 90° 弯折和 4 个 45° 弯折。根据弯曲半径 $R$ = 4$d$ 查表 2-1，得到 90° 弯折外皮差值为 2.931$d$；45° 弯折外皮差值为 0.608$d$。

（3）施工下料长度。

施工下料长度= 设计长度− 90° 外皮差值 × 2 − 45° 外皮差值 × 4

= 7522 − 2.931 × 20 × 2 − 0.608 × 20 × 4 ≈ 7356（mm）（注意应四舍五入取整计算）

通过以上两个例题的计算可以看出，如果知道了钢筋的设计尺寸，设计长度和施工下料长度的计算就成为一件很简单的事情。如果要根据平法施工图得到钢筋的设计长度，就需要考虑钢筋的排布构造，过程就稍显复杂。

**4. 设计长度和施工下料长度的比较**

**【例 2-3】**图 2-5 所示为某单跨框架梁 KL1 上部通长筋示意图，有两根 HRB400 级通长筋，直径 20mm，钢筋的形状、位置如图 2-5 所示。

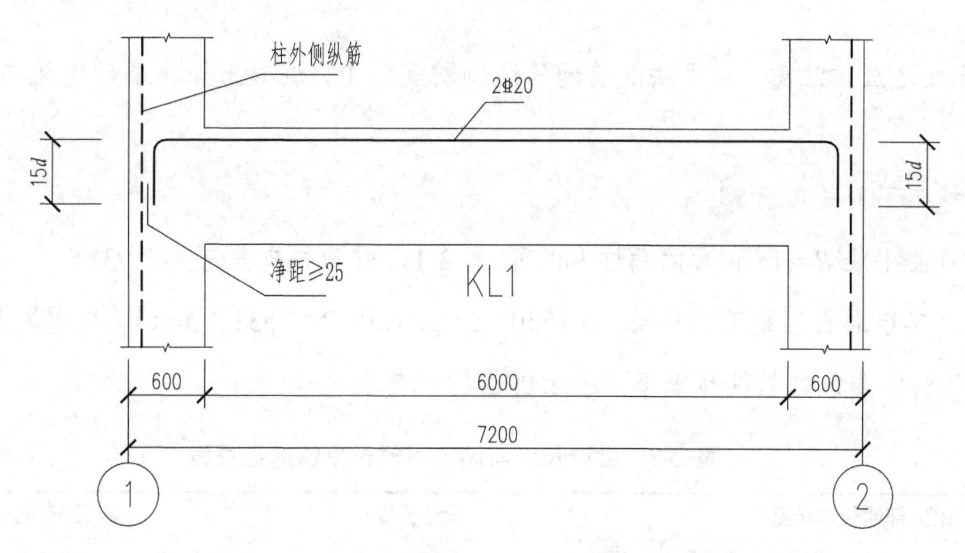


**图 2–5 某单跨框架梁 KL1 上部通长筋示意图**

已知柱保护层厚度为 20mm，柱子外侧纵筋直径为 22mm，柱箍筋直径 8mm，通长筋竖向弯折段与柱外侧纵筋之间的净距为 25mm，$l_{abE}=l_{aE}=35d$，弯曲半径 $R=4d$。

请计算图 2-5 中梁上部两根通长筋的设计长度和施工下料长度。

**解：**（1）锚固长度计算。

$$l_{aE}=35d=35\times20=700\text{（mm）}>\text{柱子边长 }600\text{mm}$$

所以该梁端支座只能选择弯锚构造。

梁端 90° 弯折的竖向设计尺寸为 $15d$，即 $15\times20=300$（mm）。

（2）设计长度计算。

根据设计构造图 2-1（a）或排布构造图 2-1（b）计算单根通长筋设计长度。

水平方向设计长度=梁总长度−2 倍柱保护层厚度−2 倍柱箍筋直径−2 倍柱外侧纵筋直径
−2 倍钢筋间净距
$=7200-20\times2-8\times2-22\times2-25\times2=7050$（mm）

单根通长筋设计总长度=7050+300+300=7650（mm）

两根通长筋设计总长度=7650×2=15300（mm）

### 特别提示

① 在图2-5中，外侧的柱保护层厚度、柱箍筋直径、柱外侧纵筋直径和梁上部钢筋弯折垂直段与柱纵向钢筋间净距四项，我们将其命名为梁端部构造。详见项目三任务5相关内容介绍。

② 此处还应该注意，在平法以前的传统制图规则中，混凝土保护层的定义与此处略有不同。

（3）施工下料长度计算。

根据弯曲半径$R=4d$和弯曲角度90° 查表2-1，得到外皮差值为2.931$d$。

因此，单根通长筋施工下料长度=7650−2.931×20×2≈7533（mm）（注意取整）

表2-2所示为设计长度与施工下料长度值的汇总表。

**表2-2　设计长度与施工下料长度值的汇总表**（单位：mm）

| 梁上部通长筋长度值 | 设计长度 | 施工下料长度 |
| --- | --- | --- |
| 单根长度 | 7650 | 7533 |
| 两根总长度 | 15300 | 15066 |

## 任务2　计算箍筋和拉筋外皮设计尺寸

### 知识导读

为了搞清楚钢筋弯折处长度计算的原理，并减少后面章节中钢筋计算方面的篇幅，下面通过箍筋和拉筋的长度计算讲解弯折处钢筋长度计算的思路和方法。

前面讲到，22G101系列图集混凝土保护层厚度的含义发生了变化，由原来的“箍筋内表面到混凝土表面的距离”变成“箍筋外表面到混凝土表面的距离”。例如，某梁断面尺寸为$B$（宽）×$H$（高），那么梁宽$B$减去2倍的混凝土保护层厚度，原标准等于梁宽方向的箍筋内皮尺寸，而新标准则等于梁宽方向的箍筋外皮尺寸。所以说，在使用平法以前，除了箍筋标注的是内皮尺寸，其余的钢筋均标注外皮尺寸；使用平法以后，所有钢筋一律标注外皮尺寸。显然，此时的混凝土保护层厚度略有增大，但对结构受力的影响不大。

如果能够深刻理解并熟练掌握箍筋和拉筋外皮尺寸计算的原理与思路，即使在施工现场，钢筋的施工下料长度计算问题也能迎刃而解、手到擒来。

## 一、计算外围箍筋的设计长度

### 1. 外围箍筋弯钩的相关规定

外围箍筋简称外箍，在22G101系列图集中称为非复合箍筋。

根据混凝土保护层的平法定义，梁或柱的断面边长减去2倍的保护层厚度，恰好等于箍筋的外皮尺寸。因此，我们需要与时俱进，将箍筋及其他钢筋的设计标注尺寸统一标注为外皮尺寸。

本书中计算钢筋设计长度时，采用的均是外皮尺寸。

### 特别提示

现行规范规定：箍筋和拉筋的弯弧内直径不应小于箍筋直径的4倍，还应不小于纵向受力钢筋的公称直径。目前，在工程实践中，箍筋和拉筋的弯弧内半径一般取2.5倍钢筋直径（直径为$5d$）。箍筋和拉筋弯钩的弯后平直段长度：对非抗震结构，不应小于钢筋直径的5倍；对有抗震、抗扭等要求的结构，不应小于钢筋直径的10倍和75mm中的较大值。

### 2. 外围箍筋外皮设计尺寸的标注

图2-6（a）所示是已经加工完成的绑扎在梁柱中的外围箍筋。图2-6（b）是将图2-6（a）中的弯钩展开后的图形，$L_1$、$L_2$、$L_3$及$L_4$标注的是箍筋的外皮尺寸。图2-6（c）是图2-6（a）所示箍筋的设计简图，并将算出的$L_1$～$L_4$的数值标注在箍筋四个边框的外侧，代表箍筋外皮尺寸，这也是以前为了区分箍筋外皮尺寸和内皮尺寸所制定的标注规定。因为本书中的箍筋全部采用的是外皮尺寸，所以无论$L_1$～$L_4$的数值标注在箍筋四个边框的外侧还是内侧，均表示外皮尺寸。

### 3. 外围箍筋下料长度计算的思路

将图2-6（c）中箍筋的4个外皮尺寸加起来（设计长度），再减去3个90°弯折的外皮差值，就是箍筋的下料长度。因此，如何计算箍筋用作弯曲加工的外皮尺寸$L_1$～$L_4$的数值，成为学习的关键。

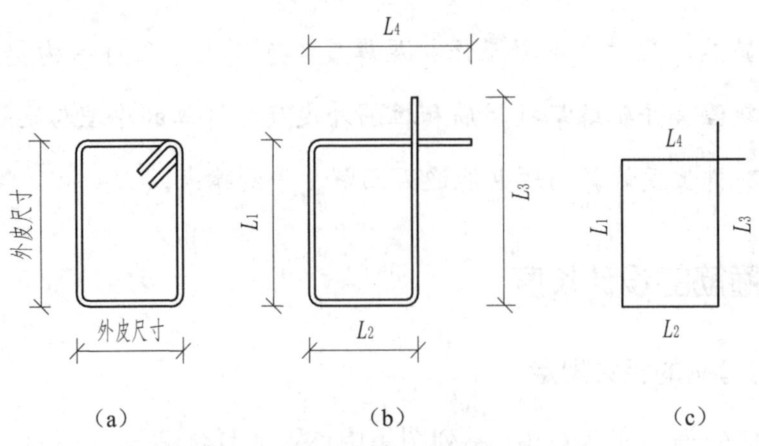

图 2-6　外围箍筋的外皮尺寸标注

**4. 外围箍筋的外皮尺寸 $L_1$、$L_2$、$L_3$ 及 $L_4$ 的计算原理和方法**

图 2-7 和图 2-8 是放大了的箍筋右框 $L_3$ 和上框 $L_4$ 及其展开图，据此可以很容易地计算出二者的数值。在箍筋的四个边框尺寸中，没有弯钩的左框 $L_1$ 和下框 $L_2$ 的外皮尺寸的计算较为简单，因为它们就是根据保护层 $c$ 的大小计算出来的。

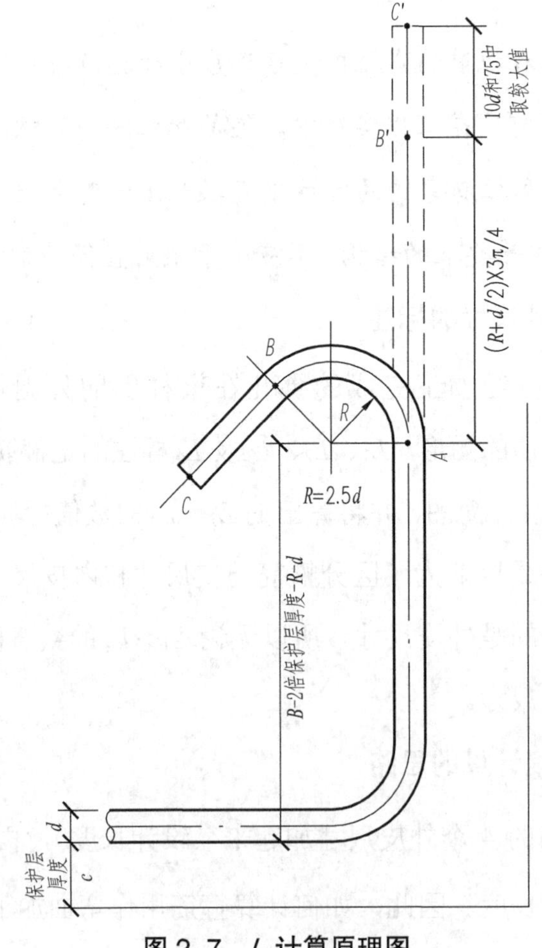

图 2-7　$L_3$ 计算原理图

左框 $L_1$ 和下框 $L_2$ 的计算公式如下。

箍筋左框：$L_1 = H - 2c$ （2-1）

箍筋下框：$L_2 = B - 2c$ （2-2）

观察图 2-7 可知，箍筋右框 $L_3$ 的外皮尺寸由三部分组成：箍筋下框外皮到钢筋弯曲中心、135° 弯曲钢筋中心线长度和钢筋末端直线段长度。

由图 2-8 可知，箍筋上框 $L_4$ 外皮尺寸也由三部分组成：箍筋左框外皮到钢筋弯曲中心、135° 弯曲钢筋中心线长度和钢筋末端直线段长度。

将上述三部分相加，得到箍筋右框 $L_3$ 和箍筋上框 $L_4$ 的外皮尺寸的计算公式如下。

箍筋右框：$L_3 = H - 2c - R - d + 3\pi(R + d/2)/4 + \max(10d, 75)$ （2-3）

箍筋上框：$L_4 = B - 2c - R - d + 3\pi(R + d/2)/4 + \max(10d, 75)$ （2-4）

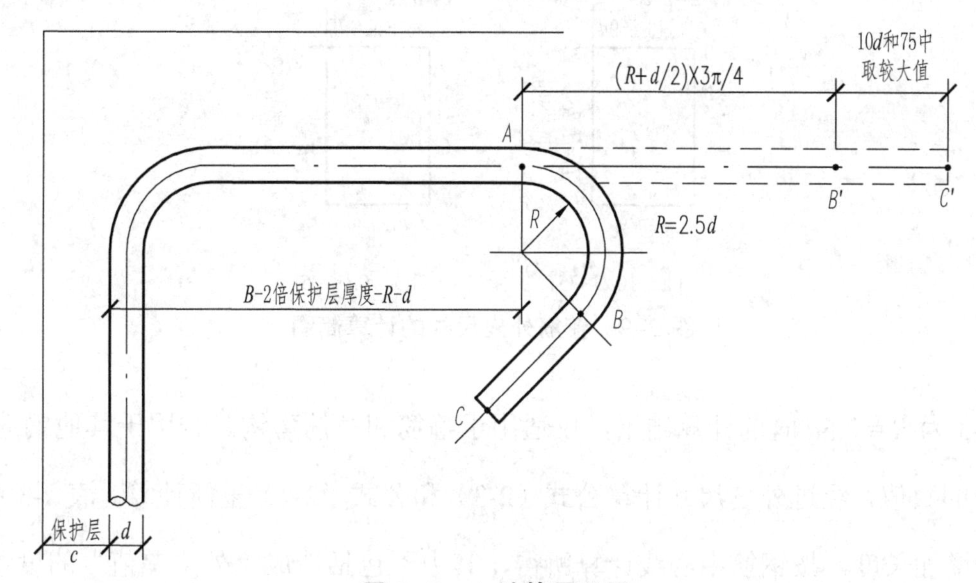


图 2-8 $L_4$ 计算原理图

式中，$c$——梁、柱保护层厚度；

$R$——弯曲半径；

$d$——箍筋直径；

$H$——梁柱截面高度（垂直方向）；

$B$——梁柱截面宽度（水平方向）。

现在把式（2-3）与式（2-4）整理一下，可以得到下式。

箍筋右框：$L_3 = H - 2c + 3.569d + \max(10d, 75)$ （2-3a）

箍筋上框：$L_4 = B - 2c + 3.569d + \max(10d, 75)$ （2-4a）

为了更加直观和方便地观察，将式（2-3a）和式（2-4a）标注在箍筋的计算简图上，如图 2-9 所示。

通过观察图 2-9 分析：在 $R = 2.5d$ 不变的情况下，可以发现图 2-9（a）和图 2-9（b）中的 $L_1$ 与 $L_3$ 之间的差值以及 $L_2$ 与 $L_4$ 之间的差值为

$$L_3 - L_1 = L_4 - L_2 = 3.569d + \max(10d, 75) \quad (2\text{-}5)$$

很显然，这个差值就是每个“135° 弯钩的增加长度”。这样，我们就可以事先令 $R = 2.5d$，按照 $d$ 的不同数值分别列出，得到表 2-3，以方便计算时直接查表使用。

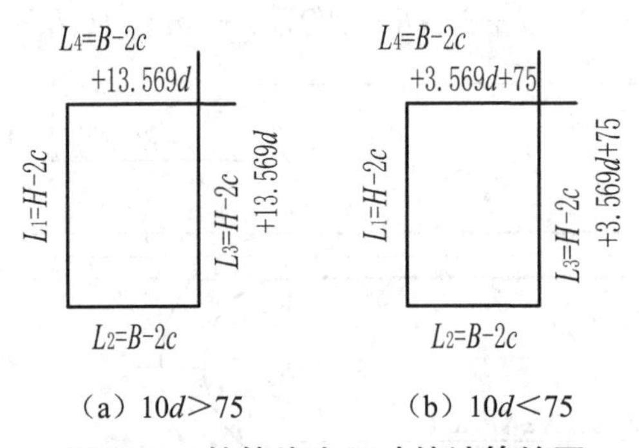


（a）$10d>75$　（b）$10d<75$

图 2-9　箍筋外皮尺寸的计算简图

表 2-3 为 $R = 2.5d$ 时的计算结果，仅适用于箍筋和拉筋弯钩。若用于其他钢筋，应根据采用 $R$ 的数值，经过外皮尺寸计算公式（2-3）和公式（2-4）重新计算。表 2-3 中为每个弯钩的纯增加长度，按钢筋中心线计算所得，其中不包括造成“外皮差值”的度量因素，因此，使用时不得再予以扣减表 2-1 中的外皮差值。

表 2-3　135° 弯钩设计长度增加值

| $d$(mm) | 计 算 公 式 | 弯钩长度(mm) |
|---|---|---|
| 6 | $3.569d+75$ | 96 |
| 6.5 | | 98 |
| 8 | $13.569d$ | 109 |
| 10 | | 136 |
| 12 | | 163 |

注：本表适用于外皮尺寸标注法，且 $R=2.5d$。若 $R$ 值发生变化，则结果会发生相应变化。

【例 2-4】已知某抗震框架结构的梁宽 $B=300$mm，梁高 $H=500$mm；保护层厚度 $c=25$mm；箍筋直径 $d=8$mm，末端采用 135° 弯钩；弯曲半径 $R=2.5d$。试求出箍筋的外皮尺寸，并注写在箍筋简图上；同时求出它的下料尺寸，参见图 2-10。

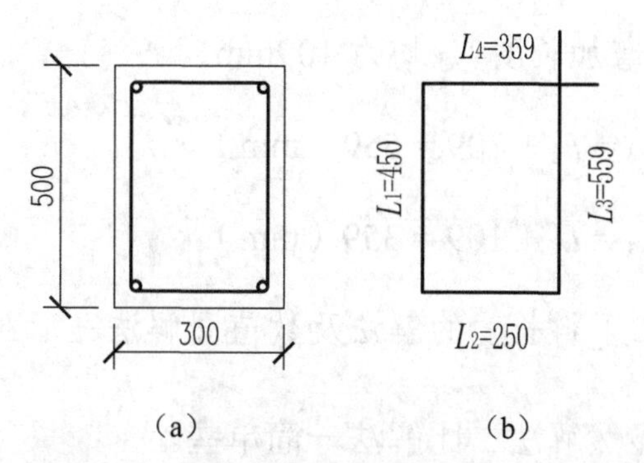


**图 2–10　梁的断面和箍筋外皮尺寸简图**

**解法一：** 直接套用公式来计算箍筋外皮尺寸 $L_1$、$L_2$、$L_3$ 及 $L_4$。

因为箍筋直径 $d=8$mm，弯曲半径 $R=2.5d$，而 $10d=10\times8=80\text{mm}>75\text{mm}$，所以直接套用式（2-1）、式（2-2）、式（2-3a）和式（2-4a）。

（1）箍筋设计长度（外皮尺寸）计算。

$$L_1=H-2c=500-2\times25=450\text{（mm）}$$

$$L_2=B-2c=300-2\times25=250\text{（mm）}$$

$$L_3=H-2c+13.569d=500-50+13.569\times8=558.6\text{（mm）}\approx559\text{（mm）}$$

$$L_4=B-2c+13.569d=300-50+13.569\times8=358.6\text{（mm）}\approx359\text{（mm）}$$

箍筋设计长度 $=L_1+L_2+L_3+L_4=450+250+559+359=1618$（mm）

将以上计算结果标注在图 2-10（b）所示计算简图上。

（2）施工下料长度计算。

查表 2-1，得到 $R=2.5d$ 时，90° 弯折的外皮差值为 $2.288d$，观察图 2-10（b），有 3 处 90° 弯折。

所以该箍筋施工下料长度 = 设计长度 $-2.288d\times3$

$$=1618-2.288\times8\times3\approx1563\text{（mm）}$$

**解法二：** 用查表 2-3 的方法来计算箍筋外皮尺寸。

首先计算：　　$L_1 = H - 2c = 500 - 2 \times 25 = 450$（mm）

$L_2 = B - 2c = 300 - 2 \times 25 = 250$（mm）

因为弯曲半径 $R = 2.5d$，查表 2-3 中箍筋直径 $d = 8$mm 这一行，得到 $L_3$ 比 $L_1$、$L_4$ 比 $L_2$ 多出的数值（135° 弯钩的增加长度），均为 109mm。

继续计算：　　$L_3 = L_1 + 109 = 559$（mm）

$L_4 = L_2 + 109 = 359$（mm）

该箍筋设计长度与施工下料长度的解法及数值同解法一，此处略。

通过比较两种解法，显然解法二比解法一简单些。

以上计算过程采用分项表达方法，主要是为了更清晰、明了地表明每个细节的计算过程。在实际造价过程中，一般情况下不需要写得这么详细，直接采用箍筋综合计算公式即可：

矩形梁箍筋设计长度 = $(B - 2c + H - 2c) \times 2$ + 135° 弯钩长度 × 2

正方形柱箍筋设计长度 = $(B - 2c) \times 4$ + 135° 弯钩长度 × 2

若柱箍筋为矩形，则与矩形梁箍筋设计长度的计算方法相同。

在例 2-4 中，矩形梁箍筋设计长度为

$$L = (B - 2c + H - 2c) \times 2 + 135^\circ \text{ 弯钩长度} \times 2$$

$$= (300 - 50 + 500 - 50) \times 2 + 109 \times 2 = 1618 \text{（mm）}$$

## 二、计算拉筋的设计长度

### 1. 拉筋的样式和设计尺寸的标注方式

（1）拉筋的样式。

设置拉筋的主要目的之一是固定纵向受力钢筋，防止其位移，如固定梁的侧面中部筋、固定剪力墙的两侧墙身钢筋等。当在梁、柱中箍筋肢数设有单肢时，也常采用拉筋的形式，如项目一中的图 1-13 所示。图 2-11 所示为拉筋在柱中的位置和样式示意图，当柱中拉筋同时钩住纵筋和箍筋时，其外皮尺寸长度比只钩住纵向受力钢筋的拉筋长两个拉筋直径。

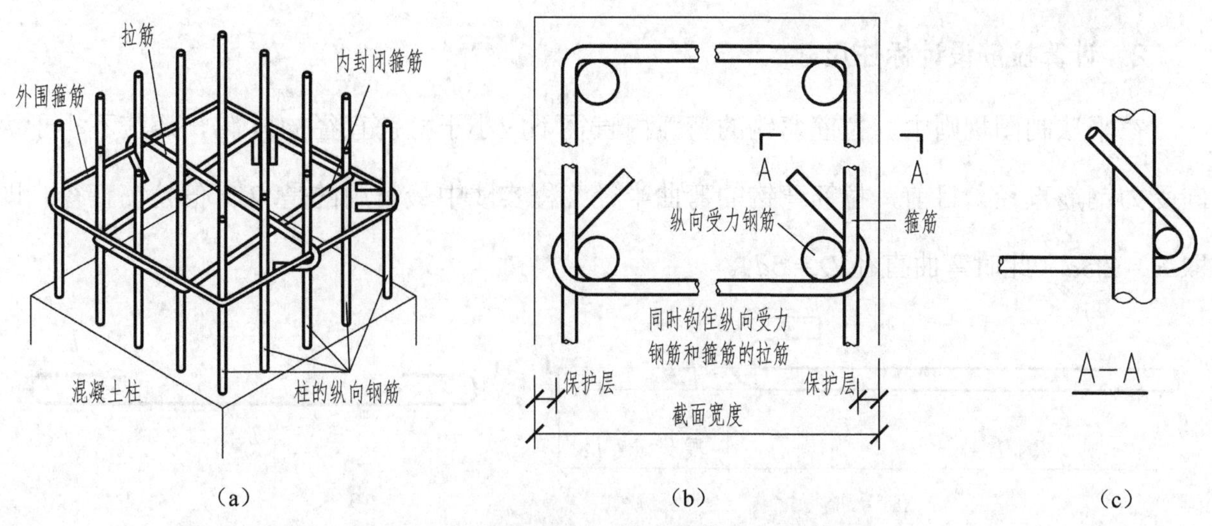


**图 2–11　拉筋在柱中的位置和样式示意图**

拉筋的端部弯钩常采用 90°、135° 和 180° 三种。两端弯钩的角度可以相同，也可以不同，弯钩的方向可以同向，也可以不同向，如图 2-12 所示。

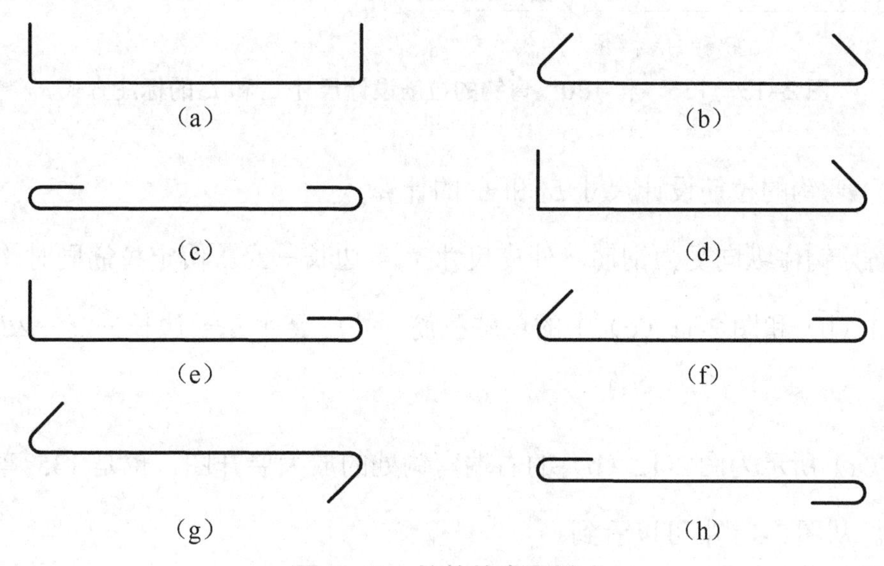


**图 2–12　拉筋的常用样式**

（2）拉筋设计尺寸 $L_1$ 和 $L_2$ 的标注方式。

工程中较常用的拉筋样式如图 2-12（b）和图 2-12（c）所示。图 2-13 所示为 135° 和 180° 端部弯钩的拉筋设计尺寸 $L_1$ 和 $L_2$ 的标注方式。除了标注整体外皮尺寸 $L_1$，还应该在拉筋两端弯钩处的上方标注弯钩纯增加的长度部分，即这两种拉筋的施工下料长度 $=L_1+2L_2$，此时施工下料长度与设计长度相等。

### 2. 计算拉筋设计标注尺寸

在平法制图规则中，拉筋弯钩的弯弧内直径不应小于拉筋直径的 4 倍，还应不小于纵向受力钢筋直径。目前，拉筋弯钩的弯曲半径工程实践中最常用的是 2.5 倍拉筋直径，即取 $R = 2.5d$（此时弯曲直径 $D = 5d$）。

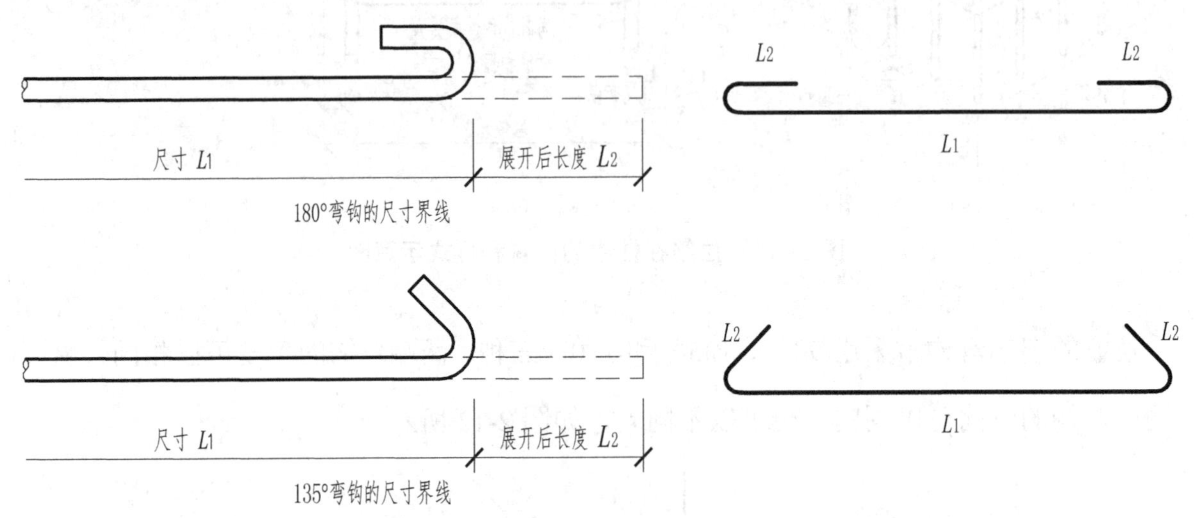


图 2–13　135° 和 180° 弯钩的拉筋设计尺寸 $L_1$ 和 $L_2$ 的标注方式

（1）135° 弯钩的拉筋设计尺寸 $L_1$ 和 $L_2$ 的计算。

假定拉筋只钩住纵向受力钢筋，外皮尺寸 $L_1 =$ 边长 $- 2c$。假定拉筋同时钩住纵筋和箍筋，如图 2-11（b）和图 2-11（c）中的单肢拉筋，外皮尺寸 $L_1 =$ 边长 $- 2c + 2d_g$（$d_g$ 为拉筋直径）。

图 2-14（a）所示为图 2-12（b）的右端弯钩处的放大展开图，也是 135°弯钩的拉筋计算 $L_2$ 原理图。从图 2-14 中可以看到：

$$L_2 = \widehat{AB}\text{（弯弧中心线）} + \overline{BC} - (R + d)$$

$$L_2 = \pi(R + d/2)135°/180° + \max(10d, 75) - (R + d) \tag{2-6}$$

当 $R = 2.5d$ 时，把式（2-6）整理一下，简化为：

$$L_2 = 3.569d + \max(10d, 75) \tag{2-6a}$$

我们发现，上述推导结果与箍筋完全相同，表 2-1 同样适用于拉筋的 135° 弯钩，在以后的案例计算中可采用统一数值。

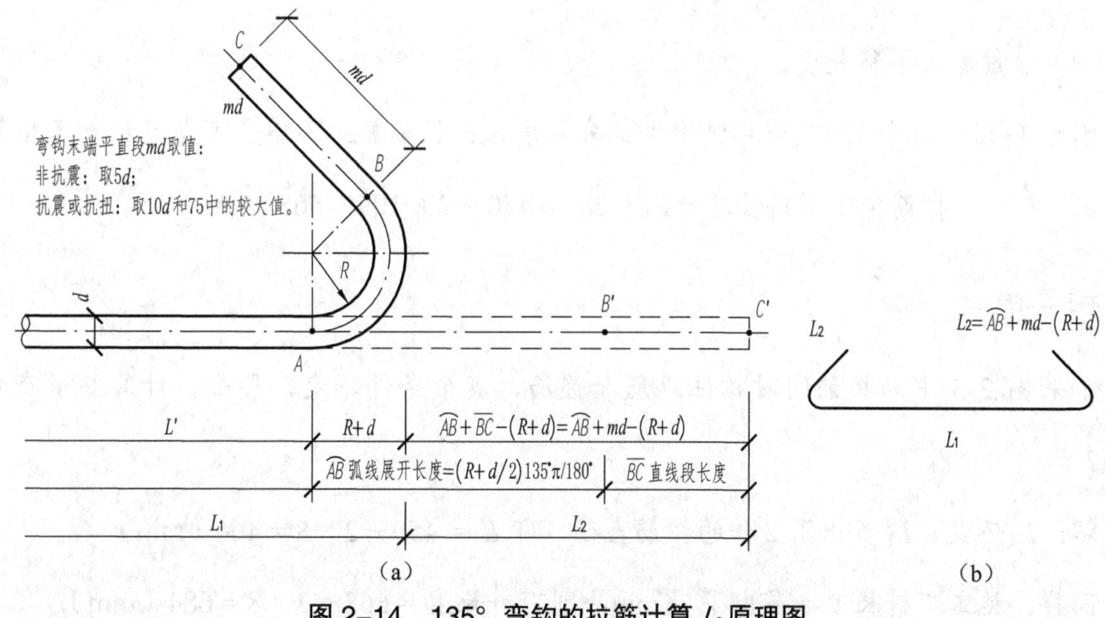


图 2-14　135° 弯钩的拉筋计算 $L_2$ 原理图

**【例 2-5】**已知某框架结构柱，截面尺寸 $b\times h=500\text{mm}\times 550\text{mm}$；保护层 $c=25\text{mm}$；外箍末端 135° 弯钩；拉筋直径 $d=8\text{mm}$，两端均为 135° 弯钩；弯曲半径均采用 $R=2.5d$；拉筋只钩住纵筋。求与 $b$ 边平行的拉筋外皮设计标注尺寸 $L_1$ 和 $L_2$，并注写在拉筋计算简图上，同时求出它的下料长度。

**解:**（1）拉筋外皮设计标注尺寸 $L_1$ 和 $L_2$。

因为拉筋只钩住纵筋，所以首先计算与 $b$ 边平行的拉筋外皮设计标注尺寸 $L_1$:

$$L_1=B-2c=500-2\times 25=450\ (\text{mm})$$

接着，根据拉筋直径 $d=8\text{mm}$ 可得

$$L_2=13.569d=13.569\times 8\approx 109\ (\text{mm})$$

也可以根据拉筋直径 $d=8\text{mm}$，查表 2-3，直接得到 $L_2=109\text{mm}$，与用公式计算的结果相同，但后者简单一些。

$$\text{拉筋设计长度}=L_1+2L_2=450+2\times 109=668\ (\text{mm})$$

画出此拉筋的设计简图，并把算出的 $L_1$ 和 $L_2$ 的具体数值标注在上面，如图 2-15 所示。

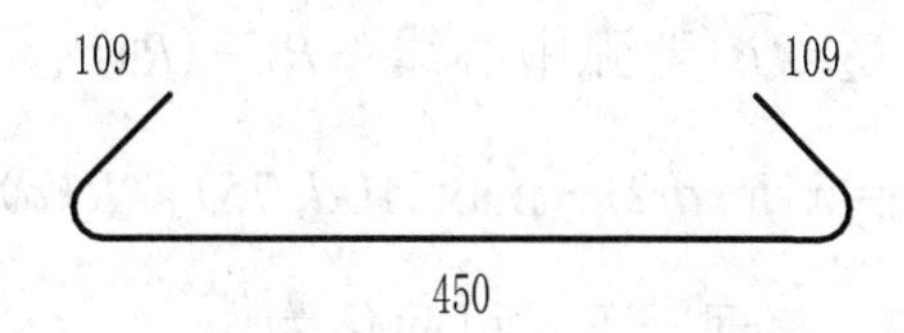


图 2-15　拉筋的设计简图

（2）拉筋施工下料长度。

因为 $L_2$ 就是每个 135° 弯钩纯增加部分长度，故拉筋施工下料长度与设计长度相等。

$$拉筋施工下料长度 = L_1 + 2L_2 = 450 + 2 \times 109 = 668\text{（mm）}$$

## 想一想

如果例 2-5 中的拉筋同时钩住纵筋和箍筋，其余条件不变，那么，计算结果有什么不同？

**解：** $L_2$ 不变，$L_1$ 多出了 2 倍的拉筋直径，即 $L_1 = 450 + 2 \times 8 = 466$（mm）；

同样，施工下料长度也多出了 16mm，则下料长度 = 668 + 2 × 8 = 684（mm）。

（2）180° 弯钩的拉筋设计尺寸 $L_1$ 和 $L_2$ 的计算。

拉筋外皮设计尺寸 $L_1$ 的计算和前面一样，180° 弯钩的拉筋设计尺寸 $L_2$ 的计算原理图如图 2-16 所示。

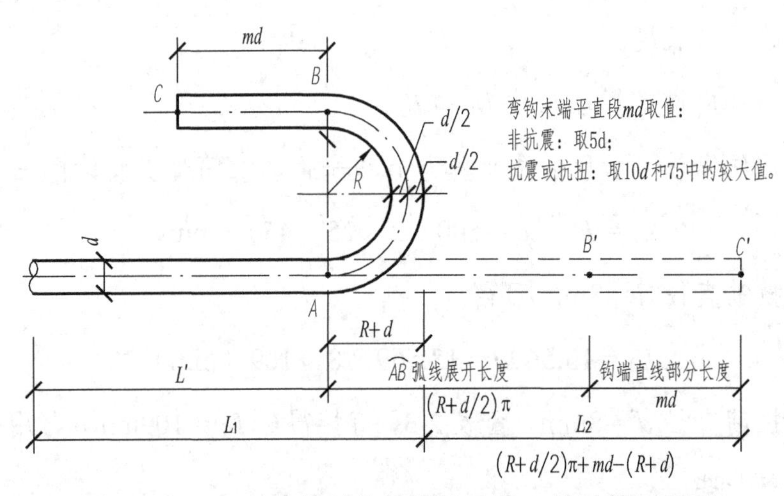


图 2-16　180° 弯钩的拉筋设计尺寸 $L_2$ 的计算原理图

从图 2-16 中可得

$$L_2=\widehat{AB}\text{（弯弧中心线）}+\overline{BC}-(R+d)$$

$$L_2=\pi(R+d/2)+\max(10d, 75)-(R+d) \tag{2-7}$$

当 $R$=2.5$d$ 时，把式（2-7）整理一下，可简化为

$$L_2 = 5.925d + \max(10d, 75) \tag{2-7a}$$

很显然，这个差值就是每个“180° 弯钩的增加长度”。这样，我们就可以事先令 $R=2.5d$，当 $d$ 为不同数值时，列出表 2-4，以便在计算时直接查表使用。

**表 2-4 180° 弯钩设计长度的增加值**

| $d$（mm） | 数值计算公式 | 弯钩长度（mm） |
| --- | --- | --- |
| 6 | $5.925d+75$ | 111 |
| 6.5 | | 114 |
| 8 | $15.925d$ | 127 |
| 10 | | 159 |
| 12 | | 191 |

注：本表适用于外皮尺寸标注法，且 $R=2.5d$。

表 2-4 为 $R=2.5d$ 的计算结果，仅适用于拉筋和箍筋弯钩。若用于其他钢筋，应根据采用的 $R$ 的数值，经过外皮尺寸计算公式（2-6）与公式（2-7）重新计算。表 2-4 为每个弯钩的纯增加长度，按钢筋中心线计算所得，其中不包括造成“外皮差值”的度量因素，因此，在使用时也不得再予以扣减表 2-1 中的外皮差值。

**【例 2-6】**已知某抗震框架梁，梁截面尺寸 $b\times h=300\text{mm}\times 600\text{mm}$; 保护层 $c=30\text{mm}$; 外箍末端为 135° 弯钩；侧面中部筋用拉筋直径 $d=6\text{mm}$，假定两端均采用 180° 弯钩；弯曲半径 $R=2.5d$; 拉筋同时钩住纵筋和箍筋。试求拉筋外皮设计标注尺寸 $L_1$ 和 $L_2$，并求出其下料长度。

**解:**（1）拉筋外皮设计标注尺寸 $L_1$ 和 $L_2$。

因为拉筋钩住纵筋和箍筋，所以首先计算拉筋外皮设计标注尺寸 $L_1$:

$$L_1=B-2c+2d_g=300-2\times 30+2\times 6=252\text{（mm）}$$

接着，将拉筋直径 $d=6\text{mm}$ 代入式（2-7a）得

$$L_2=5.925d+75=5.925\times 6+75\approx 111\text{（mm）}$$

也可以根据拉筋直径 $d=6\text{mm}$，查表 2-4，直接得到 $L_2=111\text{mm}$，与用公式计算的结果相同，后者简单一些。

（2）该拉筋的施工下料长度与设计长度相等。

$$\text{施工下料长度}=L_1+2L_2=252+2\times 111=474\text{（mm）}$$

## 三、HPB300 级光圆钢筋末端 180° 弯钩的增加长度

由于 HPB300 级光圆钢筋的表面光滑，只靠摩阻力锚固，锚固强度很低，一旦发生滑

移破坏就会被拔出。因此，在实际工程中，HPB300 级光圆钢筋若为受拉钢筋，其末端应该做成 180° 弯钩；若为受压钢筋时可不做弯钩。

HPB300 级光圆钢筋末端为 180° 弯钩时，其弯后平直段长度不应小于 $3d$，弯弧内直径 $2.5d$，180° 弯钩需增加的长度为 $6.25d$，如图 2-17 所示。

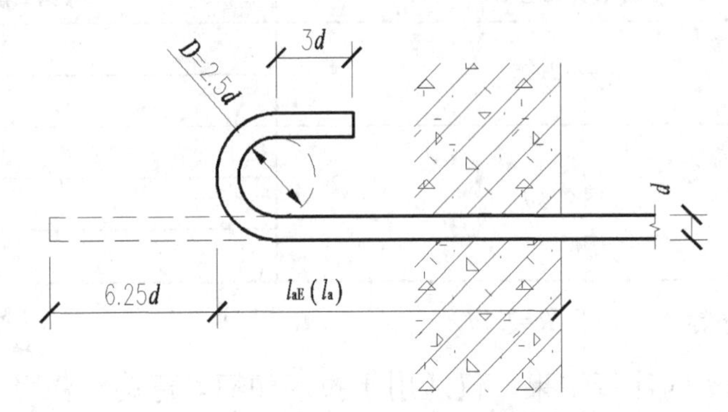


**图 2-17　HPB300 级光圆钢筋 180° 弯钩增加长度示意图**

**【例 2-7】** 设纵向受力钢筋的直径为 $d$，加工成 180° 端部弯钩；$R = 1.25d$，弯钩末端平直段部分为 $3d$，试计算其弯钩增加长度 $L_2$ 的数值。

**解：** 将相关的已知数据代入 $L_2$ 公式（2-7）中，则有

$$L_2 = \pi(R + d/2) + md - (R + d)$$
$$= \pi(1.25d + 0.5d) + 3d - (1.25d + d)$$
$$= 1.75d \cdot \pi + 3d - 2.25d \approx 6.25d$$

HPB300 级光圆钢筋弯曲加工后的 180° 端部弯钩的标注尺寸 $L_2$ 就是大家熟知的 $6.25d$，例 2-7 的计算过程就是其推导过程。

当楼板的上部采用 HPB300 级光圆钢筋时，无论是受力筋、分布筋、构造筋，还是抗温度收缩应力钢筋，当按构造详图的要求已经设有≤$15d$ 的直钩时，因为其垂直投影长度较小，所以可不再在端部设 180° 弯钩。

表 2-5 所示为不同直径的 HPB300 级光圆钢筋末端 180° 弯钩增加长度实用表格。

**表 2-5　不同直径的 HPB300 级光圆钢筋末端 180° 弯钩增加长度实用表格**

| 项　目 | 弯钩长度（mm） | | | | | | | | |
|---|---|---|---|---|---|---|---|---|---|
| | 6 | 8 | 10 | 12 | 14 | 16 | 18 | 20 | 22 |
| 弯弧内直径 $2.5d$ | 15 | 20 | 25 | 30 | 35 | 40 | 45 | 50 | 55 |
| 平直段长度 $3d$ | 18 | 24 | 30 | 36 | 42 | 48 | 54 | 60 | 66 |
| 弯钩增加长度 $6.25d$ | 38 | 50 | 63 | 75 | 88 | 100 | 113 | 125 | 138 |

【例 2-8】某 HPB300 级纵向钢筋直径为 18mm，端部采用 180°弯钩；弯弧内半径 $R$=1.25$d$，弯钩末端平直段部分为 3$d$。试确定其弯钩增加长度 $L_2$ 的数值。

**解：** 根据 HPB300 级纵向钢筋直径为 18mm，直接查表 2-5，得到弯钩增加长度 $L_2$ 为 113mm。

### 特别提示

（1）6.25$d$ 仅适用于 HPB300 级光圆钢筋的 180°弯钩。

对于 HRB400 级及以上的钢筋牌号，弯弧内半径（如 $R=4d$）与弯钩末端平直段长度（如在 10$d$ 和 75mm 二者中取较大值）与此不同，应该按照平法制图规则要求计算。6.25$d$ 已经达不到这些规定的要求了，且 HRB400 及以上牌号的钢筋没有设置 180°弯钩的要求。因此，在此只进行比较、说明，其在工程实践当中已经不再被采用了。

（2）表 2-1、表 2-3、表 2-4 对计算钢筋的设计与下料长度，以及箍筋和拉筋等的弯钩增加长度非常实用，在后面章节的计算中可直接使用这些表格中的数据。

## 小　结

本项目简单介绍了钢筋的设计长度和施工下料长度的不同，重点讲述箍筋与拉筋的设计尺寸和施工下料长度的计算原理。

读者应掌握钢筋设计长度的计算方法并灵活运用，为后续章节中的钢筋计算奠定基础。

## 复习思考题

1．以图 2-1 为例，简述图集 22G101 和对应 G901 中的构造详图有什么不同。

2．混凝土结构平法施工图中的钢筋设计尺寸和施工下料尺寸有何不同？

## 识图与计算钢筋

1．计算钢筋材料明细，钢筋材料明细表如表 2-6 所示，将设计长度和施工下料长度填写完整。除注明者外，弯曲半径均为 $R=4d$。

表 2-6　钢筋材料明细表　（mm）

| 钢筋编号 | 简　图 | 设计长度 | 下料长度 | 备　注 |
|---|---|---|---|---|
| ① | 500；4980；460；45°；460；620 | | | ⌀16 |
| ② | 500；6200；400 | | | ⌀18 |
| ③ | 6360；480 | | | ⌀16 |
| ④ | 410；460；抗震 135°弯钩 $R=2.5d$ | | | ⌀10 |
| ⑤ | 276；抗震 135°弯钩 $R=2.5d$ | | | ⌀6 |
| ⑥ | 8044 | | | ⌀22 |

2．已知某抗震框架梁，梁截面尺寸 $b\times h=250\text{mm}\times 600\text{mm}$；保护层 $c=30\text{mm}$；外围箍筋直径 $d=8\text{mm}$，末端为 135°弯钩；侧面中部筋拉筋直径 $d=6\text{mm}$，一端设置 135°弯钩，另一端设置 180°弯钩，弯曲半径 $R=2.5d$。假定拉筋钩住纵筋和箍筋。求拉筋外皮设计标注尺寸 $L_1$ 和两种不同弯曲角度时的 $L_2$，并计算其下料长度。

3．设纵向受力钢筋为 HPB300 级，直径为 16mm，加工 180°端部弯钩；弯钩内半径 $R=2.5d$，弯钩末端平直段部分为 $5d$。试确定弯钩的增加长度 $L_2$ 的数值。

# 下篇 构件识图篇

项目三

# 识读梁平法施工图

思政小课堂

## 教学目标与要求

### 教学目标

通过对本项目的学习，学生应能够：

1. 掌握梁及梁内钢筋的分类。
2. 掌握梁平法制图规则的含义。
3. 掌握梁支座处钢筋的截断位置等。
4. 掌握梁的标准配筋构造与纵筋的连接构造。
5. 熟悉梁箍筋的类型与箍筋加密区的范围。
6. 掌握典型节点钢筋设计的长度计算方法。

### 教学要求

| 教学要点 | 知识要点 | 权重 |
|---|---|---|
| 平法梁及梁内钢筋的分类 | 掌握平法梁及梁内钢筋的种类和配置 | 10% |
| 梁平法施工图的注写方式 | 了解梁平法施工图的制图规则，包括平面注写方式和截面注写方式，熟悉并掌握集中标注和原位标注内容的含义和识读方法 | 15% |
| 梁的标准配筋构造 | 熟悉梁的标准配筋构造，掌握框架梁纵向钢筋在支座及跨中的锚固、连接等要求<br>了解并熟悉框架梁箍筋的复合方式及其构造方式，同时掌握框架节点钢筋的排布规则和构造方式 | 45% |
| 梁截面钢筋排布图 | 熟练掌握梁的截面注写方式，能够将梁平面注写转化为截面注写方式，绘制出梁截面钢筋排布图 | 15% |
| 计算框架梁钢筋 | 掌握各类梁内钢筋的计算方法和步骤 | 15% |

## 案例应用一

### 识读梁传统施工图与认识平法施工图

图 3-1 所示为两跨框架梁 KL3 传统施工图，包括梁的纵剖面配筋图和横截面配筋图两部分。图 3-1 是从梁平面布置图上引注出来的，必须与梁平面布置图配合才能完整地表达梁的全部信息。

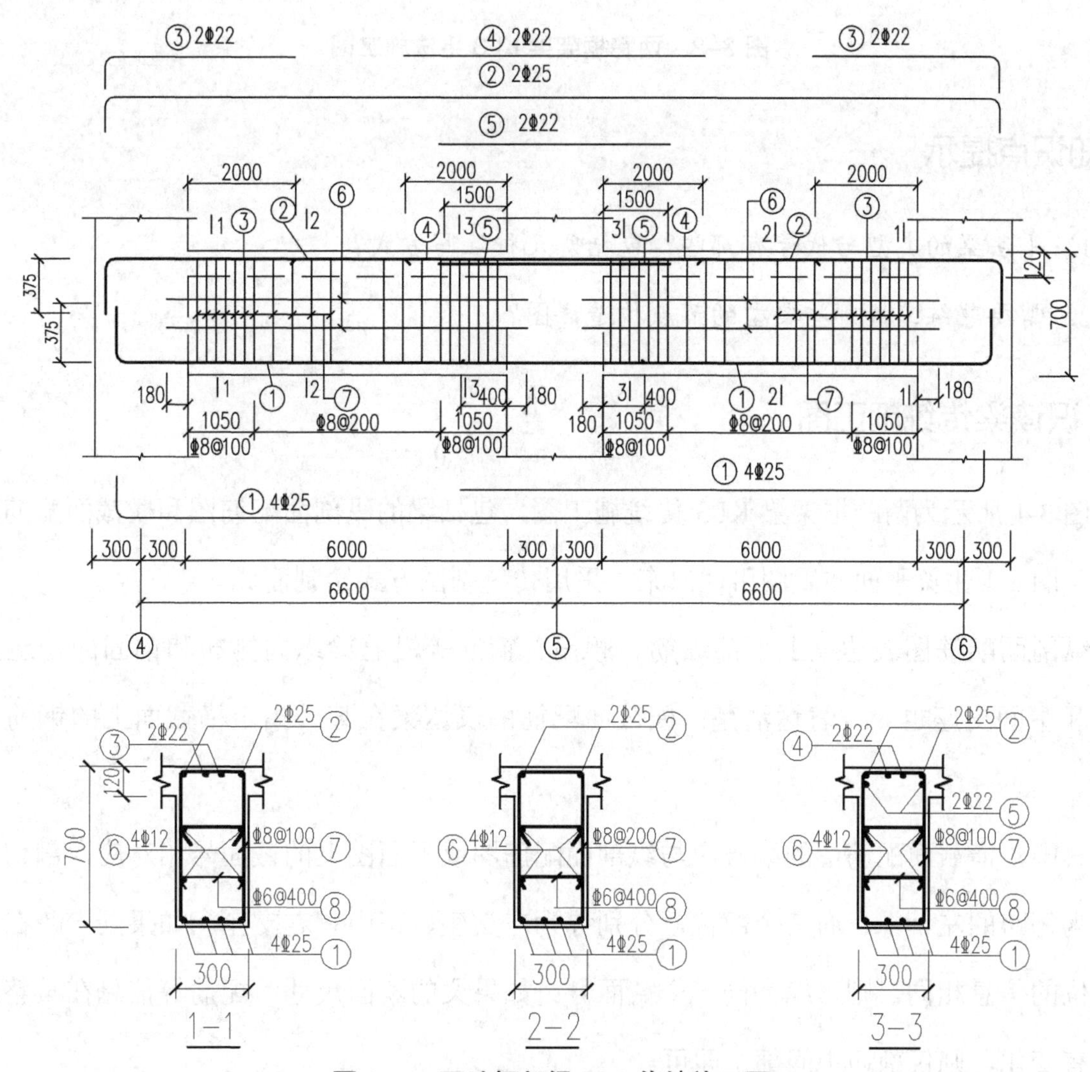

图 3-1 两跨框架梁 KL3 传统施工图

图 3-2 所示为两跨框架梁 KL3 平法施工图，采用平面注写方式直接在梁平面布置图上绘制。

比较而言，图 3-2 所表达的信息完全包括图 3-1，而且比图 3-1 更全面、更简洁。

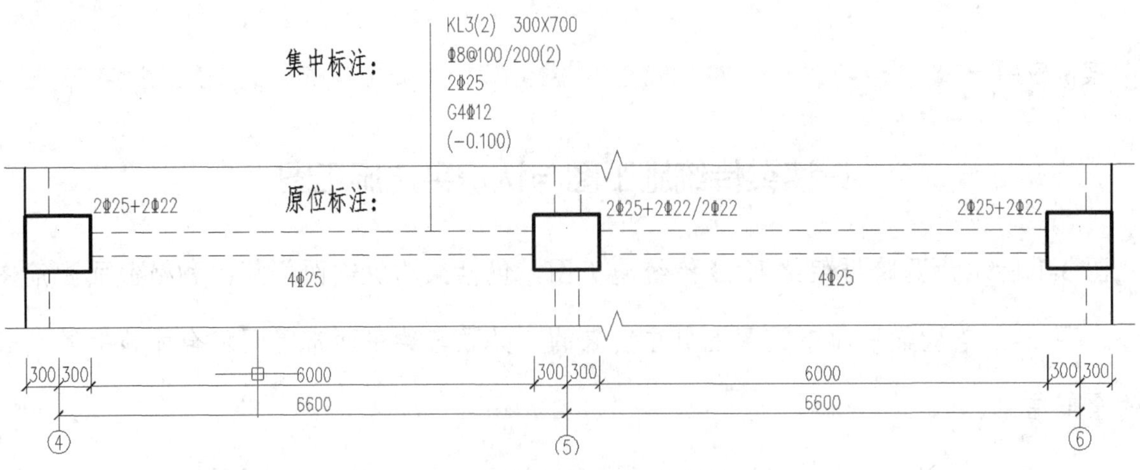


图 3-2　两跨框架梁 KL3 平法施工图

## 知识点提示

1. 平法梁的类型与代号有哪些？包括哪几种注写方式？
2. 需要熟练掌握哪些典型的节点构造详图？

## 一、识读梁传统施工图

图 3-1 所示为两跨框架梁 KL3 传统施工图，包括梁的纵剖面配筋图和横截面配筋图两部分。图 3-1 由梁平面布置图引注出来，采用传统制图方式绘制而成。

纵剖面配筋图表达梁上下部纵筋、腰筋、箍筋等沿着梁纵向排布和锚固的构造，端支座和中间支座也一一表达清楚；横截面配筋图表达梁在某一指定横截面上的钢筋排布情况。

其中，横截面配筋图的编号应与纵剖面配筋图或平面图上的截面号相对应，剖切位置一般为每跨的左、中、右三个部位，分别称为左支座、跨中和右支座。如果同一跨在左、右部位的信息相同，则可编为同一个截面号；如果梁的断面尺寸、配筋等信息在某整跨内均没有变化，则仅剖切中间部位即可。

例如，在图 3-1 中，每跨均剖切了左、中、右 3 个部位，合计有 6 个剖切部位，但因左、右两跨以⑤号轴线为对称轴，所以仅有 3 个剖面编号。

图 3-1 中两跨梁截面尺寸均为 300mm×650mm，梁顶标高无变化；①号筋为梁下部直角形通长筋；②号筋为梁上部直角形通长筋；③号筋为梁端支座上方的非通长直角形负筋；

④号筋、⑤号筋为梁中间支座上方的非通长直线形负筋；⑥号筋为梁侧面钢筋；⑦号筋为箍筋；⑧号筋为侧面中部钢筋。

在平法图集中，梁下部纵筋均应锚固在每跨两端的支座（柱）内。当支座两侧的钢筋牌号与直径等均相同时，在施工过程中可以选择将两边钢筋通长设置成与上部②号筋类似，此种做法既可以节约钢筋，又减少了支座内的钢筋数量，可以避免因钢筋拥挤造成的并筋现象，有利于保证工程质量。但此做法在平法规则中不予考虑。

图 3-1 中准确交代了梁的支承情况、跨度、断面尺寸，以及各部分钢筋的配置情况，虽然复杂了点，但可以据此来计算钢筋的设计尺寸，进而计算下料尺寸，从而直接用来指导施工。

## 二、认识梁平法施工图

梁平法施工图是在梁平面布置图上采用平面注写方式或截面注写方式来表达的施工图。

图 3-1 采用传统绘制方式绘制而成，图 3-2 所示为两跨框架梁 KL3 平法施工图，二者表达的内容几乎相同。

梁平法施工图包含了传统施工图中所表达的全部信息，还注明了梁两侧的 4Φ12 为构造腰筋，梁顶标高比该梁所在楼层的标高低 0.100m。在梁平面布置图上，若梁未居于柱子中间（或未贴柱边），还可以清晰地表达出 $x$ 向和 $y$ 向梁与各自支座间的相互位置关系。

比较图 3-1 和图 3-2，显然平法施工图表达的信息更全面、更简洁。

很多人在第一次看到梁平法施工图的时候是发懵的状态，这是因为在平法施工图的背后，有一套完整的制图规则体系，没有经过系统的学习和训练，看不懂平法施工图是再正常不过的事情。

现在就让我们从认识梁平法施工图开始，一步步学习平法施工图的制图规则，识读各种构件的平法施工图。

# 任务 1 认识梁及梁内钢筋的分类

## 一、平法施工图中梁的分类

### 1. 平法梁的分类

平法制图规则包括八种梁类型，分别为楼层框架梁、楼层框架扁梁、屋面框架梁、框支梁、托柱转换梁、非框架梁、悬挑梁和井字梁。除框支梁和托柱转换梁外，其他类型的梁平面形状均可为弧形。

平法梁的编号由类型代号、序号、跨数及是否带有悬挑等组成，如表 3-1 所示。

表 3-1 平法梁的分类和编号

| 梁 类 型 | 代 号 | 序 号 | 跨数及是否带有悬挑 | 备 注 |
|---|---|---|---|---|
| 楼层框架梁 | KL | ×× | （××）、（××A）或（××B） | 支座为框架柱的非顶层梁 |
| 楼层框架扁梁 | KBL | ×× | （××）、（××A）或（××B） | 支座为框架柱的扁梁 |
| 屋面框架梁 | WKL | ×× | （××）、（××A）或（××B） | 支座为框架柱的顶层梁 |
| 框支梁 | KZL | ×× | （××）、（××A）或（××B） | 梁上为剪力墙，与转换柱组成框支结构 |
| 托柱转换梁 | TZL | ×× | （××）、（××A）或（××B） | 梁上为框架柱，与转换柱组成框支结构 |
| 非框架梁 | L | ×× | （××）、（××A）或（××B） | 以梁（框架梁或非框架梁）为支座的梁 |
| 悬挑梁 | XL | ×× | — | 只有一跨，且不计入梁跨数 |
| 井字梁 | JZL | ×× | （××）、（××A）或（××B） | 以框架梁为支座的密肋梁 |

表 3-1 的解读如下。

（1）（××）表示梁的跨数，（××A）表示梁一端有悬挑，（××B）表示梁两端有悬挑，悬挑部位不计入梁跨数××内。

（2）楼层框架扁梁节点核心区代号为 KBH（框扁核）。

（3）非框架梁 L、井字梁 JZL 表示端支座为铰接；当端支座上部的纵筋充分利用钢筋的抗拉强度时，二者分别用 $L_g$ 和 $JZL_g$ 表示。

梁编号示例如下。

（1）KL4（3A）：表示 4 号楼层框架梁，共 3 跨，一端有悬挑（3 跨内不含悬挑跨）。

（2）WKL6（4）：表示 6 号屋面框架梁，共 4 跨（端部无悬挑时不需表示）。

（3）KZL1（2B）：表示 1 号框支梁，共 2 跨，两端均有悬挑。

（4）L2（5B）：表示 2 号非框架梁，共 5 跨，两端均有悬挑。

（5）XL4：表示 4 号悬挑梁（是独立的悬挑梁，而不是其他梁的悬挑跨）。

（6）JZL2（2）：表示 2 号井字梁，共 2 跨。

图 3-3 所示为梁单侧悬挑端轴测投影图，图 3-4 所示为梁双侧悬挑端轴测投影图。在实际工程中，悬挑梁的尽端部位都会设置小边梁，如图 3-5 所示，这个小边梁属于非框架梁 L。

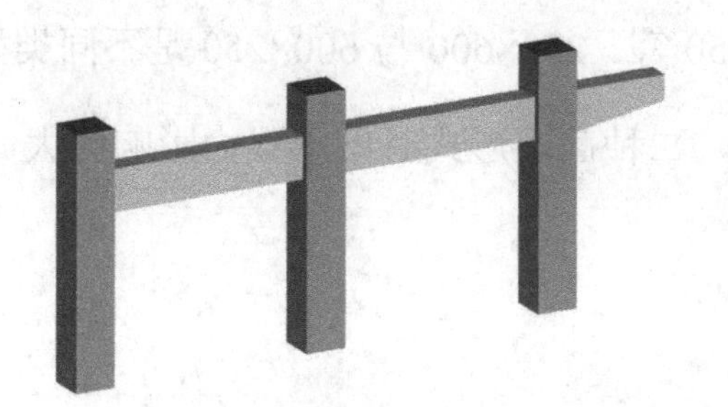

图 3–3 梁单侧悬挑端轴测投影图

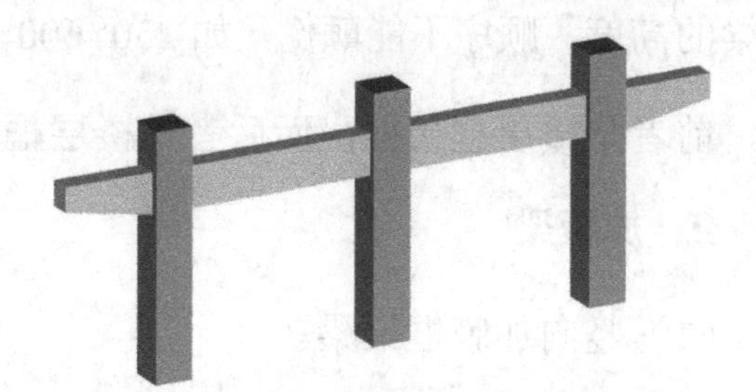

图 3–4 梁双侧悬挑端轴测投影图

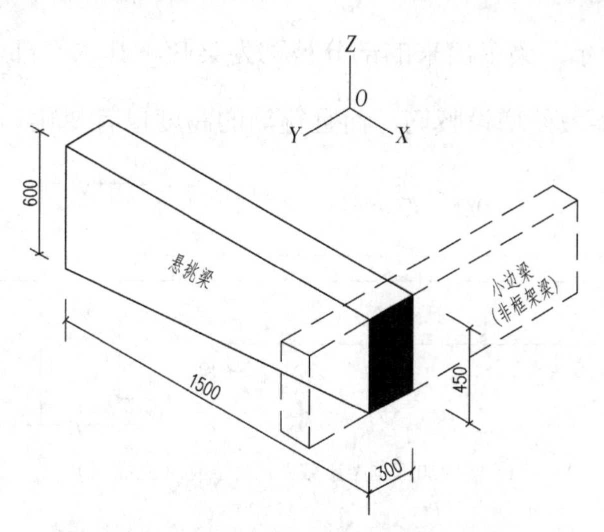


图 3–5 悬挑梁端部小边梁轴测投影图

### 2. 框架梁的分类

在表 3-1 中，楼层框架梁 KL 和非框架梁 L 较常见。屋面框架梁 WKL 与楼层框架梁 KL 各自所处的楼层位置不同，其端支座节点的构造要求也不一样。

根据是否具有抗震功能，梁分为抗震梁（构件）和非抗震梁（构件）两种，表 3-1 中的前五种类型为抗震梁，后三种类型为非抗震梁。非抗震梁不代表这种梁没有抗震功能，而是在抗震计算时不予考虑，只作为安全储备对待。

结构的抗震等级，在平法规则中分为一级、二级、三级和四级，共四个等级。因此，有三级抗震楼层框架梁、非抗震悬挑梁等叫法，其他以此类推。

## 二、平法施工图中梁的截面尺寸表达

### 1. 等截面梁

等截面梁最常见，其横截面尺寸用 $b\times h$（宽×高）表示。其中，$b$ 表示梁的宽度，$h$ 表示梁的高度，顺序不能颠倒，如 250×600、300×650 等。250×600 与 600×250 是不同类型的梁，前者是楼层框架梁，而后者是楼层框架扁梁，二种截面形式对梁承载力影响巨大。

### 2. 加腋梁

（1）竖向加腋框架梁。

竖向加腋是指框架梁在接近柱时，梁的宽度不变而高度逐渐变高，这种梁称为竖向加腋框架梁，如图 3-6 所示。梁多出来的部分被称为梁腋，其水平部分称为腋长（$c_1$），垂直部分称为腋高（$c_2$）。梁腋处增设腋筋，而且箍筋的高度也有变化。

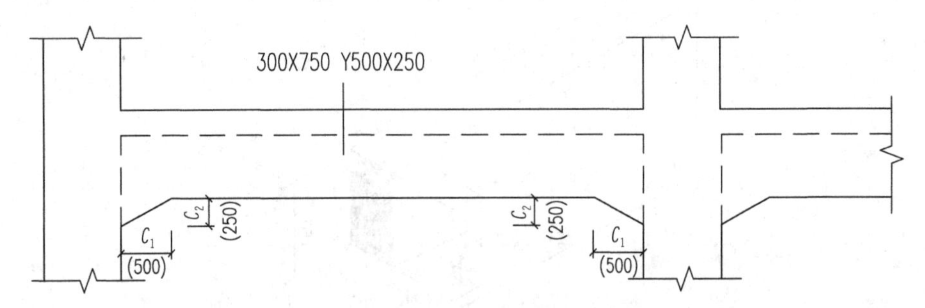


（a）竖向加腋框架梁截面尺寸表达（立面图）

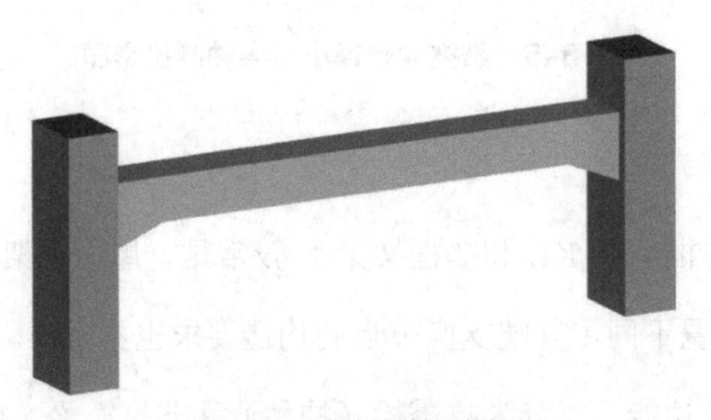

（b）竖向加腋框架梁轴测投影图

图 3-6 竖向加腋框架梁

竖向加腋框架梁截面尺寸用 $b \times h$ Y$c_1 \times c_2$ 表示。其中，Y 表示竖向加腋，$c_1$ 为竖向腋长，$c_2$ 为竖向腋高。

（2）水平加腋框架梁。

水平加腋是指框架梁在接近柱时，梁的高度不变而宽度（一侧或两侧）逐渐变宽，这种梁称为水平加腋框架梁。图 3-7 所示为水平加腋框架梁，其截面尺寸用 $b \times h$ PY$c_1 \times c_2$ 表示。其中，PY 表示水平加腋，$c_1$ 为水平腋长，$c_2$ 为水平腋宽。

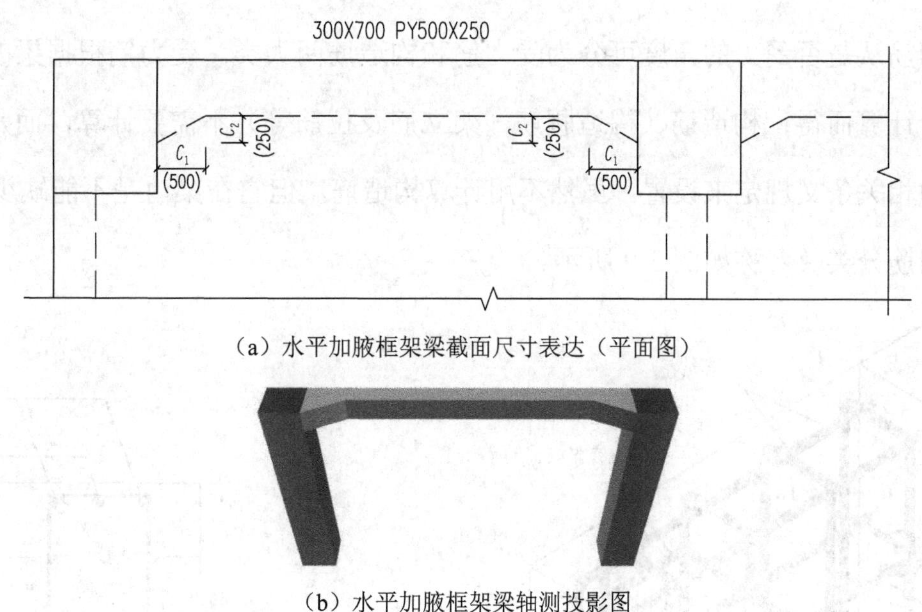


（a）水平加腋框架梁截面尺寸表达（平面图）

（b）水平加腋框架梁轴测投影图

**图 3–7 水平加腋框架梁**

### 3. 变截面梁

当悬挑梁根部和端部的高度不同时，用斜线“/”分隔根部与端部的高度值，即截面表达形式为 $b \times h_1/h_2$，$h_1$ 为根部高度，$h_2$ 为端部高度。如图 3-8 所示，变截面悬挑梁 300×700/500，表示悬挑梁宽 300，根部高度为 700，端部高度为 500。

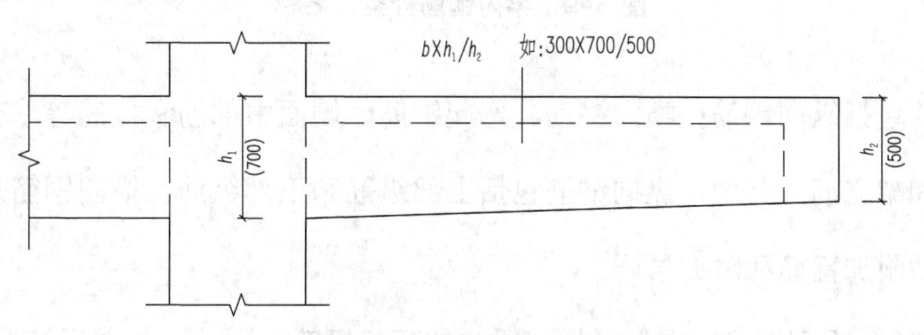


（a）变截面悬挑梁尺寸表达（立面图）

**图 3–8 变截面悬挑梁**

（b）变截面悬挑梁轴测投影图

图 3-8　变截面悬挑梁（续）

## 三、梁内钢筋的分类

梁内钢筋从是否受力的角度可分为受力筋和构造筋两大类。受力筋根据梁的受力情况经荷载组合计算而得；构造筋（构造腰筋、架立筋及拉筋等）不需要计算，而是根据现行设计规范的相关条文规定来设置。虽然不用计算构造筋，但它在梁内是不能缺少的钢筋。

梁内钢筋分类及名称如图 3-9 所示。

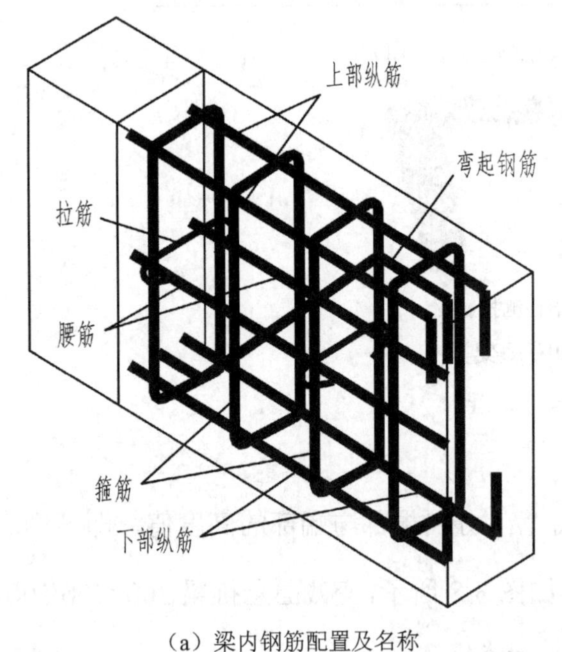


（a）梁内钢筋配置及名称

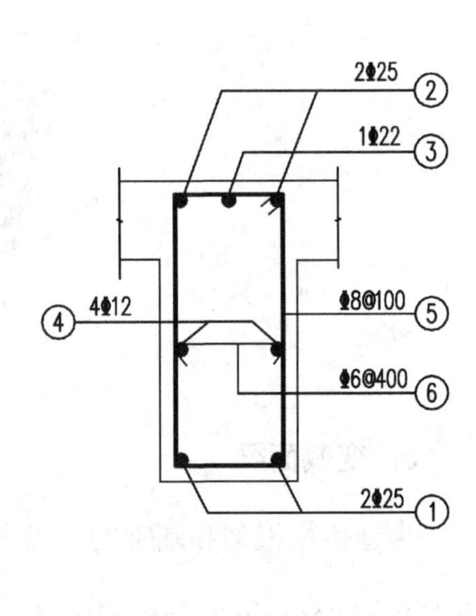


（b）梁的横截面配筋图

图 3-9　梁内钢筋分类及名称

梁内钢筋包括纵向钢筋、横向钢筋、弯起钢筋、侧面中部筋和拉筋等，有时还会有附加横向钢筋和架立筋。其中，纵向钢筋包括上部纵筋和下部纵筋；横向钢筋是指箍筋；而附加钢筋包括附加箍筋和附加吊筋。

平法 22G101 系列图集中取消了框架梁中的弯起钢筋，因此，本书后续不再提及它。

1. 梁内纵向钢筋

（1）梁内纵向钢筋及其间距。

梁内纵向钢筋分为上部纵筋和下部纵筋。上部纵筋包括受力筋或架立筋；下部纵筋中除悬挑梁下部为架立筋外，其余均为受力筋。当上部纵筋和下部纵筋较多时，可放置两排或三排。在图 3-9（b）中，②号筋和③号筋为上部纵筋第一排，④号筋为腰筋，①号筋为下部纵筋。

梁内上部纵筋和下部纵筋的水平方向和垂直方向之间都要保持一定的净距，以保证混凝土的浇筑质量，使混凝土完全包裹在钢筋周围，从而使二者完美地黏结在一起，共同受力。梁纵筋间的净距要求，详见项目一通用构造中的图 1-10。

（2）梁的范围及与钢筋构造相关的基本名称介绍。

图 3-10 所示为梁的范围及与钢筋构造相关的基本名称示意。

图中阴影部分为梁的范围，与其相关联的柱是梁的支座。图左端柱子为梁的端支座，右端柱子为梁的中间支座；$l_1$ 为梁的第一跨（统称端跨）跨度，为①轴和②轴之间的距离；$l_2$ 为梁的第二跨（统称中间跨）跨度，为②轴和③轴之间的距离。

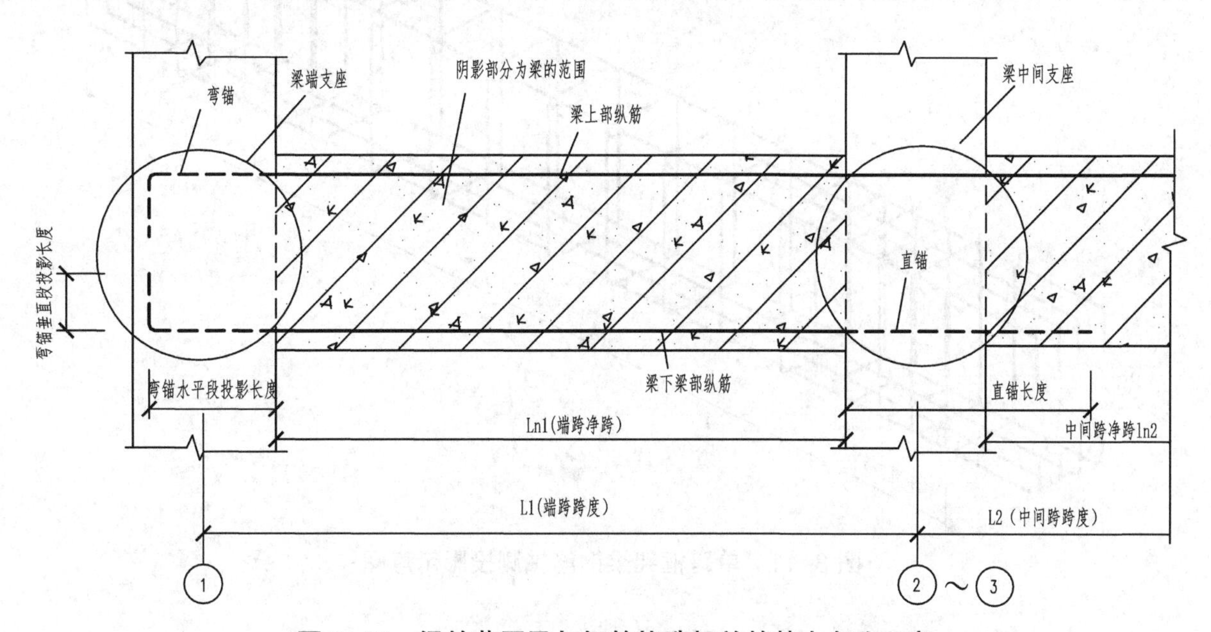


图 3-10　梁的范围及与钢筋构造相关的基本名称示意

在图 3-10 中，$l_{n1}$ 为梁第一跨净跨长度（端跨净跨），$l_{n2}$ 为梁第二跨净跨长度（中间跨净跨），可见，净跨的范围才是梁的真正范围。梁与柱重合的部分属于柱子，而不属于梁，柱子从下至上必须连续，不可中断。

为了清晰起见，图 3-10 中只画出了梁内的上部纵筋和下部纵筋，并将梁纵筋在支座内的锚固部分用虚线绘制，以示区别。图 3-10 中梁的上部纵筋和下部纵筋在端支座的锚固方式称为弯锚构造，弯锚长度包括水平段和垂直段的投影长度。下部纵筋在中间支座的锚固方式称为直锚构造，当纵筋直锚长度 $l_{aE}$ 大于支座宽度 $h_c$ 时，若条件允许，可继续向前延伸至对面梁的混凝土内，若条件不允许，则只能采用弯锚构造。

（3）上部通长筋、非通长筋的位置。

图 3-10 中的梁下部纵筋通常为贯通筋（或者称通长筋），而梁的上部纵筋却有贯通筋和非贯通筋（也称非通长筋）的区别。

图 3-11 所示为单跨框架梁钢筋轴测投影示意图，图 3-12 所示为双跨框架梁钢筋轴测投影示意图。

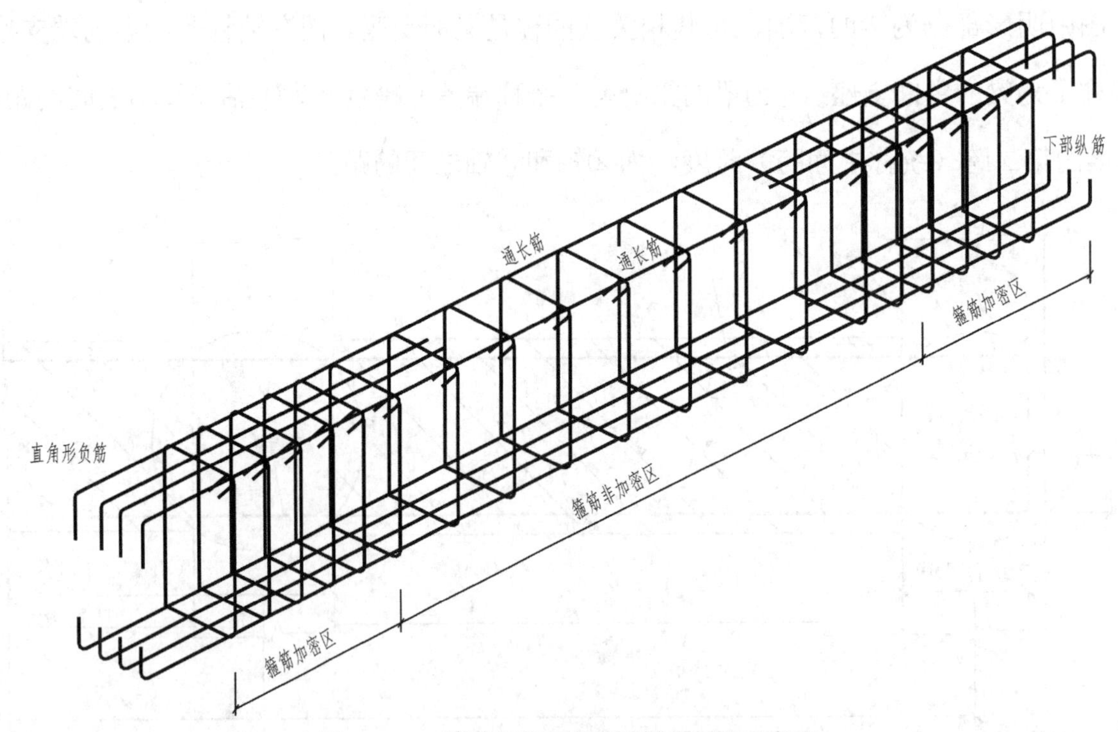


图 3-11　单跨框架梁钢筋轴测投影示意图

图 3-11 中端支座上部非通长筋有 90° 的弯钩，所以称为直角形负筋；图 3-12 中间支座上部非通长筋为直线段，称为直线形负筋。因直线形负筋以中间支座的中心线为对称轴左右对称，所以俗称扁担筋。

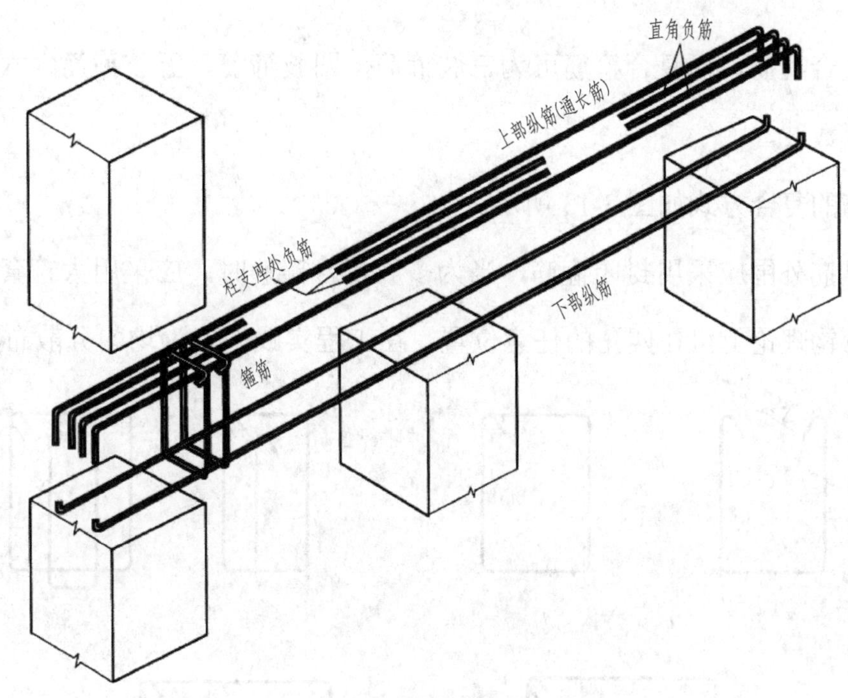


图 3-12　双跨框架梁钢筋轴测投影示意图

（4）梁上部架立筋的设置条件和摆放位置。

在图 3-11 中，上部通长筋为 2 根，下部纵筋为 4 根，箍筋为双肢箍。

如果将图 3-11 中梁的箍筋改为四肢箍，可以发现，梁跨中位置四肢箍内的小套箍角部没有钢筋通过，这违反了箍筋角部必须有纵筋通过的基本常识。其解决办法是在此位置增加两根构造筋与非通长负筋搭接，新增加的这两根构造筋称为架立筋。架立筋不受力，其作用就是固定箍筋，与箍筋绑扎到一起，形成牢固的钢筋骨架。

**2. 梁内箍筋**

梁内箍筋的作用是固定纵筋，与纵筋一起形成钢筋骨架。

但特殊部位的箍筋还有更重要的作用，如在梁的支座附近设置加密箍筋，在主次梁交接处的主梁上设置附加箍筋等，其主要设置目的是承担此处的剪力，当然，也起固定纵筋的作用。

（1）梁内箍筋的形式与复合方式。

梁内箍筋多为矩形，箍筋形式可分为开口箍筋和封闭箍筋，封闭箍筋的应用广泛，而开口箍筋在抗震结构中已经很少使用。

梁内箍筋与柱箍筋类似，梁封闭箍筋可分为普通箍筋和复合箍筋。普通箍筋为双肢箍筋，又称非复合箍筋，而复合箍筋可为三肢箍筋、四肢箍筋、五肢箍筋、六肢箍筋……实践中多采用偶数肢。

梁内箍筋的复合方式如图 3-13 所示。

梁截面纵筋外围应采用封闭箍筋，当为多肢复合箍筋时，应采用大箍套小箍的形式。封闭箍筋的弯钩理论上可在四角的任意位置，在工程实践中多为均匀分散布置。

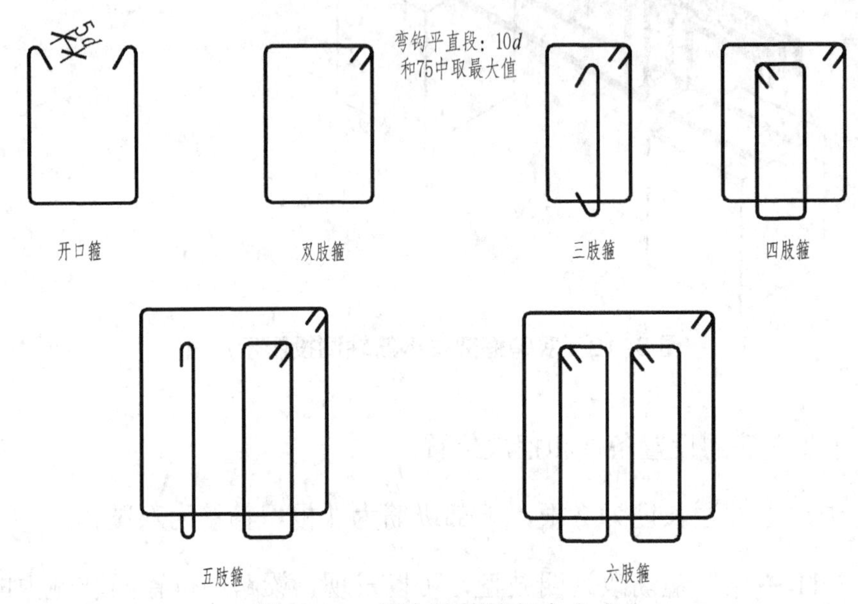


图 3-13　梁内箍筋的复合方式

（2）梁内箍筋的表达。

抗震梁内箍筋通常注写为 ⌀8@100/200（2），依次表示：箍筋牌号为 HRB400 级，直径为 8mm，加密区间距为 100mm，非加密区间距为 200mm，均为双肢箍。

非抗震梁内箍筋通常注写为 Φ8@150（2），表示箍筋牌号为 HPB300 级，直径为 8mm，箍筋只有一种间距，即 150mm，双肢箍。

（3）复合箍筋的纵筋排布规则。

当梁箍筋为双肢箍（非复合箍）时，梁上部纵筋、下部纵筋及箍筋的排布无关联，各自独立排布。当梁内箍筋为复合箍筋时，梁上部纵筋、下部纵筋及箍筋的排布有关联，钢筋排布应按以下规则综合考虑。

① 梁上部纵筋、下部纵筋及箍筋排布应遵循“对称均匀”的布置原则。

② 复合箍筋应采用截面周边外封闭大箍加内封闭小箍的组合方式，即大箍套小箍。内

部复合箍筋应采用相邻两肢形成一个内封闭小箍的形式，但沿外封闭箍筋周边重叠不宜多于两层，不应多于三层。

③ 梁上部箍筋、下部箍筋转角处应设置通长筋，称为角筋，将非通长筋置于中间；当复合箍筋的内封闭小箍筋上部转角处的纵向钢筋未能贯通全跨时，在跨中上部应设置架立筋。

④ 梁复合箍筋肢数宜为双数，当复合箍筋的肢数为单数时，设一个单肢箍。单肢箍筋应同时钩住纵向钢筋和外封闭箍筋。

**3. 梁的侧面中部筋和拉筋**

（1）梁的侧面中部筋。

梁的侧面中部筋俗称“腰筋”，分为构造腰筋和受扭腰筋两种。腰筋通常成对、对称配置，每对腰筋必须用拉筋进行拉结。图 3-9（b）中的④号筋就是腰筋，⑥号筋为拉筋。

腰筋和拉筋在梁内的配置情况如图 3-14 所示。

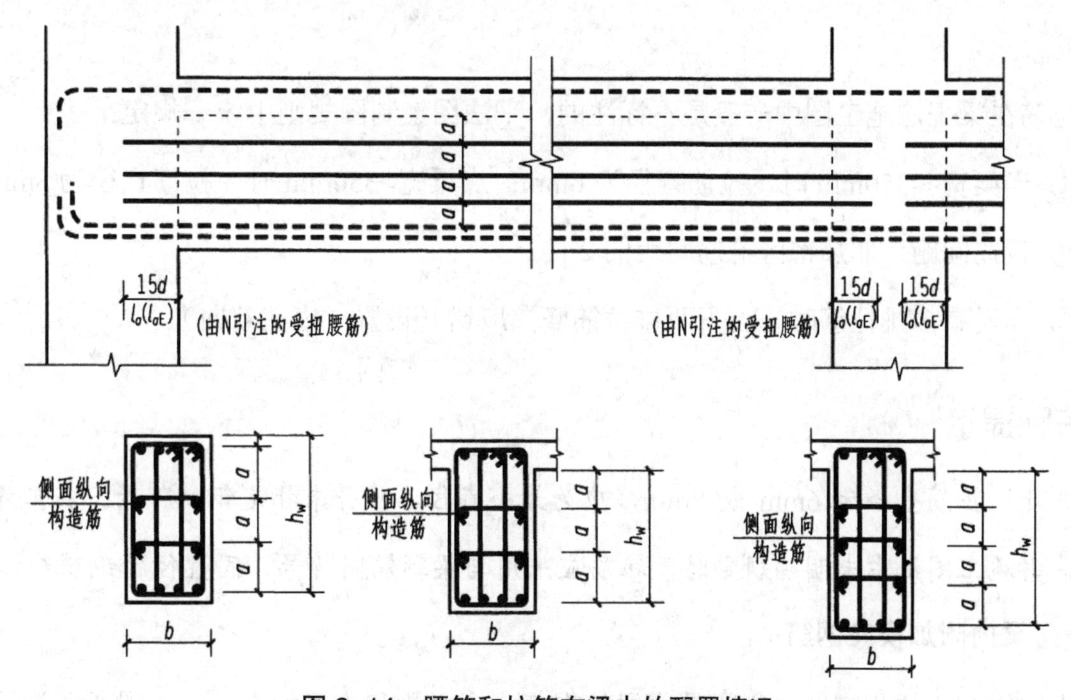


**图 3–14　腰筋和拉筋在梁内的配置情况**

规范规定：当梁的腹板高度 $h_w$≥450mm 时，在梁的两个侧面应沿高度配置侧面纵向构造筋，其间距 $a$≤200mm。

图 3-14 中梁截面的腹板高度 $h_w$ 的取值规定如下。

① 对于矩形截面，取有效高度。

② 对于T形截面，取有效高度减去翼缘高度。

③ 对于工形截面，取腹板净高。

关于构造腰筋和抗扭腰筋的搭接和锚固长度规定如下。

① 当梁的侧面为构造腰筋时，其搭接与锚固长度均取 15$d$，光圆钢筋与变形钢筋相同。

② 当梁的侧面为抗扭腰筋时，其搭接长度≥$l_{lE}$（或 $l_l$），其锚固长度≥$l_{aE}$（或 $l_a$）；其锚固方式与框架梁下部钢筋相同。

③ 当梁侧面配置有纵向抗扭腰筋时，抗扭腰筋应满足构造腰筋的要求，构造腰筋不必重复设置。此时应注意，构造腰筋和抗扭腰筋的搭接和锚固长度是不同的。

（2）梁的拉筋。

当梁侧面配有构造腰筋或受扭腰筋时，要采用拉筋进行拉结，图 3-9（b）中的⑥号筋为拉筋。

拉筋在梁平法施工图中一般是不标注的，平法图集制图规则中统一规定：

① 当梁宽≤350mm 时，拉筋直径为 6mm；当梁宽>350mm 时，拉筋直径为 8mm。

② 拉筋间距为非加密区箍筋间距的 2 倍。

③ 当设有多排拉筋时，上下两排拉筋竖向应错开设置（梅花双向）。

### 特别提示

此处，拉筋直径为 6mm 或 8mm，应为最小直径，但并未指定钢筋牌号。在工程实践当中，当施工图纸中未明确规定时，拉筋应采用与梁箍筋同牌号、同直径的钢筋制作。

#### 4. 梁内附加横向钢筋

当次梁与主梁相交时，主梁是次梁的支座。在主梁和次梁相交处，主梁承受次梁传来的集中荷载作用。位于主梁上的集中荷载，应全部由附加钢筋承担，包括附加箍筋和附加吊筋两种形式。

梁附加箍筋和附加吊筋的构造如图 3-15 所示。

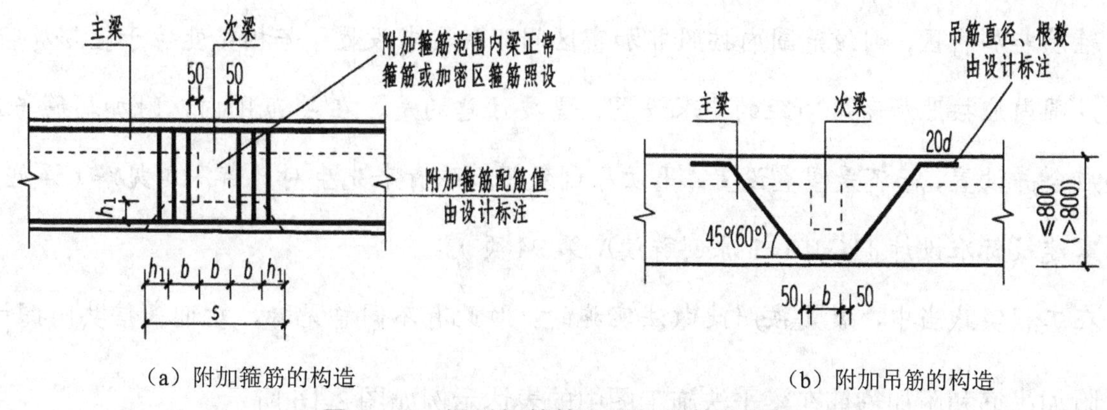


（a）附加箍筋的构造　　（b）附加吊筋的构造

**图 3–15　梁附加箍筋和附加吊筋的构造**

附加钢筋宜优先采用箍筋形式，布置在长度为 $s=3b+2h_1$ 的范围内，$b$ 为次梁截面宽度，附加箍筋应在集中荷载的两侧对称设置，配筋需经计算确定，见图 3-15（a）。

当采用附加吊筋时，应在集中荷载位置的主梁宽度范围内对称设置，配筋按设计要求确定，其弯起段上部平直段应伸至梁的上部第一排或第二排纵筋位置，吊筋下部平直段必须置于次梁下部纵筋之下。附加吊筋末端水平段锚固长度在受拉区不应小于 $20d$，在受压区不应小于 $10d$（$d$ 为弯起钢筋的直径）。当主梁高 $h \leqslant 800$mm 时，吊筋弯起角度取值 45°，当主梁高 $h>800$mm 时，吊筋弯起角度取值 60°，不得随意更改，如图 3-15（b）所示。

附加箍筋和附加吊筋的作用是一致的，承担由集中荷载引起的剪应力。在主梁和次梁相交处，当主梁上承受的集中荷载的数值很大，由于箍筋直径一般较小，在 $s$ 范围内的附加箍筋不足以承受集中荷载时，可选择仅设置附加吊筋，或者同时设置附加箍筋和附加吊筋的做法。在工程实践当中，采用后者的做法较多，图纸中会明确标明。

## 特别提示

（1）在工程实践当中，当施工图纸中无明确规定时，附加箍筋应与主梁箍筋同牌号、同直径、同肢数。而附加吊筋必须在图纸中明确标注钢筋牌号、直径和数量。

（2）在图 3-15（a）中，有这样的引注内容“附加箍筋范围内梁正常箍筋或加密区箍筋照设”，对此，笔者的理解如下。

在主次梁相交处，宽度“$b+2\times50$”范围（注意不是 $s$ 范围）内的箍筋间距：若相交处位于箍筋非加密区，则该范围内按照非加密区间距的要求设置；若相交处位于箍筋加密区，则该范围内应按照加密区间距的要求设置。需要注意的是，在 *s* 范围内，附加箍筋与正常箍筋应合并设置，而不是重叠设置。平法原创发明人陈青来先生对此有深刻见解（详见《平法国家建筑标准设计 11G101-1 原创解读》第 94 页）。

在工程实践当中，就是按照此做法实施的。对此有不同意见者，欢迎来信共同探讨。

附加吊筋和附加箍筋在梁平法施工图中的表达示例如图 3-16 所示。

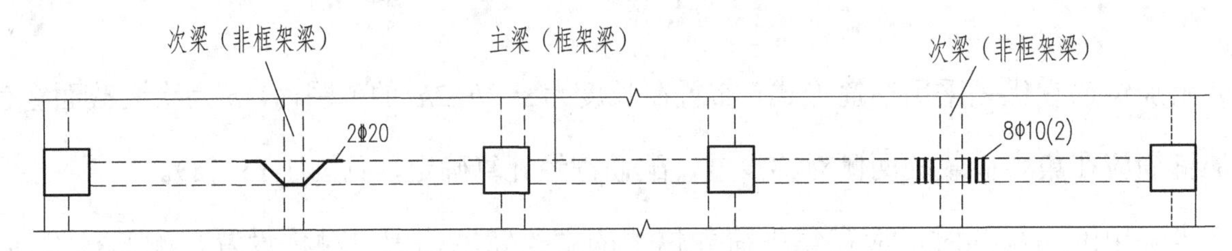


**图 3–16　附加吊筋和附加箍筋在梁平法施工图中的表达示例**

在图 3-16 中，“2⌀20”表示在主梁上配置直径 20mm、HRB400 级附加吊筋 2 根，在主梁宽度范围内对称设置。

在图 3-16 中，“8ϕ10（2）”表示在主梁上配置直径 10mm、HPB300 级附加箍筋共 8 根，在次梁两侧各配置 4 根，均为双肢箍。按照规范规定，无论图纸中是否注明附加箍筋间距，均按最小间距值为 50mm 设置。梁内配置附加箍筋时，梁内宽度“$b$+2×50”范围内的正常箍筋照设。

**案例应用二**

## 认识平面注写方式梁平法施工图

图 3-17 所示为梁平法施工图的平面注写方式示例，该图包括两部分内容：一是梁平面布置图，二是结构层楼面标高与结构层高表。

该图名为 15.870 ~ 26.670 梁平法施工图，与结构层楼面标高与结构层高表相对应，表中四个标高处采用粗实线表示，即该施工图仅适用于这四个楼层。

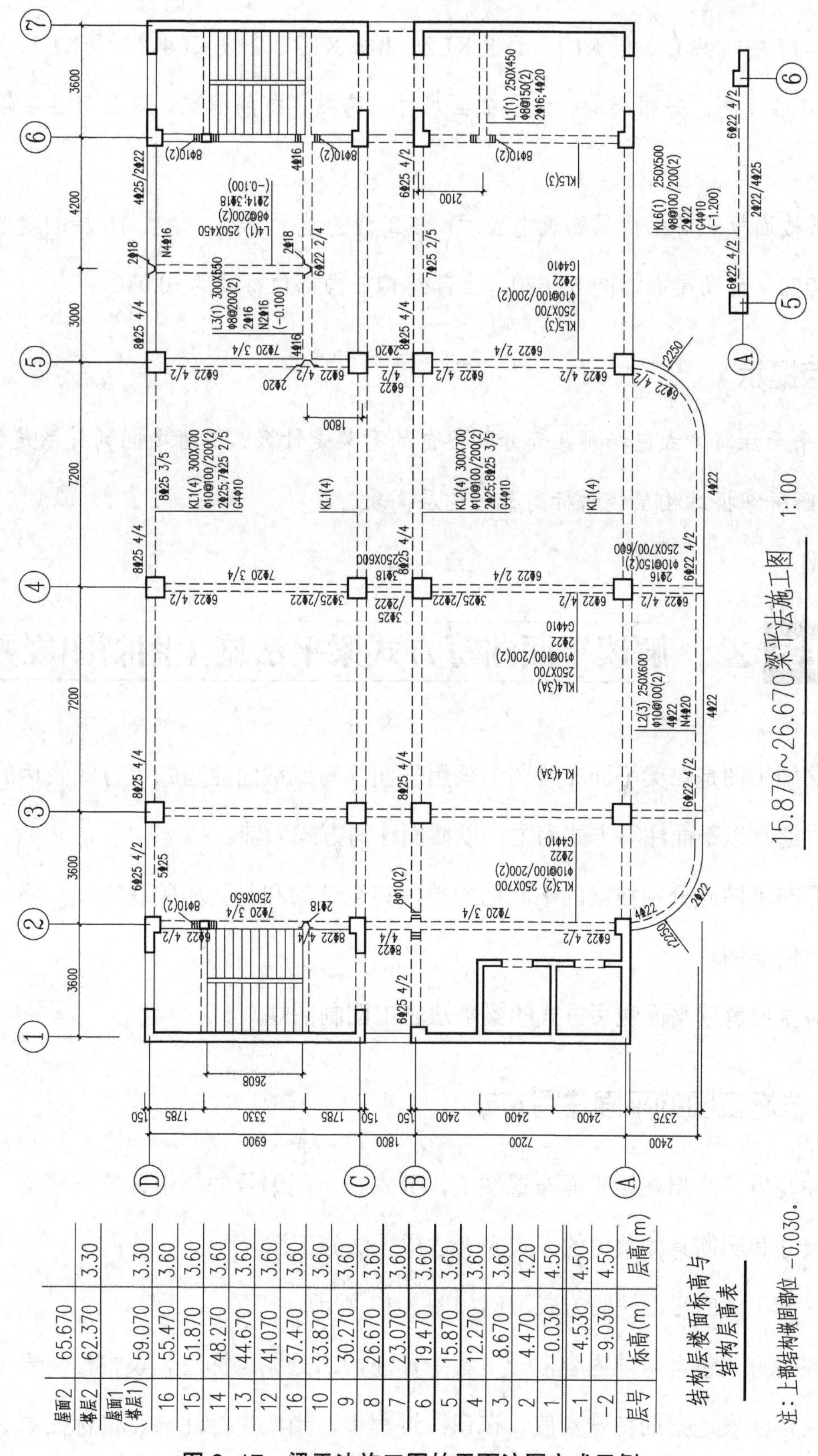


| 层号 | 标高(m) | 层高(m) |
| --- | --- | --- |
| 屋面2 | 65.670 | |
| 塔层2 | 62.370 | 3.30 |
| 屋面1(塔层1) | 59.070 | 3.30 |
| 16 | 55.470 | 3.60 |
| 15 | 51.870 | 3.60 |
| 14 | 48.270 | 3.60 |
| 13 | 44.670 | 3.60 |
| 12 | 41.070 | 3.60 |
| 16 | 37.470 | 3.60 |
| 10 | 33.870 | 3.60 |
| 9 | 30.270 | 3.60 |
| 8 | 26.670 | 3.60 |
| 7 | 23.070 | 3.60 |
| 6 | 19.470 | 3.60 |
| 5 | 15.870 | 3.60 |
| 4 | 12.270 | 3.60 |
| 3 | 8.670 | 3.60 |
| 2 | 4.470 | 4.20 |
| 1 | -0.030 | 4.50 |
| -1 | -4.530 | 4.50 |
| -2 | -9.030 | 4.50 |

图 3-17　梁平法施工图的平面注写方式示例

在图 3-17 中，共有 3 根 KL1、1 根 KL2、1 根 KL3、2 根 KL4、2 根 KL5、1 根 KL6，L1、L3、L4 各 1 根。每根梁均标注了截面尺寸、跨数、配筋情况，以及与各自轴线的相互关系。

结构层楼面标高与结构层高表中显示，该工程为地下 2 层、地上 16 层的建筑，主体屋面标高 59.070，最高屋面标高 65.670。上部结构嵌固部位标高为-0.030。

### 知识点提示

1. 梁平面注写方式包括哪几部分？各自的意义是什么？二者之间的关系是什么？
2. 理解并掌握结构层楼面标高及结构层高表。

## 任务 2 解读平面注写方式梁平法施工图制图规则

梁平法施工图是在梁平面布置图上采用平面注写或截面注写二种方式表达的。实际工程应用时，通常以平面注写方式为主，以截面注写方式为辅。

梁平面布置图应分别按梁的不同结构层，将全部梁和与其相关联的柱、墙、板一起采用适当的比例绘制。

本任务主要解读平面注写方式的梁平法施工图制图规则。

### 一、梁平法施工图的平面注写方式

平面注写方式是指在梁平面布置图上，分别在不同编号的梁中各选一根梁，以在其上注写截面尺寸和配筋具体数值的方式来表达梁平法施工图。

梁平法施工图的平面注写方式示例如图 3-17 所示。

平面注写方式包含两项内容，一是集中标注，二是原位标注。集中标注表达梁的通用数值，原位标注表达梁的特殊数值。在识图过程中，当集中标注与原位标注表达的内容不一致时，原位标注取值优先。

梁平法施工图平面注写方式的内容包括梁平法施工图和结构层楼面标高与结构层高表

两部分。

梁平法施工图的内容包括轴线网、梁的投影轮廓线，梁的集中标注和原位标注等。其中，轴线网和梁的投影轮廓线与传统常规表示方法相同，结构层楼面标高与结构层高表部分与柱、墙、板等施工图中的表格部分的内容均相同。

下面分别介绍集中标注和原位标注的制图规则。

### 1. 梁的集中标注

梁的集中标注是在梁任意一跨的任意位置画一条引出线，在引出线的右侧依次注写梁的编号、截面尺寸、箍筋具体数值、通长筋或架立筋、侧面中部筋及梁顶面标高高差六项内容。前五项为必注值，最后一项为选注值。

原则上，这六项内容应按固定顺序和位置注写，尽量不要改变，特别是前后顺序不能随意颠倒。

以图 3-18（a）中的 KL2 为例，解读如下。

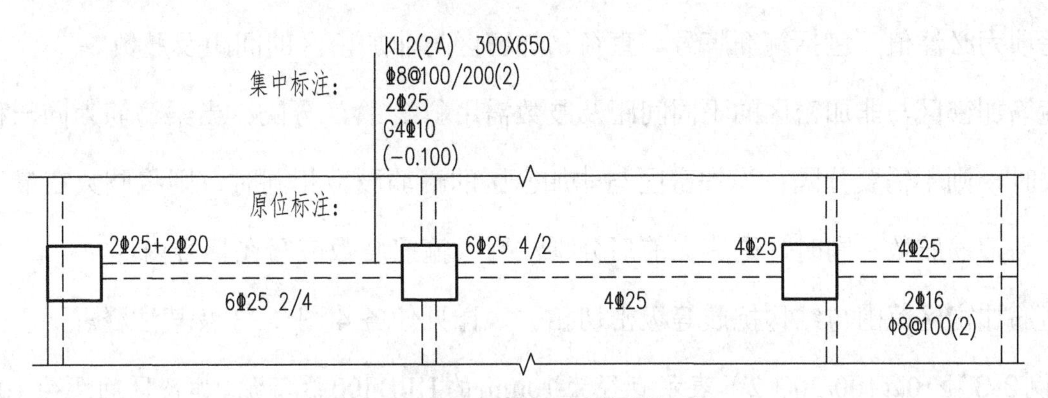


（a）框架梁平面注写方式的表达示例

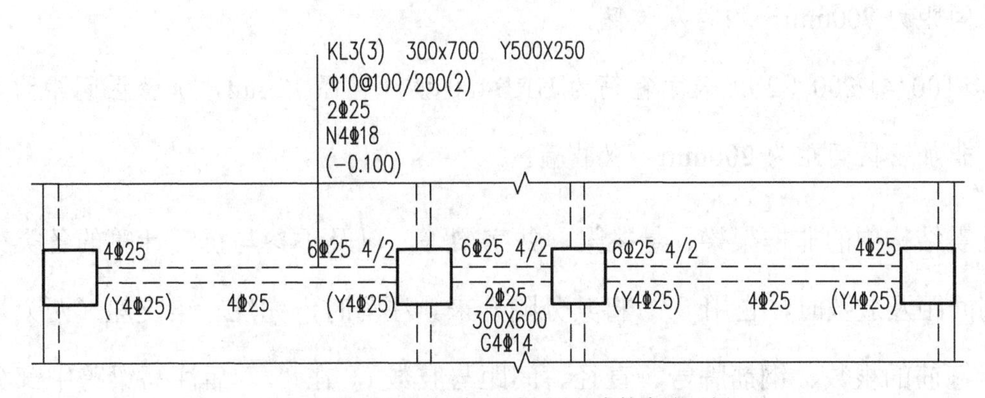


（b）框架梁竖向加腋平面注写方式的表达示例

**图 3–18 梁平面注写方式（集中标注和原位标注）示例**

KL2（2A） 300×650

⌀8@100/200（2）

2⌀25

G4⌀10

（-0.100）

（1）第一项：梁的编号。

此项为必注值，详见表 3-1 及其解读。

**【例 3-1】** KL2（2A）：表示 2 号楼层框架梁，共 2 跨，一端有悬挑。

（2）第二项：截面尺寸。

此项为必注值，详见任务 1 平法施工图中梁的截面尺寸表达内容。

**【例 3-2】** 300×650：表示矩形截面梁的宽为 300mm，高为 650mm。

（3）第三项：梁箍筋。

此项为必注值，包括箍筋牌号、直径、加密区与非加密区的间距及肢数。

箍筋加密区与非加密区的不同间距及肢数需用斜线“/”分隔；当梁箍筋为同一种间距及肢数时，则不需要分隔；当加密区与非加密区的箍筋肢数相同时，则将肢数在最后注写一次；当箍筋肢数不同时，则应在前后分别注写，箍筋肢数应写在括号内。

箍筋加密区范围与结构抗震等级密切相关，详见任务 4 图 3-33 及其注释。。

**【例 3-3】** ⌀10@100/200（2）：表示直径为 10mm 的 HPB400 级箍筋，加密区间距为 100mm，非加密区间距为 200mm，均为双肢箍。

⌀12@100(4)/200（2）：表示箍筋为 HRB400 级，直径 12mm，加密区间距为 100mm，四肢箍；非加密区间距为 200mm，双肢箍。

当抗震结构中的非框架梁、悬挑梁、井字梁等，以及不参与抗震计算的各类梁采用不同的箍筋间距及肢数时，也用“/”将其分隔开来。注写时，先注写梁支座（两）端部的箍筋（包括箍筋的根数、钢筋牌号、直径、间距与肢数），在“/”后注写梁跨中部分的箍筋间距及肢数（跨中部分不注写根数）。

【例 3-4】11Φ10@150/200（2）：表示箍筋为 HPB300 级，直径为 10mm，梁的两端各有 11 个双肢箍，间距为 150mm；梁跨中剩余部分的箍筋间距为 200mm，双肢箍。

16⌀12@100（4）/200（2）：表示箍筋为 HRB400 级，直径为 12mm，梁的两端各有 16 个四肢箍，间距为 100mm；梁跨中剩余部分的箍筋间距为 200mm，双肢箍。

（4）第四项：梁上部通长筋或架立筋。

此项为必注值，包括钢筋牌号、直径和根数。

【例 3-5】2⌀25：表示梁上部通长筋的规格为 HRB400 级钢筋，直径为 25mm，2 根，位于角部位置。

通长筋可采用相同直径或不同直径的钢筋，直径不同时可采用绑扎搭接、机械连接或焊接三种形式之一进行连接。

当同排纵筋中既有通长筋又有架立筋时，应该采用“+”将通长筋和架立筋相连。注写时须将角部纵筋写在“+”的前面，架立筋写在“+”后面的括号内（无括号时意义不同），以示架立筋与通长筋的区别；当全部采用架立筋时，则将其全部写入括号内。

【例 3-6】集中标注第四项注写内容示例。

2⌀22：表示 2⌀22 为通长受力筋，在箍筋上部角部的位置，用于双肢箍。

2⌀22+（2⌀14）：表示 2⌀22 为通长受力筋，在角筋位置，括号内的 2⌀14 为架立筋，用于四肢箍时固定内部小箍筋。

2⌀22+2⌀14：表示通长筋采用两种直径，二者均为通长受力筋，无架立筋。2⌀22 在角筋位置（“+”前面），2⌀14 在中部位置。

当梁的上部纵筋和下部纵筋为全跨相同，且多数跨配筋相同时，此项可加注下部纵筋的配筋值，用“；”将上部与下部通长纵筋的配筋值分隔开来；当少数跨不同时，按原位标注处理。

【例 3-7】在图 3-18（b）中，KL3（3）中第一、三跨下部均为 4⌀25 通长筋，则可将其写入梁的集中标注第四项中，注写为“2⌀25；4⌀25”，表示梁的上部配置 2⌀25 通长筋，下部配置 4⌀25 通长筋。第二跨下部用原位标注修正为 2⌀25，第一、三跨则不再标注。

（5）第五项：梁的侧面钢筋。

此项为必注值，俗称腰筋，分为构造腰筋和受扭腰筋两种类型，详见图 3-14。

当梁腹板高度 $h_w$≥450mm 时，须按规范规定配置纵向构造腰筋，以大写字母“G”打头，接续注写配置在梁两个侧面的总配筋值，且对称配置。构造腰筋不需要进行计算。

配置受扭腰筋时，以大写字母“N”打头，接续注写配置在梁两个侧面的总配筋值，且对称配置。受扭腰筋需经计算配置。

**【例 3-8】** G4⌀12：表示梁的两个侧面配置 4⌀12 的纵向构造腰筋，每侧各配置 2⌀12。

N4⌀14：表示梁的两个侧面配置 4⌀14 的纵向受扭腰筋，每侧各配置 2⌀14。

（6）第六项：梁的顶面标高高差。

此项为选注值。梁的顶面标高高差，是指梁顶相对于结构层楼面标高的高差值。有高差时，需将其注写在括号内，无高差时不注写。

当某梁的顶面高于所在结构层楼面标高时，其标高高差为正值，“+”可以省略不写；反之为负值，“-”不能省略。

**【例 3-9】** 图 3-18 中的（-0.100）表示梁顶面标高比本层结构层楼面标高低 0.100m。若此项为正值（正数时不带符号），则表示梁顶面标高比本层楼面结构层标高高 0.100m。

**2. 梁的原位标注**

梁的原位标注有四项内容，分别是梁上部纵筋、梁下部纵筋、附加箍筋或附加吊筋，以及修正集中标注中某项或几项不适用于本跨的内容。

在进行原位标注时，应注意各种数字符号的注写位置。

顾名思义，原位标注是指在哪个位置标注的数据就属于哪个位置，具有特殊性，因此必须搞清楚各种数字符号的注写位置，以分清表达的是梁上部钢筋还是下部钢筋。

（1）关于原位标注位置的一般规定。

编者进行了总结，在此予以明确说明。

① 在平法施工图的平面布置图上，标注在 $x$ 向梁上面位置，表示梁上部配筋，标注在梁下面位置，表示梁下部配筋；标注在 $y$ 向梁左侧位置（注意字头应朝左），表示梁上部配筋，标注在梁右侧位置（字头朝左），表示梁下部配筋。

② 以梁跨为参照物，上部靠近左侧支座处，命名为“左支座”位置，上部靠近右侧支

座处，命名为“右支座”位置，中间位置命名为“上部跨中”位置，上部共有三个位置；下部中间位置命名为“下部跨中”位置，下部只有一个位置。

（2）当梁原位标注内容较复杂时，按以下规定来理解。

① 当上部或下部纵筋多于一排时，用“/”分隔，将各排纵筋自上而下分开。

**【例 3-10】**图 3-18（a）中 KL2 第一跨下部跨中位置标注的“6⏀25 2/4”，表示梁下部配筋为 6 根直径为 25mm 的 HRB400 级钢筋，分两排布置，上排 2 根，下排 4 根。

KL2 第二跨左支座位置标注的“6⏀25 4/2”，表示梁左端上部配筋为 6 根直径为 25mm 的 HRB400 级钢筋，分两排布置，上排 4 根，下排 2 根。

② 当上部或下部同排纵筋有两种直径时，用“+”将两种直径的纵筋相连，注写时将角部纵筋写在“+”前面。

**【例 3-11】**图 3-18（a）第一跨上部的“2⏀25+2⏀20”表示梁支座上部有 4 根纵筋，布置成一排。2⏀25 放在箍筋的角部（因此又称为角筋），而 2⏀20 放在中部。

③ 当梁中间支座两边的上部纵筋不同时，须在支座两边分别标注；当梁中间支座两边的上部纵筋相同时，可仅在支座的一边标注配筋值，另一边省略不注，默认两边对称布置。

**【例 3-12】**图 3-18（a）中 KL2 第一跨右支座位置（中间支座左侧）没有标注钢筋，而第二跨的左支座（中间支座右侧）标注有“6⏀25 4/2”，表示这两处的配筋值相同，对称布置，一侧省略不写。

④ 当两大跨中间为小跨，且小跨净距尺寸小于左跨净距尺寸的 1/3 和右跨净距尺寸的 1/3 之和时，小跨上部纵筋采取贯通全跨方式，此时，应将贯通小跨的纵筋注写在小跨中部，如图 3-18（b）所示。

⑤ 当梁下部纵筋不全部伸入支座时，将梁支座下部纵筋减少的数量（不伸入支座的数量）写在括号内。

**【例 3-13】**梁的下部纵筋注写为“6⏀25 2（−2）/4”，表示梁下部上排纵筋为“2⏀25”，且不伸入支座；下排纵筋为“4⏀25”，需全部伸入支座。

又如，梁的下部纵筋注写为“2⏀25+3⏀22（−3）/6⏀25”，表示上排纵筋为“2⏀25”和“3⏀22”，其中，“3⏀22”不伸入支座；其余钢筋需全部伸入支座。

⑥ 当梁的集中标注中分别注写了梁上部和下部通长筋时，如无变化，则不需要再在梁的下部重复进行原位标注，只有当个别跨与集中标注不同时，才进行原位标注，以示不同。

⑦ 附加箍筋和附加吊筋，将其直接画在平面图上主次梁相交处的主梁上，用引线标注总配筋值，将附加箍筋的肢数注在括号内，如图 3-16 所示。当多数附加箍筋和附加吊筋相同时，可在梁平法施工图上统一注明，当少数附加箍筋和附加吊筋与统一注明值不同时，再进行原位引注。

施工时应注意：附加箍筋或附加吊筋的几何尺寸应参照标准构造详图的要求，如图 3-15 所示，结合其所在位置的主梁和次梁的截面尺寸而定。

⑧ 当在梁上集中标注的内容，如截面尺寸、箍筋、上下部通长筋或架立筋、侧面纵向构造钢筋或受扭钢筋，以及梁顶面标高高差中的某一项或几项数值，不适用于某跨或某悬挑部位时，则将其不同数值原位标注在该跨或该悬挑部位，施工时应按原位标注数值取用，即“原位标注取值优先”。

**【例 3-14】**在图 3-18（b）中，KL3（3）集中标注表明该梁为竖向加腋梁，截面尺寸 300×700 Y500×250，侧面中部筋为 N4⏀18。而在第二跨的原位标注中，有“300×600”和“G4⏀14”。按照“原位标注取值优先”的原则，则将第二跨截面尺寸修正为 300×600，无加腋，将侧面中部筋修正为 G4⏀14。

⑨ 当梁设置竖向加腋时，加腋部位下部斜纵筋应在支座下部以“Y”打头注写在括号内，如图 3-18（b）所示。此处框架梁竖向加腋构造适用于加腋部位，参与框架梁计算，在其他情况下设计者应另行给出构造详图。

当梁设置水平加腋时，水平加腋内上、下部斜纵筋应在加腋支座上部以“Y”打头注写在括号内，上、下部斜纵筋之间用“/”分隔，如图 3-19 所示。

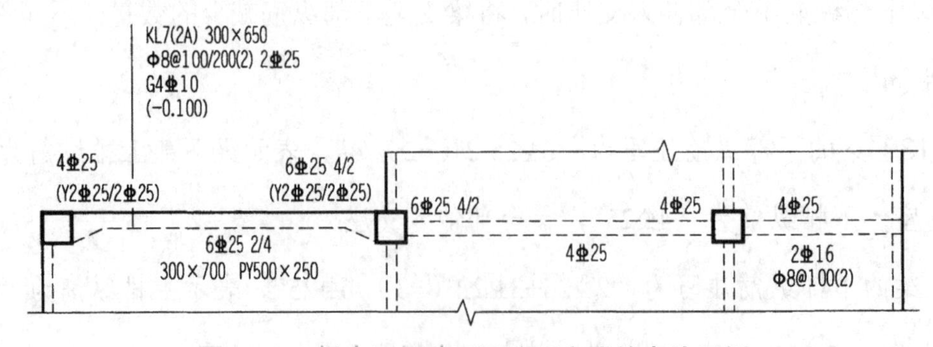


图 3-19 梁水平加腋平面注写方式的表达示例

仔细分析，图 3-18（b）所示为集中标注竖向加腋梁，在第二跨通过原位标注修正为矩形截面；图 3-19 所示为集中标注矩形截面梁，在第一跨通过原位标注修正为水平加腋梁。

## 二、结构层楼面标高及结构层高表

结构层楼面标高及结构层高表（以下简称“结构标高及层高表”），在单项工程中必须统一，以保证基础、柱与墙、梁、板、楼梯等用同一标准竖向定位。为施工方便，应将统一的结构标高及层高表分别放在梁、柱、墙、板等各类结构构件的平法施工图中。

结构标高及层高表能有效帮助人们快速地建立起整个建筑物的立体轮廓图。以图 3-17 为例，表中包含的内容如下：

（1）嵌固部位的标高：应由设计师在图纸中同时用以下两种方式明确表达。

① 用文字注明：如在表的下方注明了“上部结构嵌固部位-0.030”。

② 用双细实线表示：在嵌固部位的表格线用双细实线表示。

无地下室时，位于基础顶面。若不在嵌固部位进行标注，则默认在基础顶面。

有地下室时，可能在地下室顶板位置，如图 3-17 在地下室顶板位置；也可能在地下室负一层底板位置，如图 4-12（此种情况不常见，在柱平法制图规则中详细介绍）。

（2）层号（层数）：如本建筑地下 2 层，地上 16 层。

（3）结构标高：指某一层最下部的结构标高。如 1 层的结构标高为-0.030m，3 层的结构标高为 8.670m，16 层的结构标高为 55.470m。

（4）结构层高：本层的结构标高加上本层的层高，就是上一层的结构标高。例如，2 层的结构标高 4.470m 加上 2 层的层高 4.200m，就是 3 层的结构标高 8.670m；再加上 3 层的层高 3.600m，就是 4 层的结构标高 12.270m。直接查找 16 层的结构层高为 3.600m。

（5）结构标高及层高表所适用的部位：用加粗的水平或垂直表格线表示该表所表达的结构部位。

如 15.870m、19.470m、23.070m 和 26.670m 四个标高位置的水平表格线为加粗实线，表示本张梁平法施工图只适用于这四个楼层的梁构件的尺寸和配筋。

**关于楼层“层高”和“层号”的讨论：**

（1）楼层的层高包括建筑层高和结构层高两种。

建筑层高是指从本层建筑地面到上一层建筑地面的高度。

结构层高指的是本层现浇楼板上表面到上一层现浇楼板上表面的高度。

建筑层高和结构层高的差距是地面做法，如果各楼层的地面做法是一样的，则各楼层的结构层高与建筑层高在数值上是一致的，但所指向的位置略有位移。如果楼层的地面做法变化，则可能会出现结构层高与建筑层高不一致的情况，如一般工程中的首层和顶层经常会出现二者不一致的情况。

（2）在传统制图方法中，建筑层号与结构层号是有差别的。我们知道，建筑平面图是在每层窗台上部一定高度用一个水平剖切面对建筑物进行水平剖切，然后从上往下看，得到的就是建筑平面图，可见建筑平面图表达的是剖切面下方的内容。而同层的结构平面图表达的却是剖切面上、下方（整个楼层）的柱、墙、梁、板等内容。对于表达梁、板等水平构件时，二者的差别是很明显的，正好差一层。

在 G101 系列图集平法制图规则中，对这一问题提出了很好的解决方案，那就是用标高或标高段来代替结构平面图的层号，如用“15.870～26.670 梁平法施工图”作为图名，简单、直白、无歧义。如果用“5～8 层梁平法施工图”作为图名，就很容易产生歧义，造成不必要的麻烦。在柱、剪力墙、梁和板的平法施工图中，除了在结构层楼面标高与层高表中会出现层号，其他地方再无“×层”的表示。

所以，在平法施工图中，一定要慎用或不用“5～8 层”这种有歧义的表达方式，而采用标高或标高段的方式来表达结构平面图竖向位置。

### 案例应用三

## 认识截面注写方式梁平法施工图

图 3-20 所示为梁平法施工图截面注写方式示例，该图包括三部分内容：一是梁平面布置图，二是从平面图上引出的梁截面钢筋排布图，三是结构层楼面标高与结构层高表。

细心的读者会发现，该图与图 3-17 所表达的是同一个工程的内容，但所用到的表达方式不同。

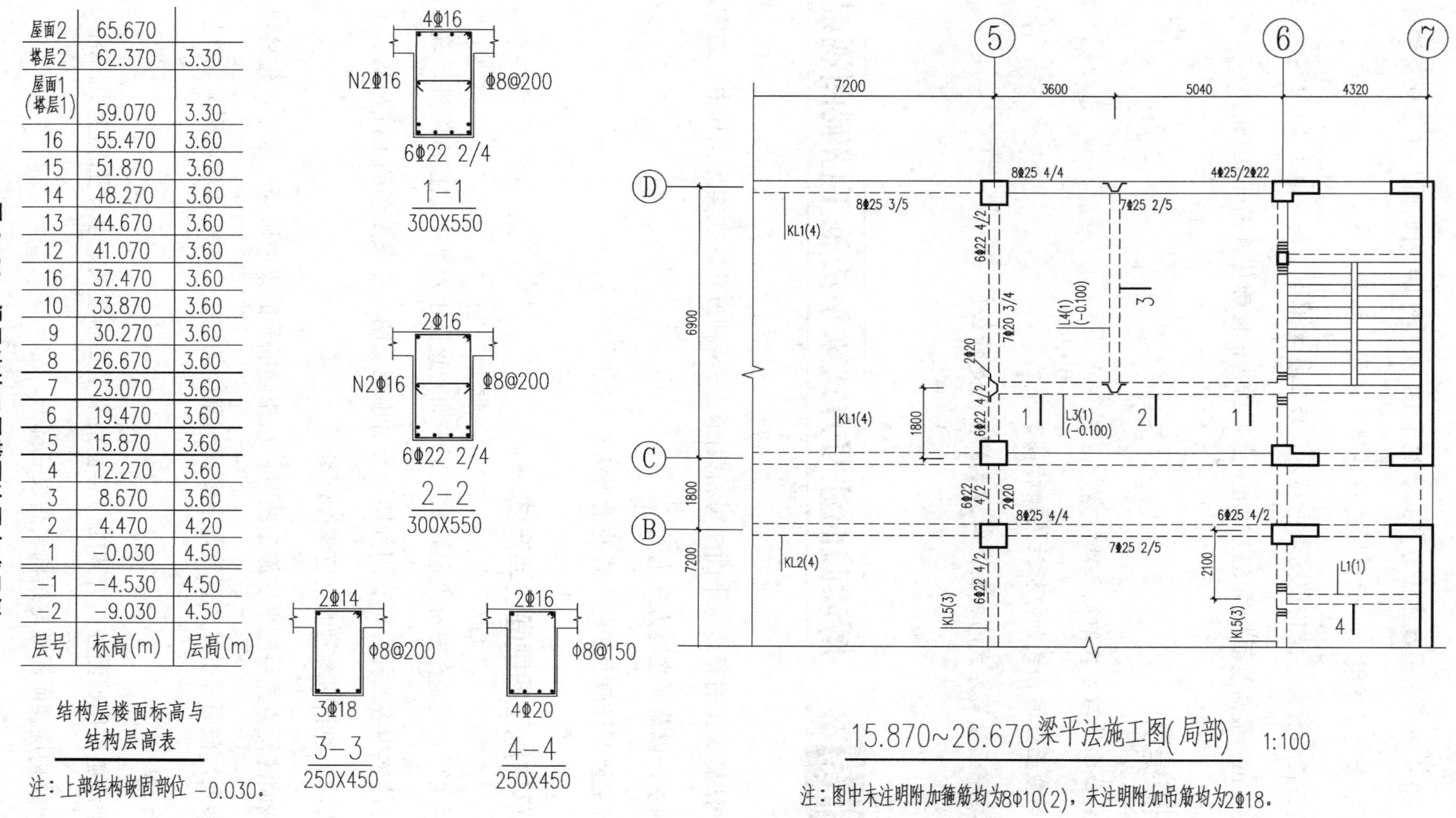


| 层号 | 标高(m) | 层高(m) |
| --- | --- | --- |
| 屋面2 | 65.670 | |
| 塔层2 | 62.370 | 3.30 |
| 屋面1(塔层1) | 59.070 | 3.30 |
| 16 | 55.470 | 3.60 |
| 15 | 51.870 | 3.60 |
| 14 | 48.270 | 3.60 |
| 13 | 44.670 | 3.60 |
| 12 | 41.070 | 3.60 |
| 16 | 37.470 | 3.60 |
| 10 | 33.870 | 3.60 |
| 9 | 30.270 | 3.60 |
| 8 | 26.670 | 3.60 |
| 7 | 23.070 | 3.60 |
| 6 | 19.470 | 3.60 |
| 5 | 15.870 | 3.60 |
| 4 | 12.270 | 3.60 |
| 3 | 8.670 | 3.60 |
| 2 | 4.470 | 4.20 |
| 1 | -0.030 | 4.50 |
| -1 | -4.530 | 4.50 |
| -2 | -9.030 | 4.50 |

图 3-20　梁平法施工图截面注写方式示例

图3-20中主要采用截面注写方式表达了L1、L3和L4的截面尺寸与配筋情况，平面图上则清晰地表达了梁编号、梁顶标高及各梁与轴线的相互关系。

结构层楼面标高与结构层高表中显示，该工程为地下2层，地上16层建筑，主体屋面标高59.070m，最高屋面标高65.670m。上部结构嵌固部位标高-0.030m。

### 知识点提示

1. 梁截面注写方式的定义是什么？
2. 梁截面注写方式如何标注梁顶标高？
3. 梁平面注写方式与截面注写方式的区别是什么？

## 任务3 解读截面注写方式梁平法施工图制图规则

梁平法施工图的表达有平面注写和截面注写两种方式。在实际工程中，通常以平面注写方式为主，以截面注写方式为辅。

本节主要解读截面注写方式的梁平法施工图制图规则。

### 一、梁平法施工图截面注写方式

截面注写方式是在分标准层绘制的梁平面布置图上对所有梁按规定进行编号，分别在不同编号的梁中各选择一根梁用剖切符号引出配筋图，并在配筋图上注写截面尺寸和配筋具体数值，其他相同编号的梁仅需标注编号。

用截面注写方式绘制平法施工图时，从相同编号的梁中选择一根梁，先将单边截面号画在该梁上，截面号引线位置就是需要绘制截面的位置，再将相应截面配筋详图画在本图或其他图上。

梁平法施工图截面注写方式的内容包括梁平面布置图、从平面图上引出的梁截面钢筋排布图和结构层楼面标高与结构层高表三部分。

梁平面布置图应分别按梁的不同结构层将全部梁和与其相关联的柱、墙、板一起采用适当的比例绘制。梁平面布置图的内容包括轴线网、梁的投影轮廓线等，二者的表达方式与传统常规表示方法基本相同。

结构层楼面标高与结构层高表部分与平面注写方式的要求相同，详见任务 2 的介绍。

### 1. 截面注写方式梁平法施工图

梁的截面注写方式与平面注写方式大同小异，梁的编号、截面尺寸和各种数字符号的含义均相同。只是平面注写方式中的集中标注内容在截面注写方式中改用截面图表示。

当某梁的顶面标高与结构层的楼面标高不同时，尚应在其梁编号后的括号内注写梁顶面标高高差，注写方式与平面注写方式相同，但注写位置不同。

截面注写方式既可以单独使用，也可以与平面注写方式结合使用。当表达异形截面梁的尺寸与配筋时，用截面注写方式相对比较方便。

截面图的绘制方法与常规图纸的画法一致，我们将在任务 6 专门讨论梁截面配筋图绘制方法及步骤。

### 2. 识读截面注写方式梁平法施工图

图 3-20 所示为梁平法施工图截面注写方式示例。

L3（1）左、右支座均为 1-1 截面，跨中为 2-2 截面。

解读：等截面梁尺寸为 300mm × 550mm；下部通长筋为 6⌀22 2/4，上部通长筋为 2⌀16，左、右支座筋为 4⌀16（可判断此处非通长筋为 2⌀16），箍筋为 Φ8@200（2），侧面中部筋为 N2⌀16，拉筋未标注（默认按构造要求设置）；梁顶标高高差（−0.100），在平面图中的梁编号后面标注。

L4（1）跨中为 3-3 截面。全跨配筋相同（无侧面构造钢筋和拉筋）。

解读：等截面梁尺寸为 250mm × 450mm；下部通长筋为 3⌀18，上部通长筋为 2⌀14，箍筋为 Φ8@200（2）；梁顶标高高差（−0.100）。

L1（1）跨中为 4-4 截面。全跨配筋相同。

解读：等截面梁尺寸为 250mm × 450mm；下部通长筋为 4⌀20，上部通长筋为 2⌀16，箍筋为 Φ8@150（2）。

平面图上已明确标注在主、次梁交接处设置附加箍筋和附加吊筋，与平面注写方式相同。例如，在⑤轴 KL5 上设置 1 处附加吊筋 2⌀20，有两处设置的附加吊筋未标注配筋值；

在⑥轴 KL5 上有 3 处附加箍筋示意，但未标注具体配筋值。在图名下面有“注：图中未注明附加箍筋均为 8Φ10（2），未注明附加吊筋均为 2Φ18。附加箍筋间距默认为 50mm。

图 3-21 所示为框架梁 KL2 的平法施工图截面注写方式示例，完整的图纸还应包括结构层楼面标高与结构层高表。

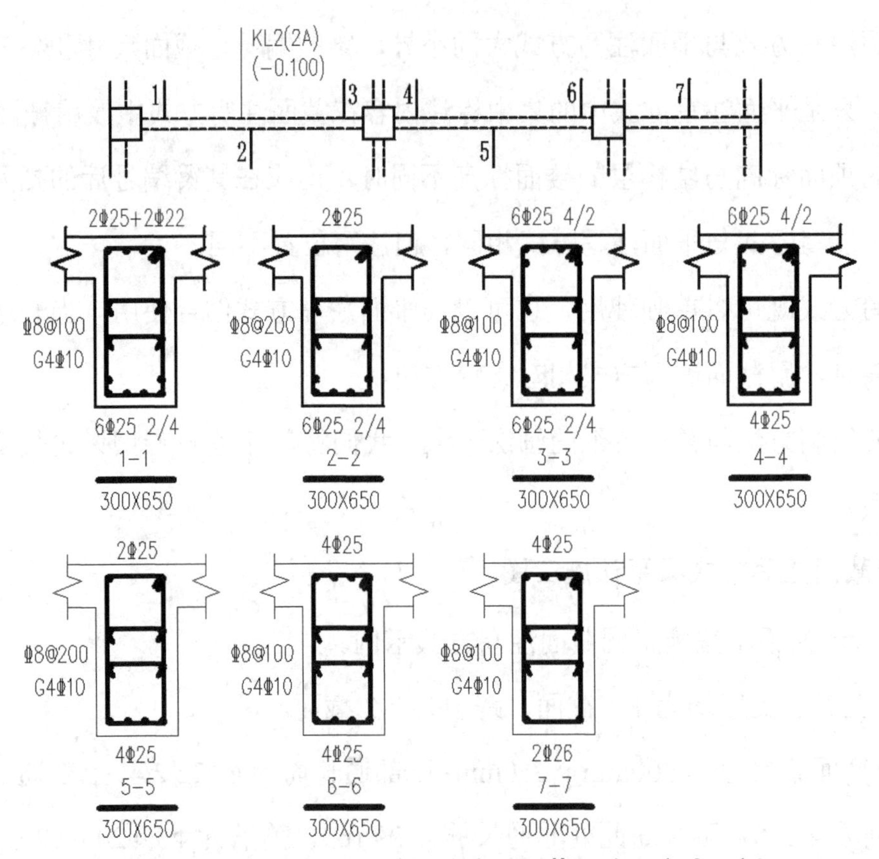

**图 3-21　框架梁 KL2 的平法施工图截面注写方式示例**

解读：

KL2（2A），共 2 跨，一端悬挑，在平面布置图上全梁共指定了 7 个截面位置，另有 7 个截面钢筋排布图与之对应。在梁编号后面的括号内，标明了梁顶面标高与本层楼面标高之间的高差为（−0.100），即低 0.100m。

梁的上部通长筋、下部通长筋、中间支座非通长筋、箍筋加密区与非加密区的间距，以及梁侧构造腰筋与拉筋等均被准确无误地表达出来。

细心地读者会发现，图 3-21 与图 3-18（a）所示是采用两种不同的注写方式表达的同一根梁，梁的截面尺寸和配筋值完全相同。

从以上两例来看，我们发现，平面注写方式与截面注写方式只是采用了不同的表达方式而已，所表达的内容完全一致。至于采用哪种注写方式，完全决定于结构设计工程师。

当为矩形梁截面时，多以平面注写方式为主，异型梁截面则以截面注写方式更方便。

## 二、结构层楼面标高与结构层高表

结构层楼面标高与结构层高表部分与平面注写方式的内容相同。

关于楼层“层高”和“层号”的规定也完全一致。

# 任务 4 识读梁平法标准构造详图

框架梁的主要类型为楼层框架梁 KL 和屋面框架梁 WKL，除非框架梁 L、悬挑梁 XL 和井字梁 JZL 外，均应采用抗震构造措施。

## 一、框架梁平法标准配筋构造

框架结构是实际工程中常用的结构体系之一。

框架柱是框架梁的支座，在梁柱节点处，节点是柱子的一部分，我们定义柱子是节点的本体构件，而梁是节点的关联构件，换句话说，就是柱子是支座，梁是构件。梁的纵向钢筋在柱内必须有足够的锚固长度，才能保证节点的安全。由于变形钢筋受出厂标准长度的限制，梁的通长纵筋常常还需要采用绑扎搭接、机械连接或焊接的方式进行连接。

### 1. 楼层框架梁 KL 纵筋标准配筋构造

现行混凝土规范规定：框架梁顶面和底面都应有规定数量的通长钢筋。在框架梁的平法标准构造中，将梁的上部纵筋分成通长筋（又称为贯通筋）和非通长筋（又称为非贯通筋），划分的依据也正在于此。可见，上部通长筋是为满足抗震设计的构造要求而设置的，非抗震设计的梁是否设置通长筋由结构设计师确定。

图 3-22 所示为抗震楼层框架梁 KL 纵筋标准配筋构造图。

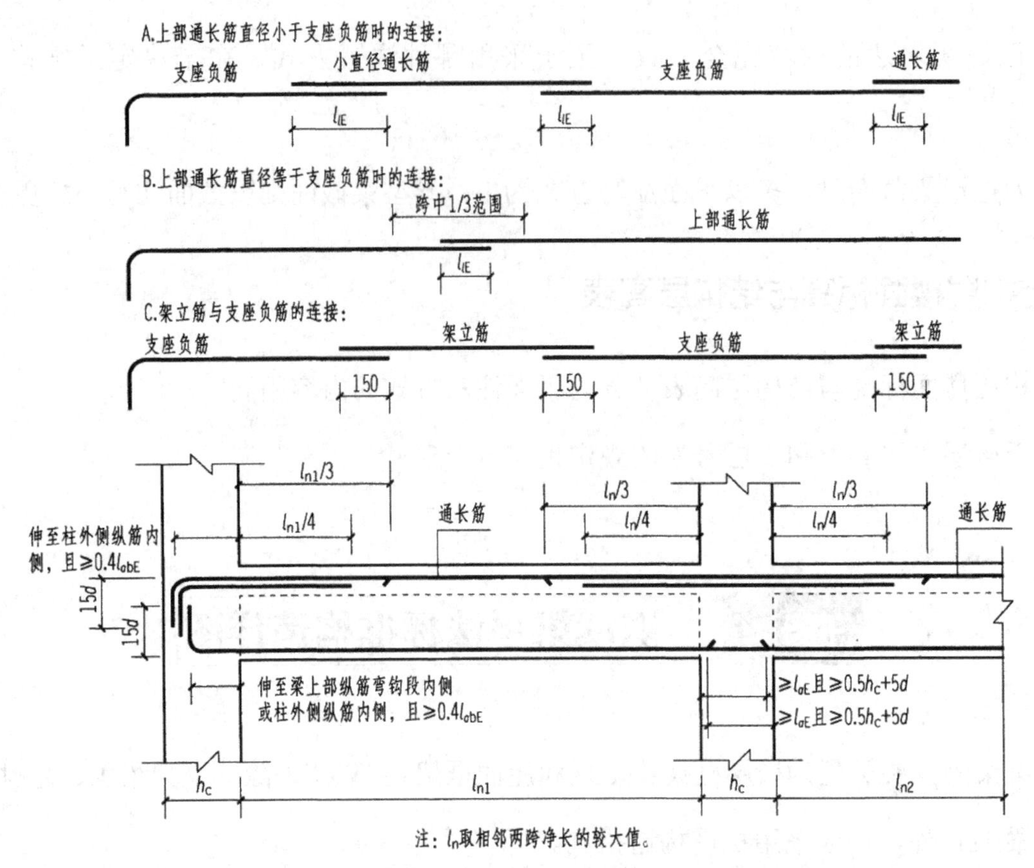


图 3-22　抗震楼层框架梁 KL 纵筋标准配筋构造图

（1）图 3-22 中的跨度值 $l_n$ 为左跨 $l_{ni}$ 和右跨 $l_{n(i+1)}$ 中的较大值，其中，$i$=1, 2, 3… $h_c$ 为柱截面沿框架方向的尺寸，注意此处的 $h_c$ 为梁支座宽度，与柱计算非连接区范围的 $h_c$ 的含义不同。

（2）本图适用于梁的各跨截面尺寸相同，中间支座上方左右纵筋的配置也相同的情况，当中间支座左右两跨的梁高或梁宽不同时，参照相关构造详图。

（3）为方便施工，对于梁支座上部非通长筋在跨内截断点的位置，在平法标准构造详图中统一取值为：

第一排非通长筋从柱（支座）边起向跨内延伸至 $l_n$/3 位置截断。

第二排非通长筋从柱（支座）边起向跨内延伸至 $l_n$/4 位置截断。

当梁上部设有第三排钢筋时，其截断位置应由设计者注明。

$l_n$ 的取值规定为：

对于端支座，$l_n$ 为本跨的净跨值；对于中间支座，$l_n$ 为支座两边较大一跨的净跨值。

（4）梁上、下部纵筋在端支座处的锚固构造形式有弯锚、直锚和加锚头（锚板）三种形式。

① 当“$h_c$-梁端部构造≥$l_{aE}$”时，可选择图 3-23（a）所示的端支座直锚构造。

要求直锚长度≥$l_{aE}$，且≥$0.5h_c+5d$。当 $h_c$ 较宽时，上、下部纵筋在端支座内的直线锚固长度取 $l_{aE}$ 和 $0.5h_c+5d$ 中的较大值即可，不需要伸至柱外侧纵筋内侧。

② 当“$h_c$-梁端部构造<$l_{aE}$”时，可选择图 3-23（b）所示的端支座弯锚构造。

要求上、下部纵筋均伸至柱外侧纵筋内侧进行 90° 弯折，弯折水平段的投影长度应≥$0.4l_{abE}$，弯折垂直段的投影长度取 $15d$。

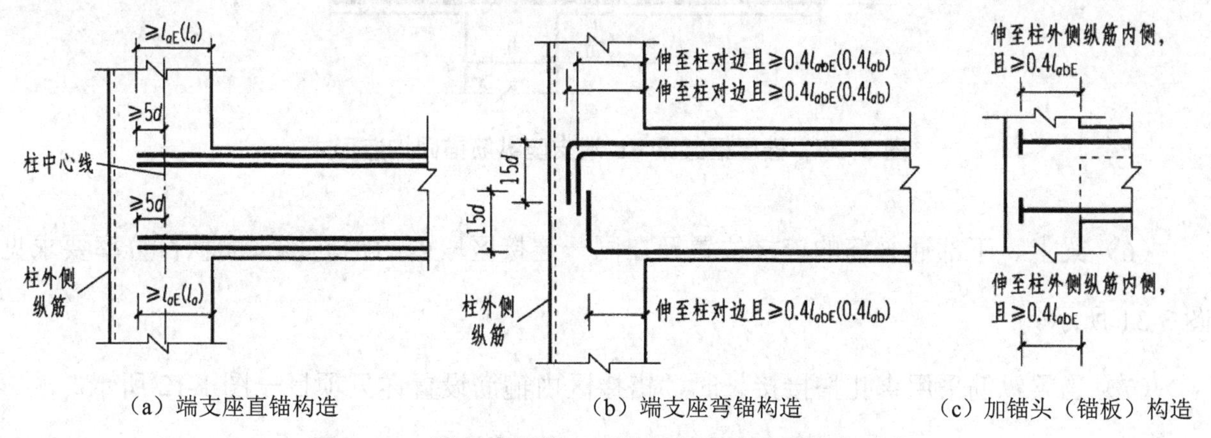

（a）端支座直锚构造　（b）端支座弯锚构造　（c）加锚头（锚板）构造

**图 3-23　楼层框架梁 KL 端支座纵筋锚固构造形式**

其中，弯折水平段的投影长度≥$0.4l_{abE}$ 的要求为验算条件，必须满足，若实际情况不满足，应及时找设计师沟通，由设计师提出解决办法。但这一条件仅用来验算是否满足规范要求，而不应作为水平段投影长度的取值标准。

采用弯锚构造时，梁上部和下部纵筋竖向弯折段之间的净距宜≥25mm。

③ 当“$h_c$-梁端部构造<$l_{aE}$”时，还可选择图 3-23（c）所示的加锚头（锚板）构造。

要求上、下部纵筋均应伸至柱外侧纵筋内侧，且水平段的投影长度≥$0.4l_{abE}$。

### 特别提示

关于“梁端部构造”（$c_z+d_g+d_z+25$）的讨论内容，详见任务 5。

（5）梁下部纵筋在中间支座处的锚固应尽量采用直锚构造，要求直锚长度≥$l_{aE}$，且≥$0.5h_c+5d$，如图 3-22 所示。

① 下部纵筋应首先考虑按跨锚固，即将钢筋分别锚固到每一跨两端的柱支座内。

② 当中间柱节点两侧的钢筋牌号、直径均相同时，可以选择钢筋连通设置构造。

③ 当中间层中间节点两侧相邻跨的下部钢筋不能在柱内锚固时，可贯穿中间节点而在节点外采用绑扎搭接、机械连接或焊接方式连接。当相邻跨的钢筋直径不同时，连接位置应位于较小钢筋直径的跨内，如图 3-24 所示。

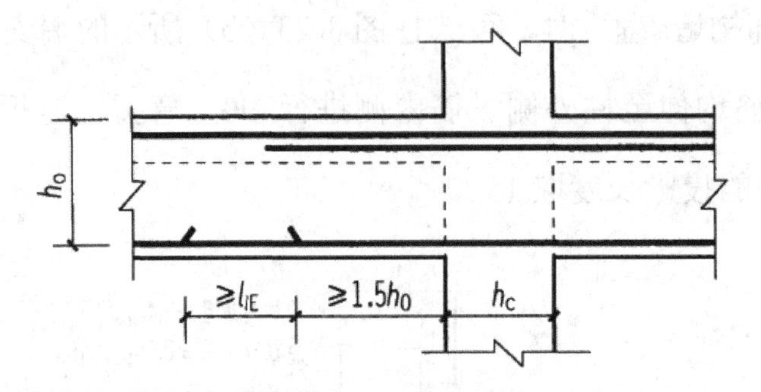


图 3–24　楼层框架梁 KL 端支座纵筋锚固构造形式

（6）梁上、下部通长筋的连接位置及在同一连接区段内的钢筋接头面积百分率要求见图 3-31 所示。

（7）当梁纵筋采用绑扎搭接接长时，搭接区内箍筋设置详见项目一图 1-12 所示。

（8）上部通长筋的直径根据计算需要设置，可以和支座筋相同，也可以不同。上部通长筋的设计，从理论上可以有 4 种情况，如图 3-25 所示。这 4 种情况对非框架梁也适用。

解读如下：

① 上部通长筋的直径等于支座负弯矩钢筋直径的情况示例，如图 3-25（a）中的矩形框内钢筋；ⲫ22 的通长筋和支座负筋 ⲫ22 的直径相同。要求通长钢筋按图 3-22 中的 B 构造连接，这种情况最常见。

② 上部通长筋直径小于支座负弯矩钢筋直径的情况示例，如图 3-25（b）中的矩形框内钢筋；ⲫ16 的通长筋和支座负筋 ⲫ20 的直径不同。要求按图 3-22 中的 A 构造处理，且按 100%接头面积百分率计算搭接长度，这种情况比较少见。

③ 上部通长筋全部为架立筋的情况示例，如图 3-25（c）中的矩形框内钢筋；梁上部全部为架立筋 ⲫ12，其与支座负筋 ⲫ16、ⲫ18 的直径也不同。表示非框架梁 L1 中设置的架立筋 2ⲫ12 分别与两端支座非贯通纵筋 ⲫ16、ⲫ18 搭接连接。按图 3-22 中的 C 构造处理，

且架立筋和非贯通纵筋的搭接长度取 150mm。需要特别注意的是，这种情况在现行混凝土规范中已不允许采用。

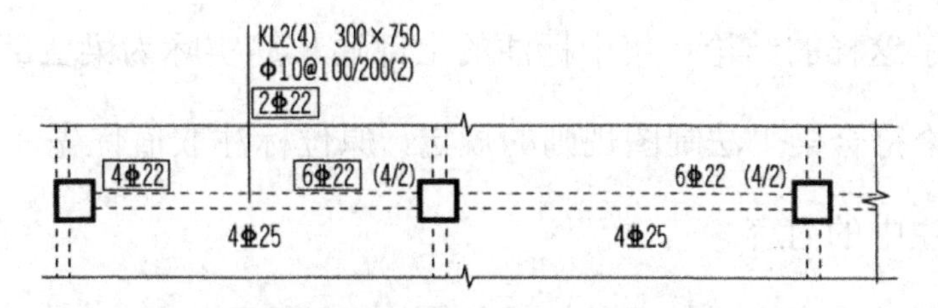


（a）通长筋与支座负筋直径相同时的注写示例

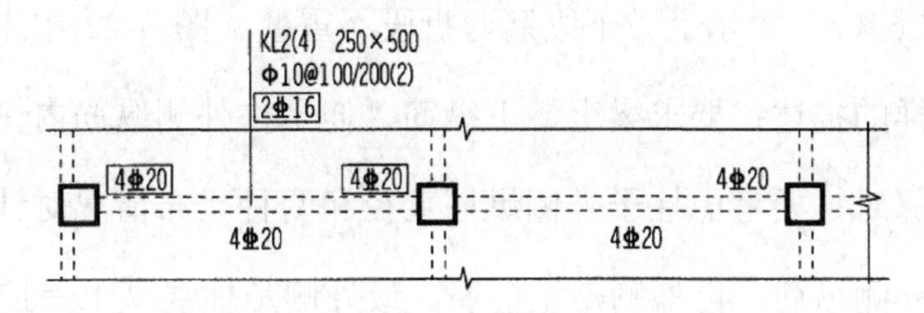


（b）通长筋直径小于支座负筋直径时的注写示例

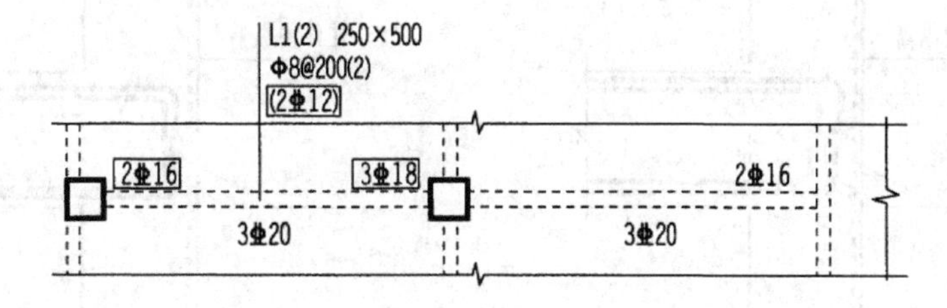


（c）通长筋全部为架立筋时的注写示例

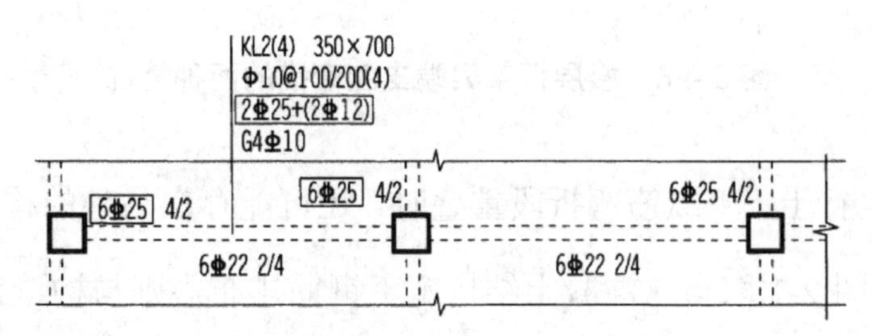


（d）通长筋与架立筋并存时的注写示例

**图 3-25　通长筋与支座负筋直径变化时的注写示例**

④ 上部通长钢筋与架立筋并存的情况示例，如图 3-25（d）中的矩形框内钢筋，表示梁中支座负筋为 Φ25 的钢筋，其中，2Φ25 为通长筋的设置；因箍筋为四肢箍，所以需要在跨中上部设置 2Φ12 的架立筋与支座非贯通纵筋搭接；2Φ25 的通长筋按图 3-22 中的 B 构造处理，2Φ12 的架立筋按图 3-22 中的 C 构造处理。当梁的箍筋为四肢箍及以上时，这种情况比较常见。

图 3-25 是上部通长筋直径与支座负筋直径不同或相同时的四种设计情况。通过仔细观察其集中标注的第四项（上部通长筋）和本跨原位标注的梁左、右支座上部全部纵筋之间的关系，笔者得出了这样的结论：集中标注的上部通长筋实际为梁上部跨中 $l_{ni}/3$ 范围内的纵筋数值。这个结论符合梁平法制图规则的规定，原位标注取值优先，当没有原位标注时，则应该采用集中标注中的内容。

（9）楼层框架梁端支座弯锚的两种情况如图 3-26 所示。图 3-26（a）表示上、下纵筋弯折段重叠，图 3-26（b）表示上、下纵筋弯折段不重叠。图 3-22 中未画出柱子纵筋，但文字说明当中有这样的描述：要求梁上、下纵筋“伸至柱外侧纵筋内侧”。所以在后面讲解梁纵筋的长度计算时，要考虑柱子外侧纵筋直径和两种排布情况对计算结果的影响。图中纵向虚线表示柱外侧纵筋，再外侧是柱箍筋，最外侧是柱混凝土保护层厚度。

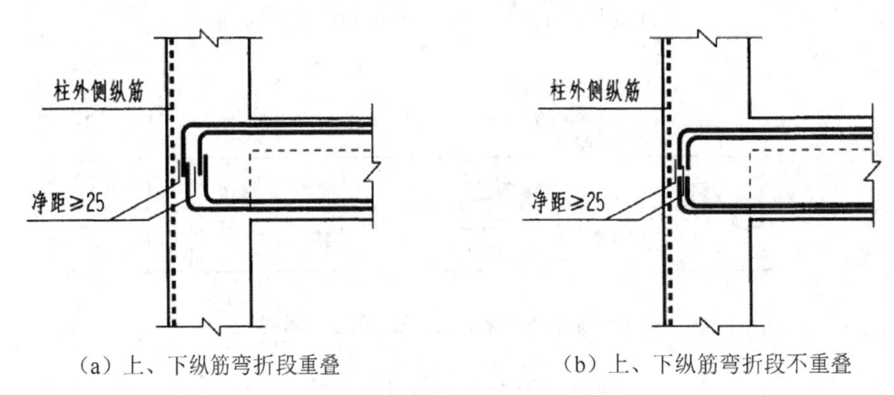


（a）上、下纵筋弯折段重叠　　（b）上、下纵筋弯折段不重叠

**图 3–26　楼层框架梁端支座弯锚的两种情况**

在工程实践中执行上、下纵筋弯折段重叠时，还可能存在另外的构造，见项目二图 2-1（c）和图 2-1（d）。图 2-1 取自《混凝土结构施工钢筋排布规则与构造详图》（G901–1）中的相关内容。可见工地上钢筋下料长度的计算结果不是唯一的确定值，而与选用哪种钢筋排布构造有关。可行的钢筋排布方案可能不止一种，这样计算钢筋设计长度和下料长度时就需要指明所采用的是哪一种钢筋排布构造。工程实践中的问题复杂多样，单靠 22G101 图集上的节点构造来解决工程实践中的钢筋翻样和安装绑扎是有难度的，这就需要借助 G901 图集了，关于二者之间的关系，详见项目一任务 1。

因为钢筋构造的复杂多样性，在讲解钢筋长度的计算时，都会有特定的排布构造与之相对应。如果选择了不同的排布方案，答案也是不同的。

### 2. 屋面框架梁 WKL 纵筋标准配筋构造

屋面框架梁 WKL 纵筋标准配筋构造如图 3-27 所示。

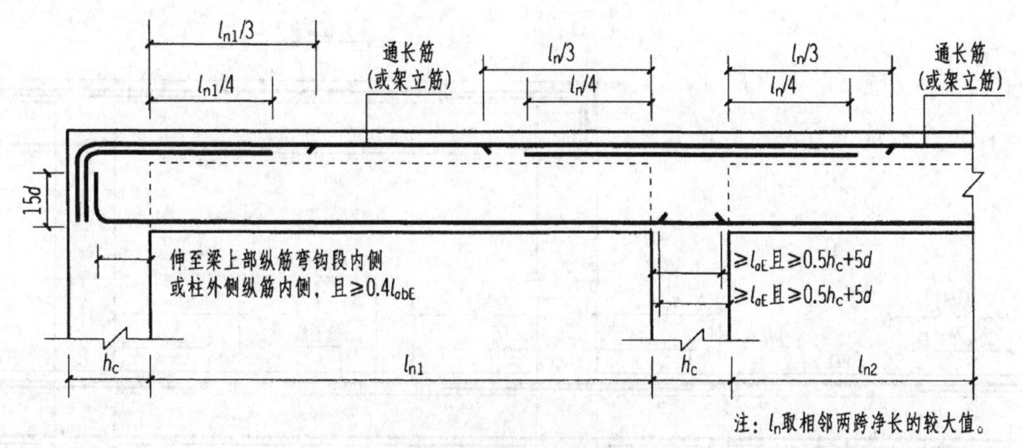


屋面框架梁纵向钢筋构造

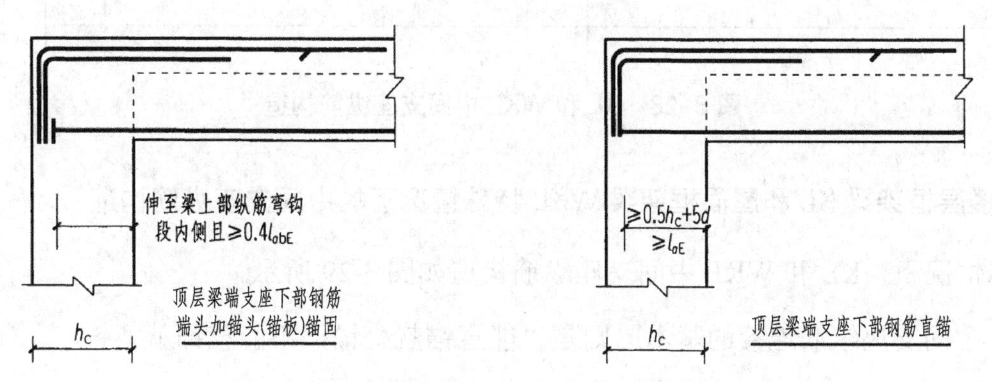


顶层梁端支座下部钢筋端头加锚头(锚板)锚固　　顶层梁端支座下部钢筋直锚

图 3–27　屋面框架梁 WKL 纵筋标准配筋构造

识读时，要与抗震楼层框架梁 KL 纵筋标准配筋构造图 3-22 对比学习，找到两者间的区别。对构造相同处加深理解，对不同之处重点记忆和掌握。

图 3-27 和图 3-22 除了端支座上部钢筋的构造不同，其他部位的构造均相同，相同之处不再赘述。

（1）顶层端支座梁上部纵筋不能采用直锚的形式，也不能采用加锚头（锚板）锚固的形式，只能采用弯锚的形式。

（2）顶层端支座梁下部纵筋与图 3-22 基本相同，可采用直锚、弯锚或加锚头（锚板）的锚固形式，详见图 3-23 所示。

### 3. 局部带屋面框架梁 KL 纵向钢筋构造

楼层框架梁局部为屋面时，仍为楼层框架梁，代号为 KL，如图 3-28 所示。

屋面部位梁跨应原位标注 WKL，KL 和 WKL 纵筋标准配筋构造应满足图 3-22～图 3-27 所示要求。

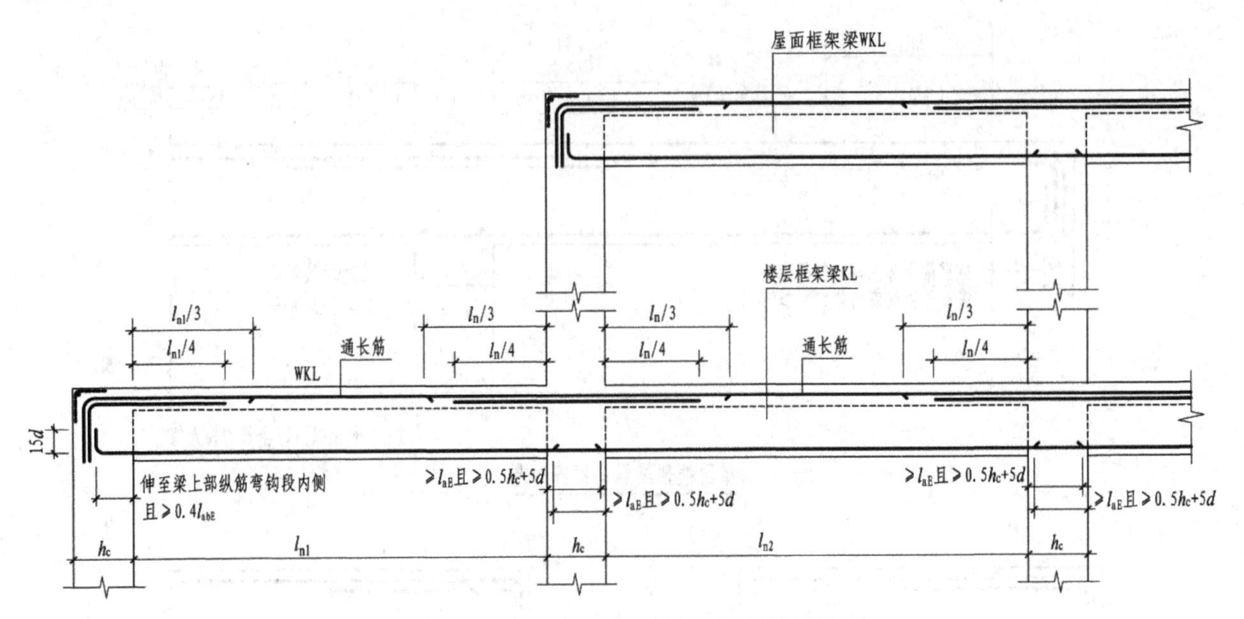


图 3-28　KL 和 WKL 中间支座纵筋构造

4. 楼层框架梁 KL 和屋面框架梁 WKL 特殊情况下的中间支座纵筋构造

特殊情况下，KL 和 WKL 中间支座纵筋构造如图 3-29 所示。

（1）中间支座纵筋连接的基本原则是“能直锚就直锚，不能直锚就弯锚”。①、②、③、④、⑥节点即按此要求执行，图中已注明相关的构造要求。

（2）②、③节点上部不能直通的纵筋只能选择弯锚构造，弯锚满足的条件可参考图中的标注。注意②、③节点上部纵筋弯锚时的锚固起始位置及锚固长度与其他节点有异，且此筋不可直锚。请读者自行分析为什么会出现这种情况？

（3）当⑤节点的$\Delta_h/(h_c-50)\leqslant1/6$时，可将纵筋弯折，连续布置。

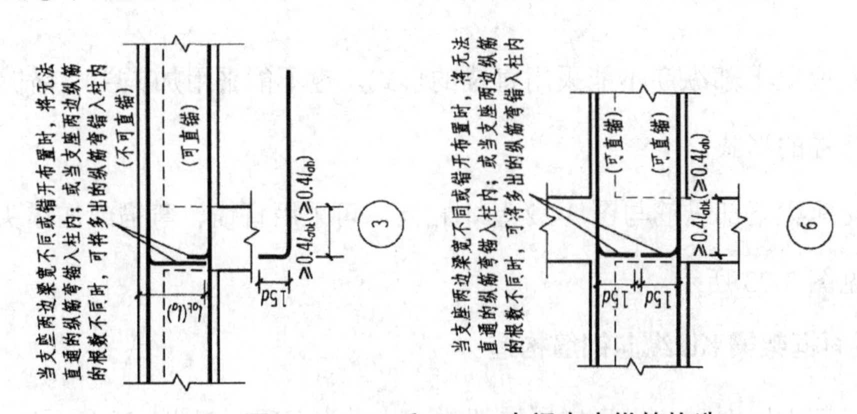


图 3-29　KL 和 WKL 中间支座纵筋构造

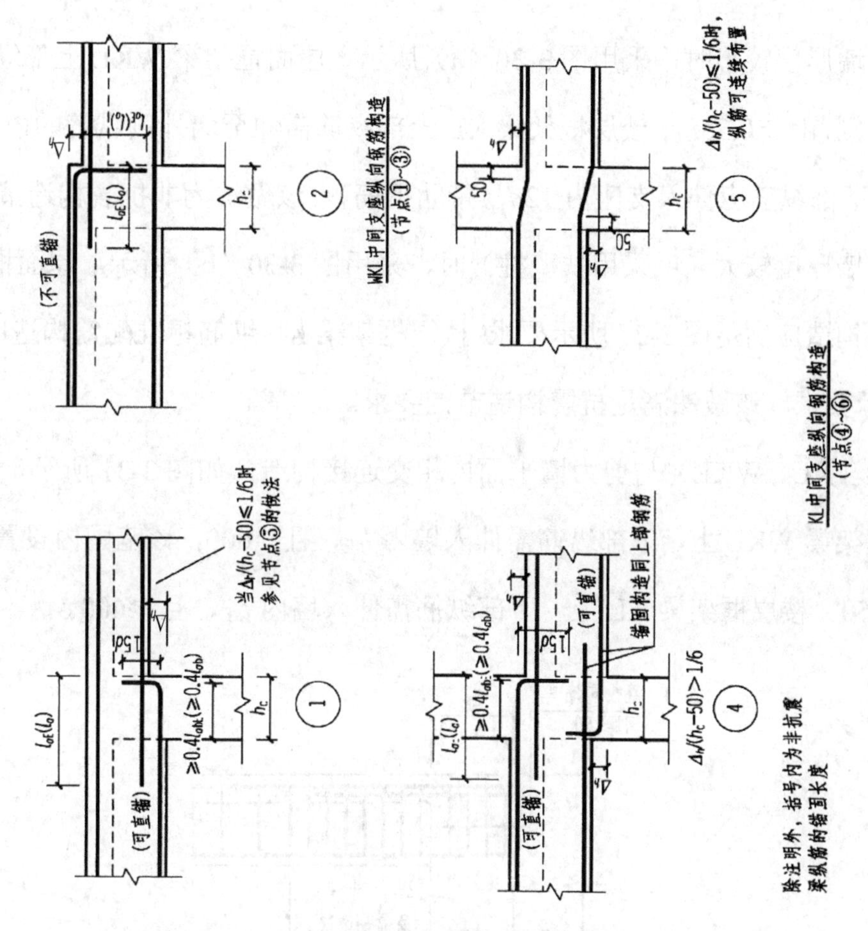


图 3–29 KL 和 WKL 中间支座纵筋构造（续）

### 5. 框架梁与剪力墙平面外、平面内连接构造

框架梁（KL、WKL）与剪力墙平面外连接构造，如图 3-30 所示。二种构造做法由设计指定。

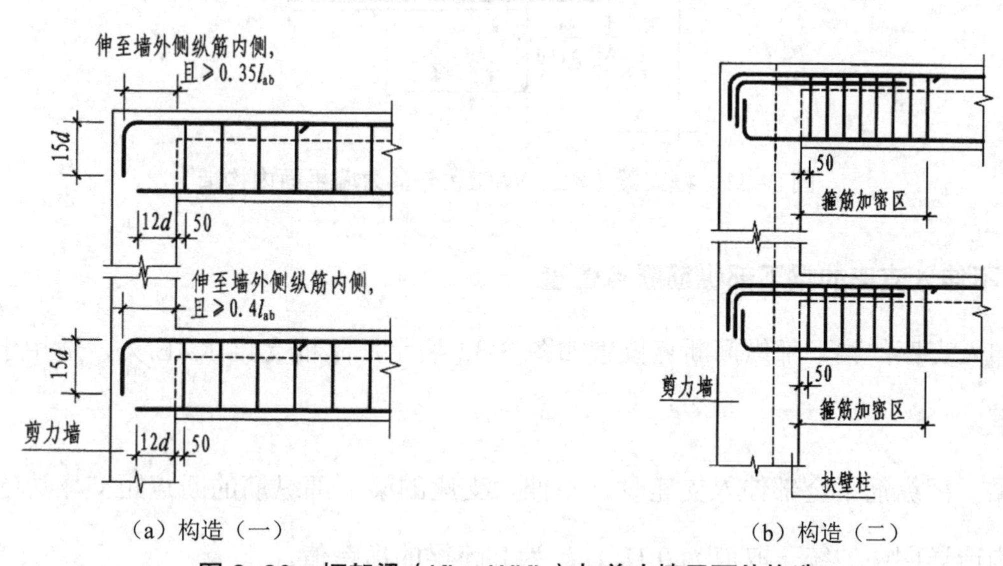


（a）构造（一） （b）构造（二）

图 3–30 框架梁（KL、WKL）与剪力墙平面外构造

当剪力墙厚度较小时，采用图 3-30（a）所示。屋面框架梁 WKL 上部纵筋需伸至墙外侧纵筋的内侧，且≥$0.35l_{ab}$；楼层框架梁 KL 上部纵筋需伸至墙外侧纵筋的内侧，且≥$0.4l_{ab}$。WKL、KL 下部纵筋应伸入支座内 $12d$（带肋钢筋）。该做法为非抗震构造节点做法。

当剪力墙厚度较大（或采用扶壁柱）时，采用图 3-30（b）所示。屋面框架梁 WKL 纵筋标准配筋构造应满足图 3-27 所示要求；楼层框架梁 KL 纵筋标准配筋构造应满足图 3-22~图 3-26 所示要求。该做法满足抗震构造节点要求。

框架梁（KL、WKL）与剪力墙平面内相交连接构造，如图 3-31 所示。

屋面框架梁 WKL 上、下部纵筋需伸入墙内 $l_{aE}$，且≥600，该范围内设置箍筋直径同跨中，间距 150。楼层框架梁 KL 上、下部纵筋需伸入墙内 $l_{aE}$，且≥600。

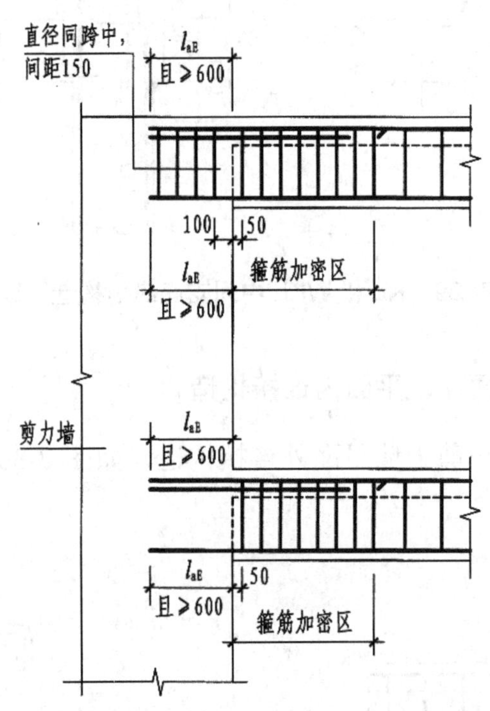


图 3-31　框架梁（KL、WKL）与剪力墙平面内构造

## 6. 不伸入支座的梁下部纵筋断点位置

不伸入支座的梁下部纵筋断点位置如图 3-32 所示，除框支梁 KZL 外，适用于其他各类平法梁。

当梁下部纵筋不全部伸入支座时，不伸入支座的梁下部纵筋的断点距支座边缘的距离在标准构造详图中的统一取值为 $0.1l_{ni}$，$l_{ni}$ 为某跨梁的净跨值。

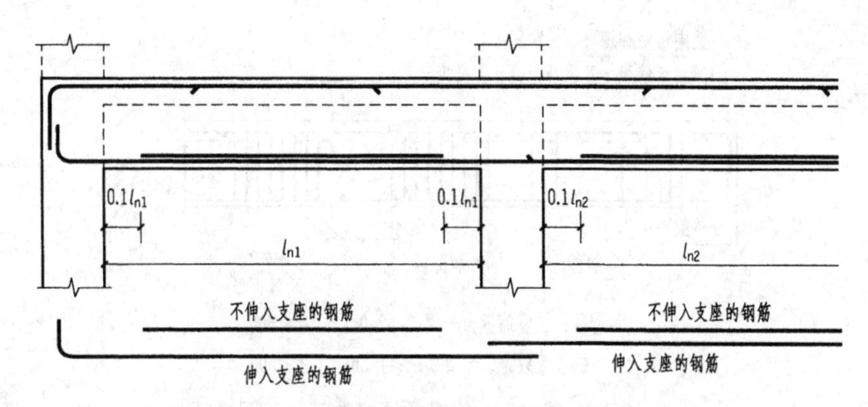


**图 3-32 不伸入支座的梁下部纵筋断点位置**

不伸入支座的梁下部纵筋只能选择上排，最下排是不允许在跨内截断的（见例 3-13）。

**7. 楼层框架梁 KL 和屋面框架梁 WKL 箍筋加密区构造**

框架结构的抗震构件（梁和柱）箍筋均有加密区和非加密区之分，非框架梁一般不设箍筋加密区。箍筋加密区是框架梁和框架柱的抗震构造措施。

楼层框架梁 KL 和屋面框架梁 WKL 的箍筋加密区范围如图 3-33 所示。

（1）箍筋加密区范围在每跨梁的两端，加密区的数值规定：

一级抗震等级为≥2.0$h_b$，且≥500mm；

二～四级抗震等级为≥1.5$h_b$，且≥500mm。

（2）梁内第一道箍筋起步距离自柱（支座）边缘 50mm 处开始设置。

（3）图 3-33 中除了加密区，剩余范围为箍筋非加密区，非加密区的箍筋间距不宜大于加密区箍筋间距的 2 倍。加密区和非加密区的箍筋间距在图纸中应明确标注。

（4）图 3-33（b）左端梁支座处不考虑抗震，所以此端可不设箍筋加密区，梁端箍筋规格及数量由设计人员确定。

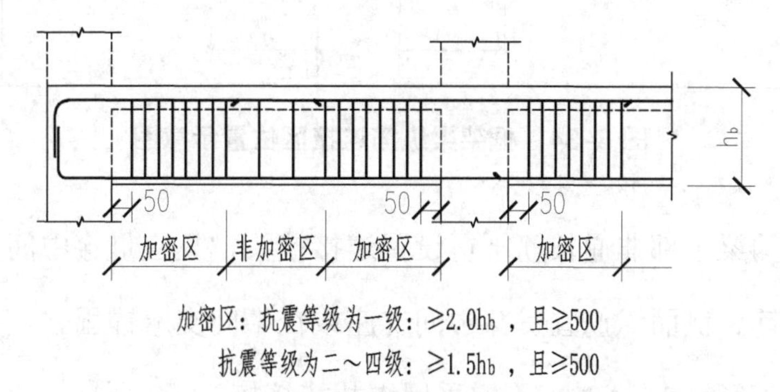


（a）两端支座为柱时的箍筋加密区范围

**图 3-33 楼层框架梁 KL、屋面框架梁 WKL 的箍筋加密区范围**

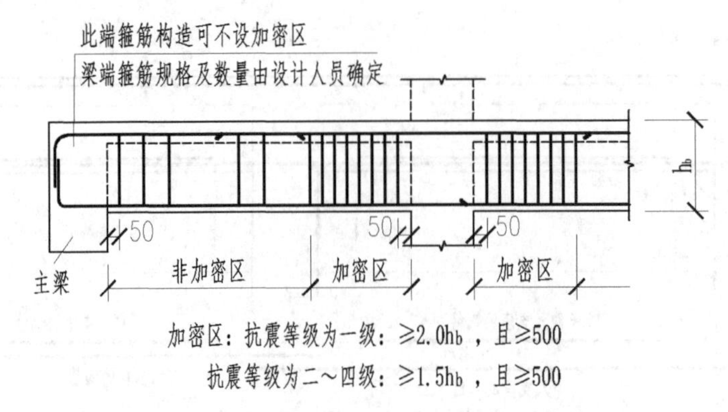


（b）尽端支座为梁时的箍筋加密区范围

**图 3–33　楼层框架梁 KL、屋面框架梁 WKL 的箍筋加密区范围（续）**

（5）弧形梁沿着中心线展开，箍筋间距沿凸面线度量。

**8．框架梁纵筋连接区范围**

框架梁纵筋连接区位置示意图如图 3-34 所示。

（1）框架梁上部设置的通长筋可在梁跨中的图示范围内连接。下部纵筋可在中间支座内锚固，也可在中间支座范围外连接；连接的起始点至中间支座边缘的距离不应小于 $1.5h_b$，且结束点距支座边缘的距离不宜大于 $l_{ni}/3$（用于非框架梁时为 $l_{ni}/4$）。上、下部纵筋在图示连接范围内钢筋连接接头的面积百分率不应大于 50%。

（2）梁的同一根纵筋在同一跨内设置的连接接头不得多于 1 个。

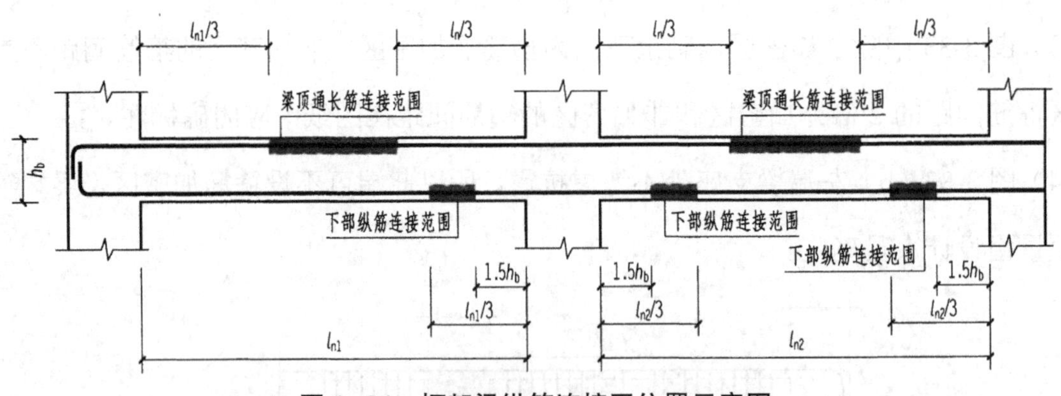


**图 3–34　框架梁纵筋连接区位置示意图**

（3）中间支座的梁上部非通长筋不得设置连接接头，且应贯穿中间支座。

（4）梁下部纵筋、侧面纵筋宜贯穿中间支座或在中间支座锚固。

（5）当梁纵筋直径>25mm 时，不宜采用绑扎搭接接头。

（6）在具体工程中，梁纵筋连接方式与位置应以设计要求为准。

上述内容同样适用于非框架梁。

9. **框架梁箍筋、拉筋沿梁的纵向排布构造**

框架梁箍筋、拉筋沿梁的纵向排布构造如图 3-35 所示。

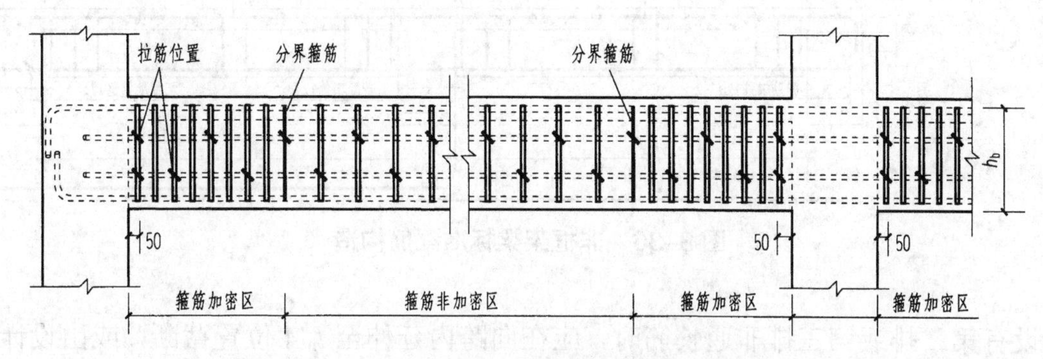


梁箍筋、拉筋沿梁纵向排布构造

**图 3-35 框架梁箍筋、拉筋沿梁的纵向排布构造**

（1）箍筋加密区长度包含第一道箍筋到支座边缘的起步距离 50mm。

（2）梁跨内第一排的第一道和最后一道拉筋分别设置在第一道和最后一道箍筋上，第二排错开布置，以此类推。

（3）拉筋要同时钩住腰筋和箍筋，间距在全跨范围内均为非加密区箍筋间距的 2 倍。

## 二、非框架梁 L 平法标准配筋构造

非框架梁平法标准配筋构造如图 3-36 所示。

（1）跨度值 $l_n$ 为左跨 $l_{ni}$ 和右跨 $l_{n(i+1)}$ 中的较大值，其中，$i$=1, 2, 3, ……

（2）图 3-33 适用于梁的各跨截面尺寸相同，中间支座上方左右纵筋的配置也相同的情况，不包括中间支座左右跨的梁高或梁宽不同等特殊情况。

（3）梁上部有通长筋时，连接位置宜位于跨中约 $l_{ni}/3$ 的范围内；梁下部通长筋的连接位置宜位于靠近支座 $l_{ni}/4$ 的范围内；且均要求在同一连接区段内的钢筋接头面积百分率不宜大于 50%，如图 3-34 所示。

（4）对于非框架梁支座上部非通长筋在跨内的截断点位置，其统一取值如下。

当设计按铰接时，上部非通长筋从主梁（支座）边起向跨内延伸到 $l_n/5$ 位置截断，一般无第二排。当设计充分利用钢筋的抗拉强度时，第一排非通长筋从主梁（支座）边起向

跨内延伸至 $l_n/3$ 位置截断。

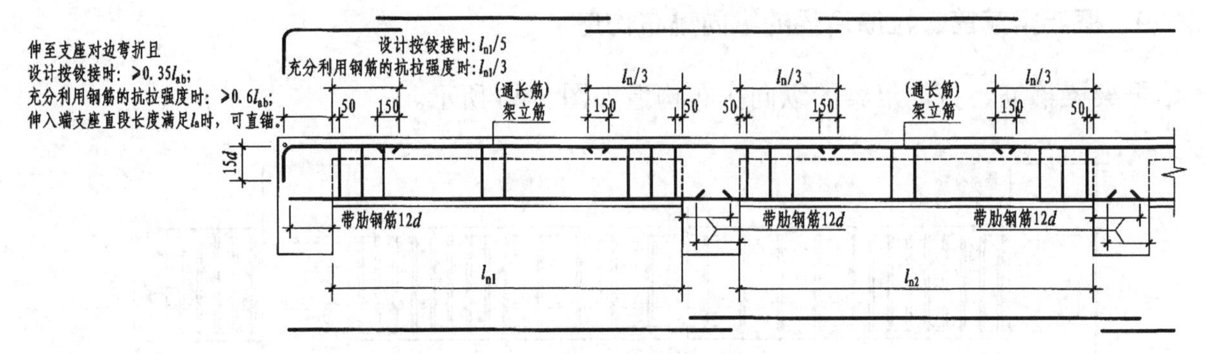


图 3-36　非框架梁标准配筋构造

当设有第二排或第三排非通长筋时，应在向跨内延伸至 $l_n/4$ 位置截断，或由设计注明。

$l_n$的取值规定与框架梁相同，见图 3-22 所示

（5）梁纵筋可采用绑扎搭接、机械连接或焊接三种连接方式之一进行连接。

（6）梁侧面构造筋的要求与框架梁 KL 相同，详见图 3-14。

（7）图 3-36 中的“设计按铰接时”用于代号为 L 的非框架梁，“充分利用钢筋的抗拉强度时”用于代号为 $L_g$ 的非框架梁。

（8）弧形非框架梁的箍筋间距沿梁凸面线度量。

对于端支座非框架梁下部纵筋伸入边支座，带肋钢筋水平段长度不满足直锚 12$d$ 要求时，应伸至支座对边弯折，在端部设置 135° 弯钩或 90° 弯折，如图 3-37 所示。

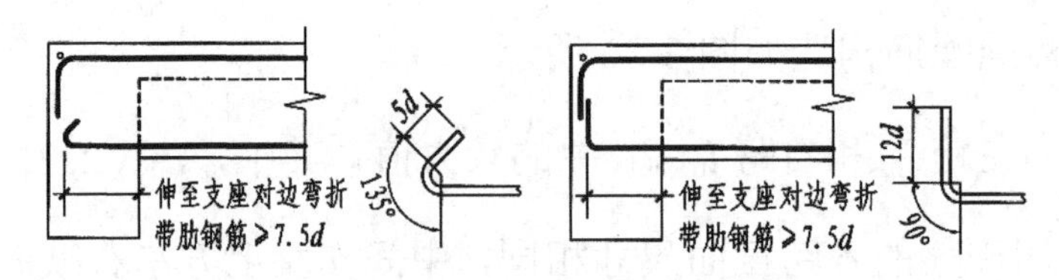


图 3-37　端支座非框架梁下部纵筋的弯锚构造

弯锚时，伸入边支座水平段的长度要求：带肋钢筋≥7.5$d$。此为规范要求，必须满足。

当框架梁两端支座不一致时，应根据实际支承情况，判断采用下述相应的构造做法。

支承于框架柱的梁端纵向钢筋锚固方式和构造做法同框架梁；

支承于各类梁的梁端纵向钢筋锚固方式和构造做法同非框架梁；

与剪力墙平面内、平面外相连时，框架梁端纵向钢筋锚固方式和构造做法见图 3-30 和图 3-31 所示。平面外连接的二种构造做法，应由设计指定。

## 三、悬挑梁平法标准配筋构造

在 22G101-1 图集“纯悬挑梁 XL 及各类梁的悬挑端配筋构造”中，将悬挑梁分为两大类。

一类是纯悬挑梁，用代号 XL 表示，如图 3-38 所示。

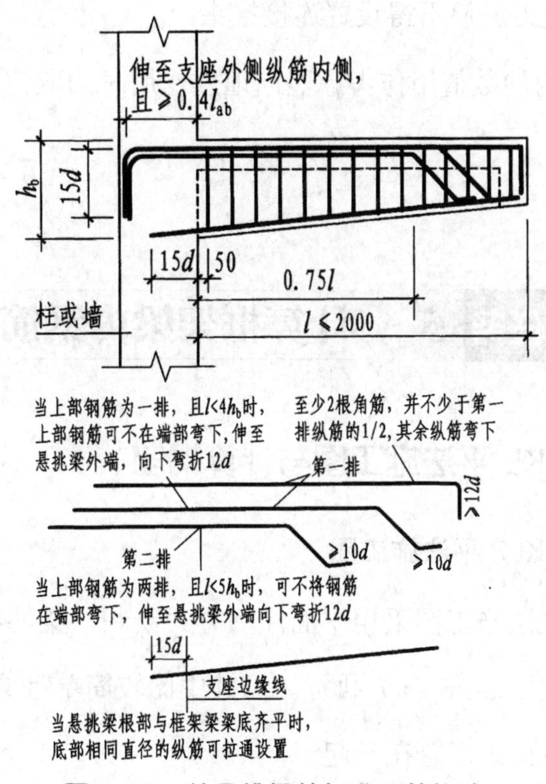


图 3-38　纯悬挑梁的标准配筋构造

另一类是各类梁的悬挑端，叫延伸悬挑梁，无专用代号，属于延伸主体梁的组成部分。

除延伸悬挑梁的受力筋锚固构造外，二类悬挑梁的构造特点和要求完全相同。

（1）一般不考虑抗震功能，当纯悬挑梁 XL 支座宽度 $h_c \geq l_a$ 时，可直锚；直锚条件不满足时可弯锚，弯折水平段要求伸至支座外侧纵筋内侧，且≥0.4$l_{ab}$，弯折垂直段取 15$d$。纯悬挑梁自支座边缘伸出长度 $l$ 宜≤2000mm。

（2）上部第一排纵筋中要求至少有 2 根角筋，且不少于第一排纵筋的二分之一，必须伸至悬挑梁端部，且有 90°弯折，弯折垂直段≥12$d$；其余钢筋可弯下，末端水平段锚固长度≥10$d$（悬挑梁下部属于受压区，当为受拉区时取 20$d$），其下弯点距悬挑端小边梁 50mm。

但当悬挑长度 $l<4h_b$ 时，第一排纵筋可全部伸至悬挑梁端部弯折，而不需要弯下。

当上部纵筋为两排，且 $l<5h_b$ 时，可不将第二排纵筋弯下，伸至悬挑梁外端向下弯折 12$d$。否则，应该将第二排纵筋在 3$l$/4 处为上弯点弯下，末端水平段的锚固长度≥10$d$。

弯下钢筋的角度统一按 45° 取值。

(3) 悬挑梁下部纵筋为架立筋（构造筋），规定不分钢筋的牌号，伸入支座内的长度均取 15*d*。当延伸悬挑梁根部与框架梁梁底齐平时，底部相同直径的纵筋可拉通设置。

(4) 悬挑梁的上部受力纵筋不得设置连接接头。

(5) 图 3-38 中括号内的数值用作考虑竖向地震作用时的取值，此时应由设计人员在图纸中明确注明。

# 任务 5 计算框架梁内钢筋

## 一、识读楼层框架梁 KL 平法施工图与计算钢筋

### 1. 识读楼层框架梁 KL2 平法施工图

某教学楼工程的梁平法施工图采用平面注写方式绘制，梁的纵筋连接采用焊接方式，端支座弯锚的钢筋排布按图 3-26（a）执行。以其中比较简单且典型的楼层框架梁 KL2 为例，将与其相关的信息找出来汇总在一起。

图 3-39 所示为 KL2 的平法施工图和工程信息汇总。通过识读 KL2 的平法施工图，试计算梁钢筋的设计长度，并绘制钢筋材料明细表。

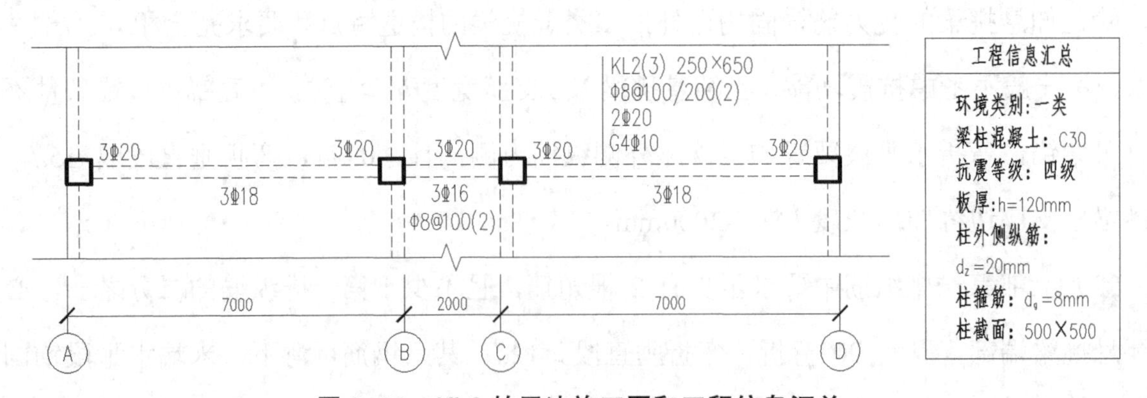


图 3-39 KL2 的平法施工图和工程信息汇总

KL2 集中标注：2 号楼层框架梁，共 3 跨；截面尺寸为 250mm×650mm；箍筋为 HPB300 级钢筋，直径为 8mm，箍筋加密区间距为 100mm，非加密区间距为 200mm，均为双肢箍；

上部通长筋为 HRB400 级，有 2 根，直径为 20mm；构造腰筋为 HRB400 级，直径为 10mm，两侧共 4 根。

KL2 原位标注：第一跨，轴线跨度为 7000mm，左支座钢筋为 3Φ20（包括通长筋 2Φ20，非通长筋 1Φ20）；右支座钢筋同左支座；下部跨中钢筋为 3Φ 18，通长设置。

第二跨，轴线跨度 2000mm，上部跨中钢筋为 3Φ20；下部跨中钢筋为 3Φ16，上、下部钢筋均为通长设置；箍筋改为 Φ8@100（2），只有一种间距，双肢箍。与集中标注不同。

第三跨，与第一跨左右对称，钢筋设置相同，不再赘述。

在本项目任务 4 识读图 3-25 时，得出过这样一个结论：集中标注的上部通长筋实际为梁上部跨中 $l_{ni}/3$ 范围内的纵筋数值。依据这个结论，我们将集中标注的第四项内容原位标注到梁上部跨中位置，这样在梁每跨的上部左、中、右都能看到原位标注的具体数值，梁上部的纵筋配置情况就一目了然了。

按照在梁平法施工图上指定的剖切位置绘制梁的截面配筋图。以此来加深对梁内钢筋的进一步了解，便于更深入地学习。

在图 3-40 中，将集中标注的第四项上部通长筋 2Φ20 原位注写到两个大跨上方的中间位置（小跨上方已标注 3Φ20），并用矩形框框起来，以示区别。

图 3-40 中的剖切位置有 7 个，截面编号有 3 个，根据 KL2 的配筋数值绘制梁横向截面钢筋排布图，如图 3-41 所示。图 3-41 暂未考虑板的厚度对构造腰筋布置的影响，具体画法在任务 6 中详细介绍。

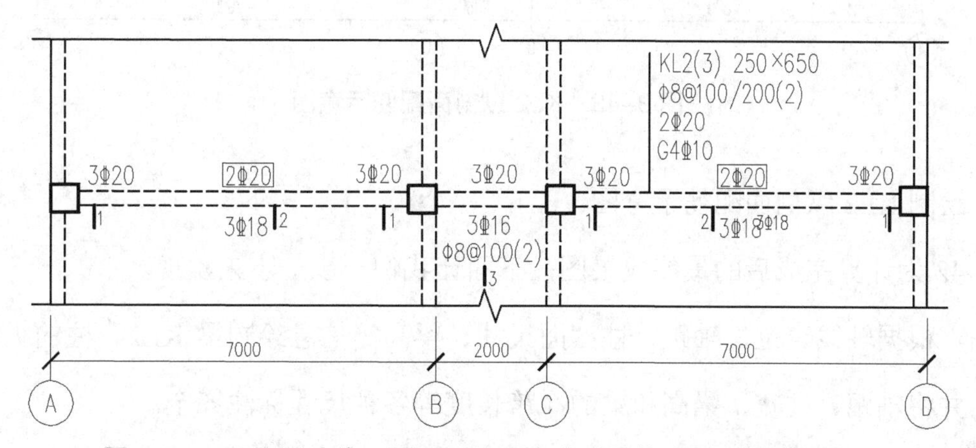


图 3-40　KL2 平法施工图平面注写方式（原位注写上部通长筋）

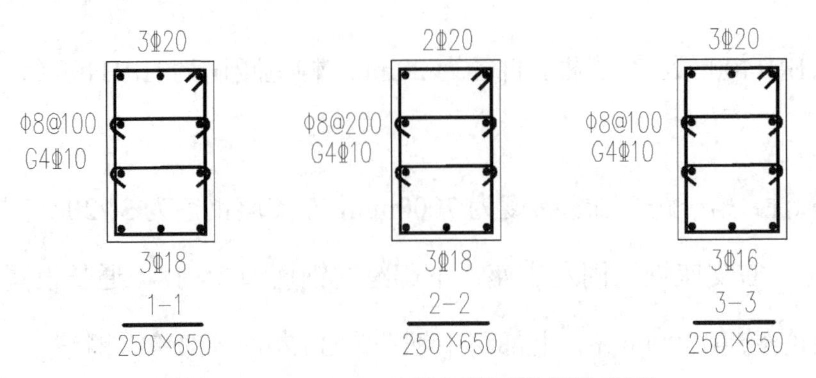


图 3-41 1-1～3-3 横向截面钢筋排布图

2. 绘制 KL2 的纵向剖面配筋图

为了更直观地观察和分析钢筋在框架梁内的实际排布情形，便于读者理解和加深印象，特绘制了框架梁纵剖面配筋示意图，如图 3-42 所示，进行进一步的说明与解读。

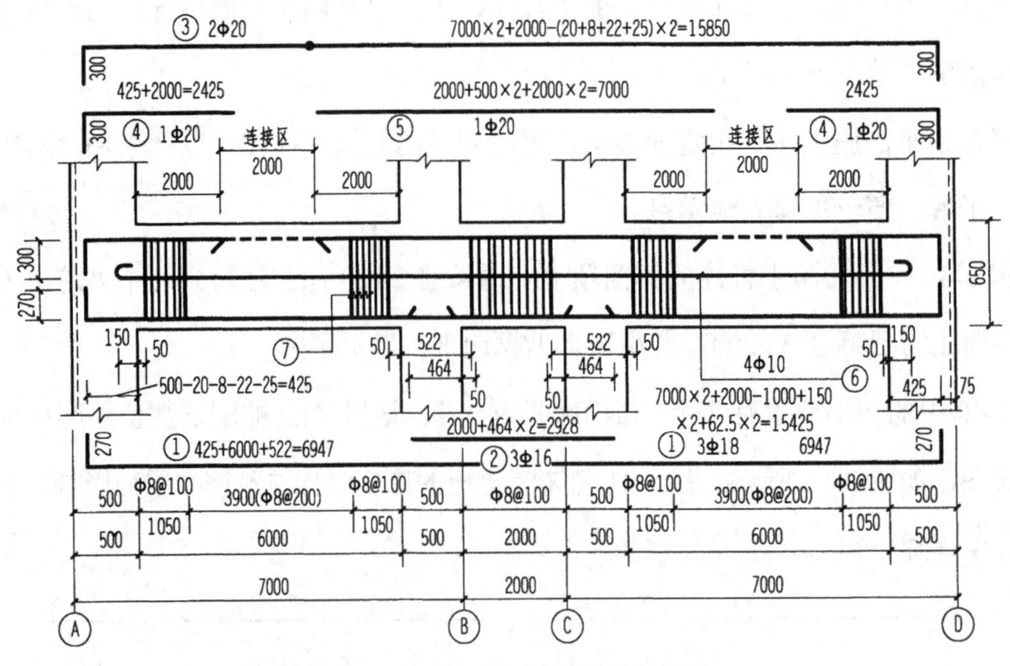


图 3-42 KL2 纵剖面配筋示意图

（1）绘制 KL2 纵剖面配筋示意图。

图 3-42 为计算完成后的最终成果图，下面让我们一步一步来实现。

首先，根据轴线定位、轴距、柱截面尺寸、梁高等信息绘制梁 KL2、柱的纵向剖面外轮廓线，并将轴距、柱宽、梁高和梁的净跨长度等各种尺寸标注齐全。

接着，用中粗实线绘制钢筋，如上下部贯通纵筋、非贯通纵筋、腰筋及箍筋等，箍筋加密区与非加密区也要体现出来，并标注各种钢筋的具体配筋数值，对所有的钢筋一一进行编号，不要遗漏，也不要将不同的钢筋编成相同的号。

图 3-42 中上部跨中的虚线段表示的是通长筋，在此用虚线段表示，在实际操作中也可用彩色线条表示，以示与非通长筋的区别。45° 短中粗斜实线为钢筋截断符号，表示有钢筋在此位置截断。

为了更进一步做出详细说明，我们还可将上、下部纵筋分离出来，将上部纵筋画在梁的上方，将下部纵筋就近画在梁的下方，将腰筋原位绘制成一排作为代表即可。绘制分离钢筋时注意竖向位置要对齐，这样很容易计算其设计标注尺寸。

下面是 KL2 对应的钢筋编号。

因为第三跨与第一跨对称，完全相同，所以下面只提第一跨与第二跨。

① 号筋为第一跨下部贯通纵筋，3⌀18。

② 号筋为第二跨下部贯通纵筋，3⌀16。

③ 号筋为上部通长筋，贯通第一跨、第二跨、第三跨，2⌀20。

④ 号筋为第一跨上部左支座非通长筋，1⌀20。

⑤ 号筋为第二跨上部通长筋，两端延伸至第一跨、第三跨，1⌀20。

⑥ 号筋为侧面构造腰筋，贯通第一跨、第二跨、第三跨，G4⌀10。

⑦ 号筋为箍筋，Φ8@100/200（2）。

梁钢筋编号的一般规律如下。

① 按下部贯通纵筋、上部贯通纵筋、上部非贯通纵筋、腰筋、箍筋的顺序进行编号。

② 按“跨数”从左到右顺序编号，对称跨或完全相同的跨可仅标注一跨。

按照上述规律进行编号，不易漏掉钢筋，以保证计算结果正确。后面的计算过程也是按照这个顺序来进行钢筋计算的。

（2）确定梁、柱保护层厚度（$c_b$ 和 $c_z$）及 $l_{aE}$ 和 $l_{abE}$ 等基础信息。

根据环境类别为一类，混凝土强度等级为 C30，钢筋牌号为 HRB400，四级抗震等级，梁纵向钢筋直径 $d_b = 20$mm，柱外侧纵筋直径 $d_z = 22$mm，箍筋直径 $d_g = 8$mm 等基础信息，查表 1-4，得梁、柱混凝土保护层厚度 $c_b = c_z = 20$mm；查表 1-6，得 $l_{abE} = 29d$；锚固长度修正系数 $\zeta_a = 1.0$；所以有 $l_{aE} = l_{abE} = 29d$。纵向钢筋弯曲半径 $R = 4d$，箍筋与拉筋弯曲半径 $R = 2.5d$。

（3）关键数据的计算。

① 计算梁上部非通长筋截断点的位置。

因第二跨上部纵筋贯通设置，又知道第一跨和第三跨对称，所以只需计算第一跨和第二跨的关键数据。本步骤需要对照图 3-22 进行计算。

第一跨梁上部非通长筋截断点的位置：

$l_n/3=(7000-500\times2)/3=6000/3=2000$（mm）

② 计算梁箍筋加密区与非加密区的范围，Φ8@100/200（2）。

本步骤需要对照图 3-33 进行计算。

第一跨梁加密区长度：$\max(1.5h_b, 500)=\max(1.5\times650, 500)=975$mm，取 1050mm。

梁非加密区长度：$7000-500\times2-1050\times2=3900$（mm）

第二跨的箍筋已原位标注成全跨加密至 100mm。

**对加密区范围由 975mm 调整为 1050mm 的讨论：**

先来看图 3-33 表达的内容：箍筋加密区范围在每跨梁的两端，加密区的数值规定为二～四级抗震等级为≥$1.5h_b$，且≥500mm；梁内第一道箍筋起步距离自柱（或梁）边缘 50mm 处开始设置；图 3-33 中除了两端加密区，剩余的中间范围为箍筋非加密区。

加密区范围的取值标准按照“加密区箍筋间距的整数倍再加上 50mm”考虑，具体操作方法为：先将加密区范围由 975mm 调整为加密区间距（本例为 100mm）的整数倍，即 1000mm，再加上 50mm（梁内第一道箍筋起步距离），得到 1050mm。

此时，加密区范围略大于 $\max(1.5h_b, 500)$，完全满足规范要求。而此时梁跨中间的非加密区范围却是较小值。

这种做法既保证了施工的便利性，又最大限度地利用了加密区长度，还节约了钢筋，值得在工程实践中大力推广。在后续的内容中均采用此做法。

（4）关键部位锚固长度的计算。

本步骤需要对照图 3-22 进行计算。

① 判断第一跨下部纵筋（3⌀18）在端支座和中间支座的锚固形式及锚固长度的计算。

a．端支座。

抗震锚固长度：$l_{aE}=29d=29\times18=522$（mm）

端支座内水平段投影长度：$h_c-c_z-d_g-d_z-25=h_c-(c_z+d_g+d_z+25)$

$=500-(20+8+22+25)=500-75=425$（mm）$<l_{aE}=522$（mm）

所以应选择弯锚构造。

**关于"梁端部构造"（$c_c+d_g+d_z+25$）的讨论：**

$c_z$——柱混凝土保护层。

$d_g$——柱箍筋直径。

$d_z$——柱外侧纵筋直径。

25——梁上部钢筋弯折垂直段与柱纵向钢筋之间的净距。

上述四项数值之和是弯锚钢筋端部到柱外侧混凝土边缘的距离，我们将这四项内容命名为梁端部构造。根据钢筋排布方式的不同，该值会有变化，如图 3-30 所示，为简化计算，可假定取一个常数值，如统一取值为 80mm 或 100mm，由题目作为已知条件给定。

弯折垂直段长度：$15d=15\times18=270$（mm）

验算弯折水平段投影长度是否符合弯锚的构造要求。

端支座水平段长度 425mm $>0.4l_{abE}=0.4\times29d=0.4\times29\times18=209$（mm），满足要求。

## 提示

在工程实践当中，一般不必考虑进行 $0.4l_{abE}$ 的验算，因为这是设计人员的职责，即使此项验算不满足要求，作为工程技术人员或造价人员，也无权去改变，只能向建设单位或设计单位提出问题，由设计人员提出解决办法。

b．中间支座。

下部纵筋在中间支座为直锚，下面计算直锚长度。

锚固长度：$l_{aE}=29d=29\times18=522$（mm）或 $0.5h_c+5d=0.5\times500+5\times18=340$（mm），直锚长度从二者中取较大值，为 522mm。

或者，直锚长度$=\max(l_{aE}, 0.5h_c+5d)=\max(29\times18, 0.5\times500+5\times18)=522$（mm）

② 判断第一跨上部纵筋（3Φ20）在端支座的锚固形式及锚固长度的计算。

抗震锚固长度：$l_{aE}=29d=29\times20=580$（mm）

端支座水平段投影长度：$h_c - c_z - d_g - d_z - 25 = h_c - (c_z + d_g + d_z + 25)$

$= 500 - (20 + 8 + 22 + 25) = 425$（mm）$< l_{aE} = 580$（mm），所以应选择弯锚构造。

弯折垂直段长度：$15d = 15 \times 20 = 300$（mm）

③ 计算中间跨下部纵筋（3⌀16）在柱内的直锚长度。

中间跨下部纵筋在柱内的直锚长度：$l_{aE} = 29d = 29\times16 = 464$（mm）或 $0.5h_c + 5d = 0.5\times 500 + 5 \times 16 = 330$（mm），直锚长度从二者中取较大值，为464mm。

或者，直锚长度=$\max(l_{aE}, 0.5h_c + 5d) = \max(29 \times 16, 0.5 \times 500 + 5 \times 16) = 464$（mm）

④ 计算腰筋（4⌀10）在柱内的锚固长度。

本步骤需要对照图3-14进行计算。

腰筋锚固长度：$15d = 15\times10 = 150$（mm）

## 特别提示

统一计算“关键数据和关键部位的锚固长度”主要是让读者对二者的计算方法和重要性提高认识、加深理解，在实际工程中可将其直接放在计算每个钢筋编号之前进行。

当读者对钢筋计算过程熟练到一定程度后，自然会总结出如下一些使用技巧。

（1）观察梁纵剖面配筋示意图，从图上看，当中间支座两侧的梁高（或梁宽）相同，具备直锚的条件时，可直观判断采用直锚构造形式，而无须经过计算判断。

（2）对于端支座和部分中间支座，当从图上不能直观判断采用直锚构造形式时，则应经过计算来判断采用直锚构造形式还是弯锚构造形式。

如图3-39所示的中间支座，因为支座两侧的梁高相同，所以可直观判断该中间支座处的钢筋可采用直锚构造形式。

如图3-40所示的中间支座，因为中间跨的梁高减小，在梁顶标高相同时，可直观判断中间跨钢筋在该中间支座处采用直锚构造形式；但对于两侧的大跨来说，因为梁底标高低于中间跨的梁底标高，所以不能直观判断该位置采用直锚构造，因此必须经过计算，才能最终确定采用何种锚固构造形式。

（3）构造腰筋在每跨支座处可分别锚固，其锚固长度均为15$d$。当腰筋为盘圆形式时，也可通长使用，连续贯通布置。计算者应对此予以明确说明，本例按连续贯通考虑。

**3. 按钢筋编号计算钢筋的设计长度和根数**

（1）①号筋：第一跨、第三跨下部贯通纵筋（3⌀18）。

$L_1$=梁净跨+左端支座锚固长度（弯锚）+右端支座锚固长度（直锚）

$=(7000-2\times500)+(425+270)+522=7217$（mm）

（2）②号筋：第二跨下部贯通纵筋（3⌀16）。

$L_2$=梁净跨+左端支座锚固长度（直锚）+右端支座锚固长度（直锚）

$=2000+464+464=2928$（mm）

（3）③号筋：上部通长筋，贯通第一跨、第二跨、第三跨（2⌀20）。

$L_3$ = 全跨长度 $-2(c_z+d_g+d_z+25)+2\times$ 弯锚长度

$=(7000\times2+2000)-2\times(20+8+22+25)+2\times300=16450$（mm）

该长度已经超过了钢筋出厂时的原料长度 9m（或 12m），故应按照要求进行焊接连接。焊接接头的位置不影响钢筋设计长度的计算，但应注意焊接点应位于连接区段内，如图 3-42 中标注的第一跨（或第二跨）中间约 1/3 净跨范围内。

（4）④号筋：第一跨上部左支座非通长筋（1⌀20）。

$L_4$=支座内锚固长度（弯锚）+1/3 净跨

$=(425+300)+6000/3=725+2000=2725$（mm）

（5）⑤号筋：第二跨上部通长筋，两端延伸至第一跨、第三跨，1⌀20。

$L_5$ = 梁净跨 + 两端支座宽度 + 左端跨内长度 + 右端跨内长度

$=2000+2\times500+6000/3+6000/3=7000$（mm）

（6）⑥号筋：侧面构造腰筋，贯通第一跨、第二跨、第三跨（G4⌀10）。

$L_{6单根}$ = 全跨净长度 + 2 × 支座锚固长度 + 2 × 180° 弯钩（$6.25d$）

$=(7000\times2+2000-2\times500)+2\times15\times10+2\times6.25\times10=15425$（mm）

HPB300 级受拉钢筋端部需设置 180° 弯钩，当为受压钢筋时可不设弯钩。

（7）⑦号筋：箍筋（Φ8@100/200（2））。

① 计算箍筋的 $L_1$、$L_2$、$L_3$ 和 $L_4$ 及设计长度。

$L_1=(650-2\times20)=610$（mm）

$L_2=(250-2\times20)=210$（mm）

查表 2-3，得 $R=2.5d$，直径为 8mm 时，一个 135°弯钩长 109mm。

$L_3=610+109=719$（mm）

$L_4=210+109=319$（mm）

$L_{箍筋}=L_1+L_2+L_3+L_4=610+210+719+319=1858$（mm）

**梁箍筋简易计算方法：**

$L_{箍筋}=(650-2\times20+250-2\times20)\times2+109\times2=1858$（mm）

熟练掌握箍筋的计算方法后，可以按此简易方法直接计算箍筋设计长度。

② 计算 KL2 的箍筋总数。

第一跨总数：$2\times(1050-50)/100+3900/200+1$

$=2\times10+20$（而不是 19.5）$+1=41$（根）

第二跨总数：$(2000-50\times2)/100+1=21$（根）

总数：$41\times2+21=103$（根）

（8）计算拉筋的单根长度。

当梁宽≤350mm 时，拉筋直径应为 6mm，间距为 400mm（非加密区箍筋间距的 2 倍），拉筋应该同时钩住腰筋和箍筋。

查表 2-3，得 $R=2.5d$，当直径为 6mm 时，一个 135°弯钩长 96mm。

单根拉筋的设计长度如下。

$L_{拉筋}=(250-20\times2+6\times2)+2\times$弯钩长度$=222+2\times96=414$（mm）

拉筋数量由读者参照箍筋总数计算方法自行计算，注意此处应设置两排拉筋，将结果填入表 3-2 内。

表 3-2　KL2 钢筋材料明细表

| 编号 | 简　图 | 规格 | 单根设计长度（mm） | 数量 | 总长度（mm） |
|---|---|---|---|---|---|
| ① | 6947　270 | Φ18 | 7217 | 6 | 43302 |
| ② | 2928 | Φ16 | 2928 | 3 | 8784 |
| ③ | 300　15850　300 | Φ20 | 16450 | 2 | 32900 |

续表

| 编号 | 简　图 | 规格 | 单根设计长度（mm） | 数量 | 总长度（mm） |
|---|---|---|---|---|---|
| ④ | 300　2425 | Φ20 | 2725 | 2 | 5450 |
| ⑤ | 7000 | Φ20 | 7000 | 1 | 7000 |
| ⑥ | 62.5　15300　62.5 | Φ10 | 15425 | 4 | 61700 |
| ⑦ | 319　610　719　210 | Φ8 | 1858 | 103 | 191374 |
| ⑧ | 96　222　96 | Φ6 | 414 | | |

4．汇总计算结果

将上述计算结果汇总后填入表 3-2，就是 KL2 钢筋材料明细表。

本例中的钢筋种类为 Φ20、Φ18、Φ16、Φ10、φ8、φ6。

$L(\Phi20)=(16450+2725)\times2+7000=45350$（mm）

$L(\Phi18)=7217\times6=43302$（mm）

$L(\Phi16)=2928\times3=8784$（mm）

$L(\Phi10)=15425\times4=61700$（mm）

$L(\phi8)=1858\times103=191374$（mm）

$L(\phi6)$ 由读者自行计算拉筋数量。

## 二、计算楼层框架梁 KL 特殊位置钢筋的设计长度

### 1．计算楼层框架梁 KL2 不伸入支座钢筋的设计长度

图 3-43 所示为 KL2 平法施工图和工程信息汇总。通过识读该平法施工图，计算不伸入支座钢筋的设计长度。

对照图 3-32，通过识读图 3-43 可知，不伸入支座的钢筋为第一跨和第三跨下部通长筋的第二排，计算其中单根钢筋的设计长度，具体如下。

$L_{16}$=梁净跨长度 $\times(1-0.1\times2)$

$=(6300-500\times2)\times(1-0.1\times2)=5800\times0.8=4640$（mm）

$L_{18}$=梁净跨长度 $\times(1-0.1\times2)$

$=(7000-500\times2)\times(1-0.1\times2)=6000\times0.8=4800$（mm）

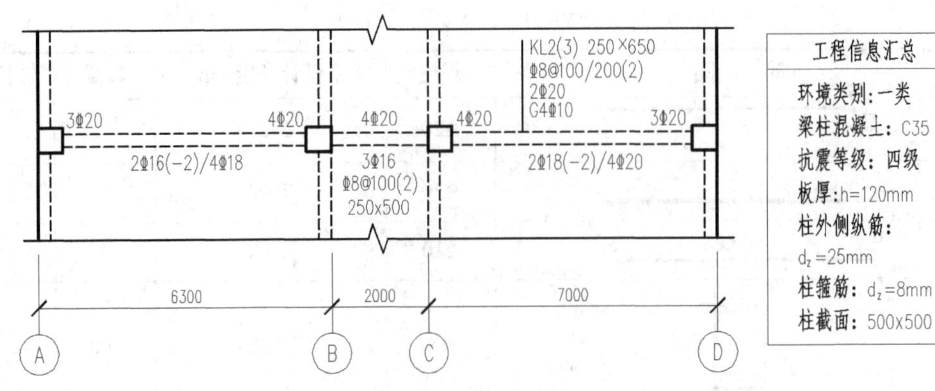


图 3-43　KL2 平法施工图和工程信息汇总

**2. 计算楼层框架梁 KL1 附加吊筋的设计长度**

计算图 3-15（b）中所示的附加吊筋的设计长度。

已知条件：主梁高 800mm，次梁宽 250mm，附加吊筋为 2Φ20，梁混凝土保护层厚度 $c$=25mm，主梁箍筋为 Φ8。按照相关规定，当主梁高 $h$≤800mm 时，吊筋弯起的角度为 45°。

计算附加吊筋的单根长度：

$L_{吊筋}$=中间段长度 + 2 × 斜长 + 2 × 锚固直段长度

$=(b+50\times2)+2\times[800-(c+8)\times2]\times1.414+2\times20d$

$=(250+50\times2)+2\times[800-(25+8)\times2]\times1.414+2\times20\times20$

$\approx350+1038+800=2188$（mm）

若其他条件不变，主梁高度改为 850mm，会有什么变化？请读者自己研究。（提示：当主梁高>800mm 时，吊筋的弯起角度为 60°，斜长为垂直段的 1.155 倍。）

## 任务 6　绘制框架梁截面钢筋排布图

绘制框架梁截面钢筋排布图指的是用截面注写方式绘制横向截面图，即在框架梁平面布置图的基础上，将梁的平面注写方式施工图，改为截面注写方式施工图。

从传统制图方式的角度看，梁的平面布置图、纵向剖面图和横向截面图三部分相当于梁的平、立、剖三视图。梁的平面布置图就是工地上的施工蓝图，而纵向剖面图是 22G101

系列图集中的构造详图，平法施工图中不会出现，本任务只介绍怎样绘制梁的横向截面图。

绘制梁截面钢筋排布图，可以让读者通过实际动手操作的过程来促进和提高对梁平法制图规则的理解和认识，更好、更牢固地掌握混凝土框架梁的平面整体表示方法。作为一项专业技能，读者必须达到熟练掌握、应用自如的程度。

## 一、绘制楼层框架梁 KL 截面钢筋排布图的有关规定

**1. 绘制方法**

应用《建筑结构制图标准》（GB/T 50105—2010）和梁平法制图规则绘制图形。

**2. 注意问题**

（1）绘图比例：虽然对图的比例的要求不是很严格，但是仍应该根据纸张的大小来选用适当的绘图比例。

（2）绘图方式：采用平法中的截面注写方式，而不是传统制图方式绘制，简单明了，清晰易懂。

（3）线型及粗细：截面轮廓边线用细实线，钢筋用粗实线，钢筋截断点用粗圆点表示。其他部分（如文字及钢筋牌号及符号等）应符合制图规范要求。

（4）绘制墨线图：先用铅笔绘制草稿图，再用墨线笔描绘定稿图，将多余的铅笔线条擦除，定稿图面应整洁、美观。

**3. 绘制步骤与内容：**

（1）绘制梁及板截面的轮廓线。

（2）绘制外围封闭箍筋，注意示意保护层厚度，要求周边均匀一致。

（3）绘制上、下部纵筋（附加吊筋不在截面配筋中出现）。

（4）绘制侧面钢筋和拉筋，注意位置准确，上下间距要均匀。

（5）标注所有钢筋，箍筋有加密区与非加密区之分（拉筋按构造要求设置，不需要标注）。

（6）注写梁截面名称（必要时注明绘图比例）及截面尺寸（$b \times h$）。

**特别提示**

（2）~（4）的步骤顺序一定不能打乱，先画外围箍筋，将上、下部纵筋及腰筋画在箍筋内侧，使横向拉筋钩住箍筋和腰筋，拉筋的位置随腰筋位置的变化而变化。

## 二、绘制楼层框架梁 KL 截面钢筋排布图

图 3-44（a）所示为框架梁 KL7 平面注写方式平法施工图，是常见的平法图纸，其上面的单边截面号在采用平面注写方式时不会出现，只有在采用截面注写方式时才会出现在平面布置图上。

试根据框架梁 KL7 平面注写方式平法施工图，对照单边截面号逐个绘制梁的截面钢筋排布图。

图 3-44（b）所示为框架梁 KL7 截面钢筋排布图。

（1）截面号 1：图名为 1-1，截面尺寸为 300×650。

上部纵筋为“2⌀25+2⌀22”，布置成一排，其中，2⌀25 在“+”前面，为角筋，属于通长筋，2⌀22 在中部，属于非通长筋。

下部纵筋为“6⌀25 2/4”，分成两排布置，上排为 2⌀25，下排为 4⌀25，均为通长筋。

梁侧面构造腰筋为“G4ϕ10”，共 4 根，每侧 2 根。

此截面位于梁箍筋加密区内，故箍筋为“ϕ8@100”，双肢箍筋的肢数不需要标注，而是直接用图示表达。

（2）截面号 2：图名为 2-2，截面尺寸为 300×650。

上部纵筋为“2⌀25”。

此截面位于梁箍筋非加密区内，故箍筋为“ϕ8@200”。

其余内容与截面 1-1 完全相同，不再赘述。

（3）截面号 3：图名为 3-3，截面尺寸为 300×650。

上部纵筋为“4⌀25”，其中，2⌀25 为角筋，属于通长筋；2⌀25 在中部，为非通长筋。

其余内容与截面 1-1 完全相同，不再赘述。

（4）截面号 4：图名为 4-4，为 KL7 的悬挑端，截面尺寸为 300×650。采用变截面时应

用原位标注进行修正。例如，原位标注为300×650/450。

上部纵筋为“4⌀25”，注写在梁的跨中位置，表示全跨贯通布置。

下部纵筋为“2⌀16”，注写在梁的跨中位置，表示全跨贯通布置，此处为架立筋。

箍筋用原位标注修正为“φ8@150（2）”，全跨只有一种间距，与集中标注不同。

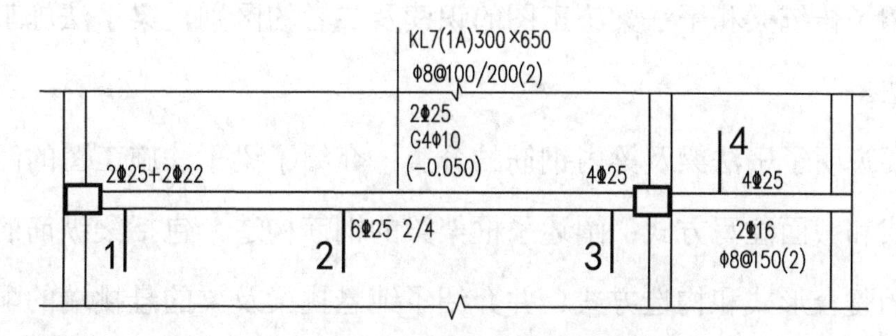


（a）框架梁 KL7 平面注写方式施工图

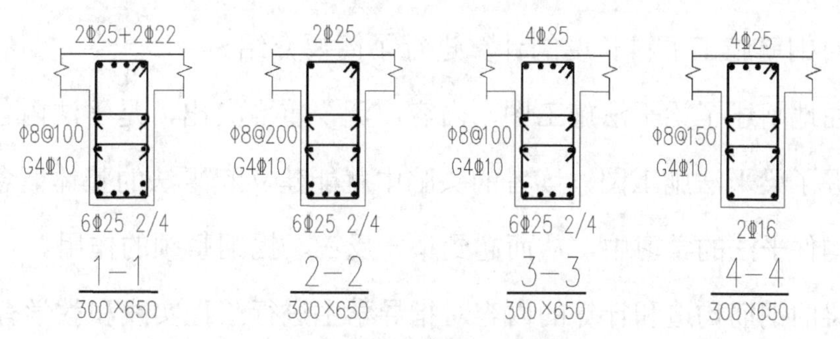


（b）框架梁 KL7 截面钢筋排布图

**图 3–44 框架梁 KL7 的平面注写方式平法施工图和截面钢筋排布图**

**传统梁截面绘制方法与平法截面注写方式的区别：**

首先，钢筋标注方法不同，传统方法中的每根钢筋都有引出线，然后标注钢筋数值，如图 3-1 所示；而平法不需要引出线，直接标注即可，表达的内容完全相同，如图 3-20 和图 3-21 所示，这是最大的差别。

其次，传统方法要绘制梁截面宽度和高度尺寸，而平法只需在图名下面注写 $b×h$ 即可表达明白。

再次，对于侧面钢筋（腰筋），传统方法只能表示钢筋牌号和直径，而平法可同时表示出是构造腰筋（G），还是抗扭腰筋（N）等。

最后，对于拉筋，在平法中一般可按图集构造规定取值，不需要标注。如果不进行特别说明，那么拉筋牌号、直径与梁箍筋相同，间距按照梁非加密区间距的 2 倍设置。

## 小　结

本项目介绍了传统梁和平法梁施工图的识读及二者的区别，梁平法施工图钢筋计算的基本步骤和方法。

本项目简要说明了平法梁及梁内钢筋的分类；介绍了梁平法施工图的两种注写方式，即平面注写方式和截面注写方式；阐述了框架梁的钢筋构造，包括梁纵筋的连接、锚固，以及各种箍筋的复合形式和构造方式，并介绍了纯悬挑梁及梁的悬挑端的配筋构造；介绍了梁截面钢筋排布图的绘制内容、方法和步骤；最后通过案例详细讲解了梁的钢筋设计长度的计算，并对钢筋施工下料长度的计算进行了简要介绍。

本项目全面地阐述了梁平法施工图，内容广泛，重点突出，是平法内容的重要章节。只要真正地掌握了梁平法施工图，读者的头脑中就能建立起平法的整体概念，并将这种概念应用于其他构件平法的学习中，从而起到举一反三、提纲挈领的作用。

有关框架梁的钢筋构造和计算的内容对指导学生进行工程实践和教学有重大意义。

## 复习思考题

1．平法梁的编号包括哪些内容？

2．平法梁的截面尺寸有哪几种表达方式？

3．梁内钢筋有哪些种类？

4．梁箍筋的复合方式有哪几种？

5．梁的侧面中部筋（腰筋）的设置条件是什么？

6．22G101 系列图集是如何规定拉筋的直径和间距的？

7．梁的附加钢筋（附加箍筋和附加吊筋）的构造要求有哪些？

8．在梁的平面注写方式中，集中标注有哪几项内容？原位标注有哪几项内容？

9．抗震楼层框架梁 KL 纵筋标准配筋构造要求有哪些？

10．抗震屋面框架梁 WKL 纵筋标准配筋构造要求有哪些？

11．抗震框架梁 KL、WKL 的箍筋加密区范围是如何规定的？

12．抗震框架梁箍筋、拉筋沿梁的纵向排布构造的要求有哪些？

13．梁悬挑端标准配筋构造要求有哪些？

## 识图与计算钢筋

1．梁的原位标注下部纵筋注写为“2Φ20+2Φ18（-2）/5Φ25”，含义是什么？

2．KL3 平法施工图和工程信息如图 3-45 所示，试求：

（1）识读 KL3 的平法施工图，并写出识读内容。

（2）计算全部钢筋的设计长度和下料长度，并绘制钢筋材料明细表。

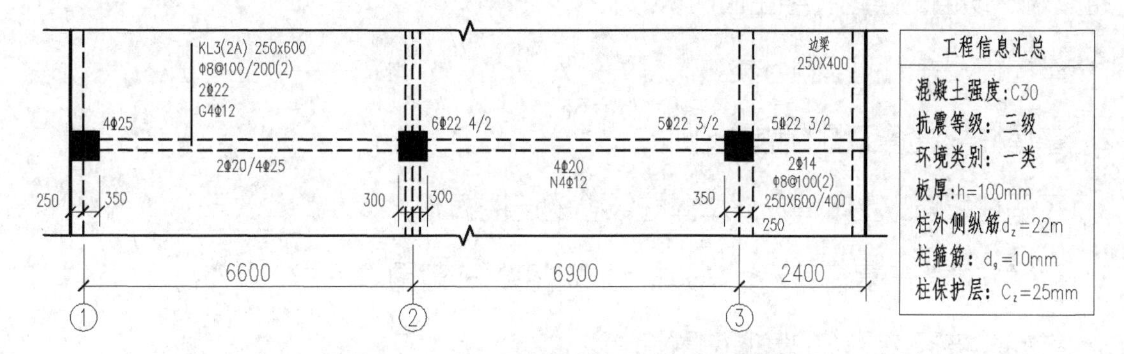


图 3-45 KL3 平法施工图和工程信息

3．KL2 平法施工图和工程信息如图 3-46 所示，试求：

（1）识读 KL2 的平法施工图，并写出识读内容。

（2）计算全部钢筋的设计长度和下料长度，并绘制钢筋材料明细表。

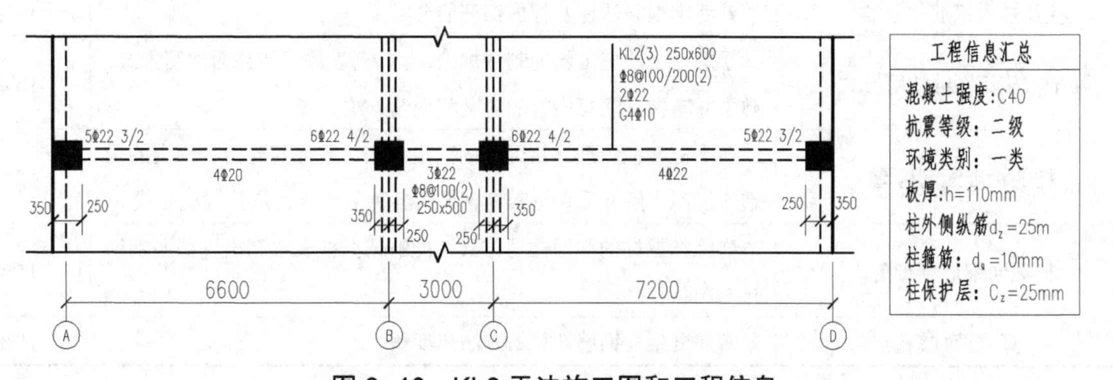


图 3-46 KL2 平法施工图和工程信息

项目四

# 识读柱平法施工图

## 教学目标与要求

### 教学目标

通过对本项目的学习，学生应能够：

1. 掌握柱及柱内钢筋的分类。
2. 掌握柱平法施工图的制图规则。
3. 了解柱配筋的基本情况，掌握柱纵筋的连接构造。
4. 熟悉柱箍筋的复合方式，掌握柱箍筋加密区的范围。
5. 掌握连接区域钢筋的截断位置等。
6. 掌握典型节点钢筋设计长度的计算方法。

### 教学要求

| 教学要点 | 知识要点 | 权重 |
| --- | --- | --- |
| 柱及柱内钢筋的分类 | 熟练掌握平法柱及柱内钢筋的分类 | 10% |
| 柱平法施工图的注写方式 | 了解柱平法施工图的制图规则，包括列表注写和截面注写方式，熟悉并掌握其注写内容的含义和识读方法 | 15% |
| 柱的标准配筋构造 | 熟悉框架柱纵筋连接区域的确定方法，掌握其连接、锚固的构造方法；了解并掌握框架柱箍筋的各种复合方式及其构造方式 | 45% |
| 柱截面钢筋排布图 | 熟练掌握柱的截面注写方式，能够依据柱表绘制出柱截面钢筋排布图 | 15% |
| 计算框架柱钢筋 | 掌握框架柱钢筋计算的方法和步骤 | 15% |

案例应用一

## 识读柱传统施工图与认识平法施工图

图 4-1 所示为钢筋混凝土框架柱 KZ1 传统施工图表达方式，包括柱的纵剖面配筋图和横截面配筋图两部分。该图是从柱的平面布置图上引注出来的，必须与柱平面布置图配合才能完整表达柱的全部信息。

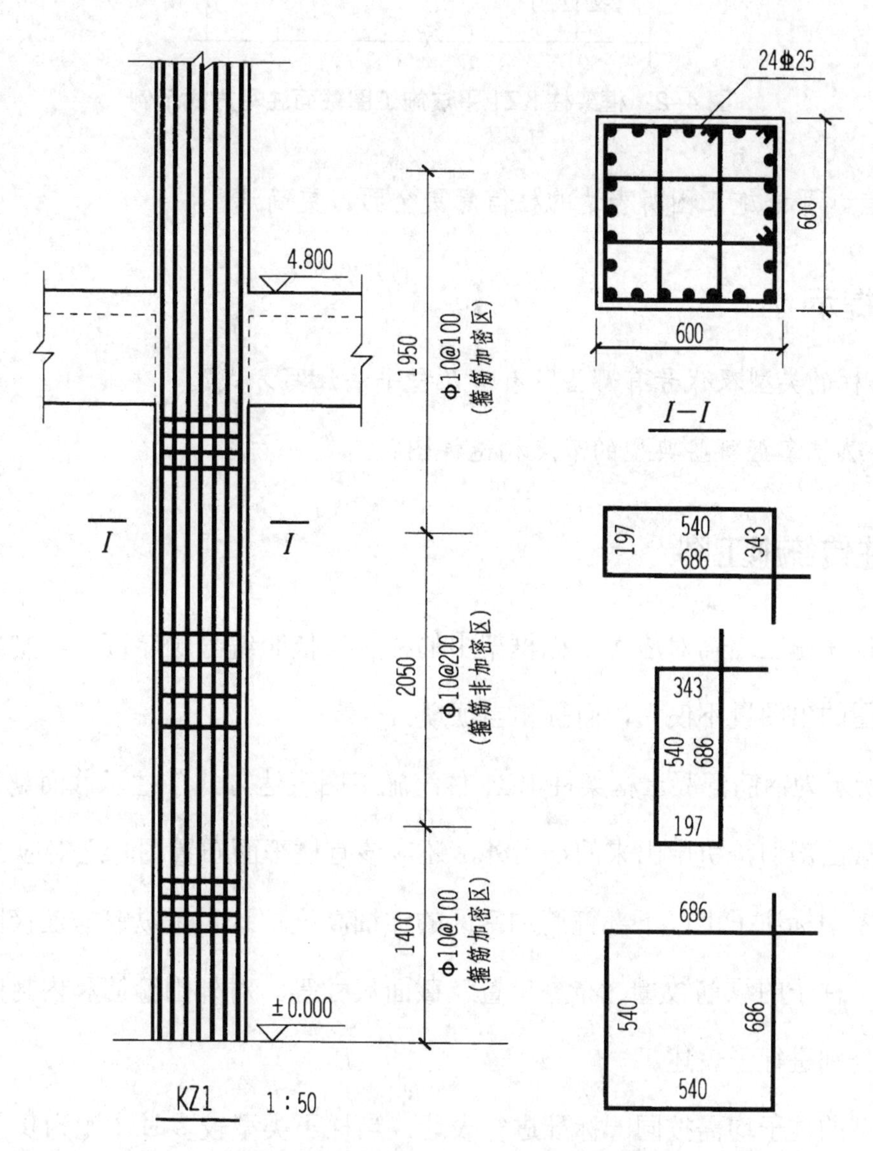


图 4–1 钢筋混凝土框架柱 KZ1 传统施工图表达方式

图 4-2 所示为框架柱 KZ1 平法施工图截面注写方式示例。

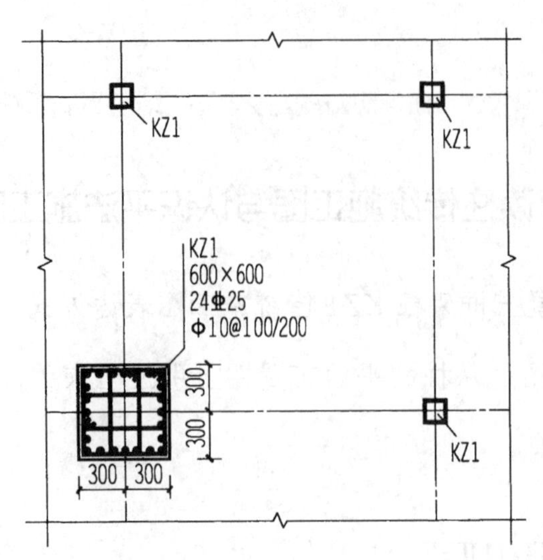


图 4-2　框架柱 KZ1 平法施工图截面注写方式示例

比较而言，平法施工图所表达的柱信息更全面、更简洁。

## 知识点提示

1. 平法柱的类型及代号有哪些？有哪几种平法注写方式？

2. 需要熟练掌握哪些典型的节点构造详图？

## 一、识读柱传统施工图

框架柱传统施工图需对应每一榀框架中的柱子，依照编号顺序逐个绘制配筋详图，整个框架施工图的出图量不仅大，而且相当烦琐。

图 4-1 所示为钢筋混凝土框架柱 KZ1 传统施工图表达方式，柱子截面是从柱子的纵剖面图上通过截面剖切符引申出来的，另外，还应该有柱平面布置图与之对应。

纵剖面图中标注了上、下部箍筋加密区的详细高度，这也是纵筋非连接区的范围。截面图中表达了柱子的纵筋数量、布置位置及截面尺寸等。对外围箍筋和内封闭小箍筋的详细配筋情况分别进行了表述。

每种类型的柱子均需按同一标准进行表达，当柱子类型较多时，尤为复杂。

## 二、认识柱平法施工图

柱平法施工图在柱平面布置图上可采用列表注写方式或截面汪写方式二种表达方式。

一般情况下以列表注写方式为主，以截面注写方式为辅。

图 4-2 所示为框架柱 KZ1 平法施工图截面注写方式示例。图中左下角就是放大画出的柱子 KZ1。

在平法制图规则中，当表达柱子的模板尺寸和钢筋配置时，在柱子的结构平面图中应尽量在最左排或最下排（空间最前排）的柱子中选择一根作为典型，原位放大画出柱子的配筋详图，即施工详图。平面图中要对每根柱子进行编号，相同编号的柱子只画一根放大的柱配筋详图。这个配筋详图的尺寸和钢筋标注等与传统的制图表达方式有很大的区别。

图 4-2 中表达了柱子的编号、柱截面详图等，包括柱截面定位尺寸，即柱子的边缘到柱子轴线间的尺寸；还有柱配筋具体情况，包括钢筋牌号、直径、数量及布置位置等。

在柱截面详图中有几项必须标注在一起的内容，本书中称之为柱截面注写方式的集中标注内容，其引出线可从柱子的任何轮廓线处引出。截面图中四个边的钢筋排布数量和位置必须表达清晰，不能有任何错误，否则会影响施工人员的识读结果。如果柱子的纵筋直径不是一种，而是两种或三种，则采用平法标注方式比采用传统绘图方式的优势更明显。

# 任务 1　认识柱及柱内钢筋的分类

## 一、平法施工图中柱的分类

### 1. 平法柱的分类

平法施工图将钢筋混凝土柱分成三种，分别为框架柱、转换柱和芯柱，柱的分类和编号如表 4-1 所示。

表 4-1　平法柱的分类和编号

| 柱 类 型 | 代　号 | 序　号 | 备　　注 |
|---|---|---|---|
| 框架柱 | KZ | ×× | 与框架梁刚性连接构成框架结构 |
| 转换柱 | ZHZ | ×× | 与框支梁或托柱转换梁刚性连接构成框支结构 |
| 芯柱 | XZ | ×× | 设置在框架柱、转换柱等核心部位的暗柱，不能独立存在 |

当框架柱生根在剪力墙上时，平法图集提供了“柱与墙重叠一层”和“柱纵筋锚固在墙顶时锚固构造”二种构造做法，设计时应注明选用何种做法。

柱的编号由代号和序号组成。代号的主要作用是指明所选用的标准构造详图。编号时，当柱的总高、分段截面尺寸和配筋均对应相同，仅分段截面与轴线的关系不同时，仍可将其编为同一柱号，但应在图中注明截面与轴线的关系。

传统方法经常使用 Z1，Z2…对框架柱、排架柱等柱子进行编号。而在柱平法施工图中没有除表 4-1 外的其他编号。如果出现规定以外的其他柱类型，应与结构设计工程师联系沟通，以确定其正确编号，施工人员不得随意编号。

图 4-3 所示为框支剪力墙结构局部立体示意图。剪力墙底部水平受力构件为框支梁，与上部剪力墙构成一个完整的受力结构。当在梁上部设框架柱时，则称为托柱转换梁。二者在承受荷载、钢筋配置及各自的作用等方面均存在较大的不同。

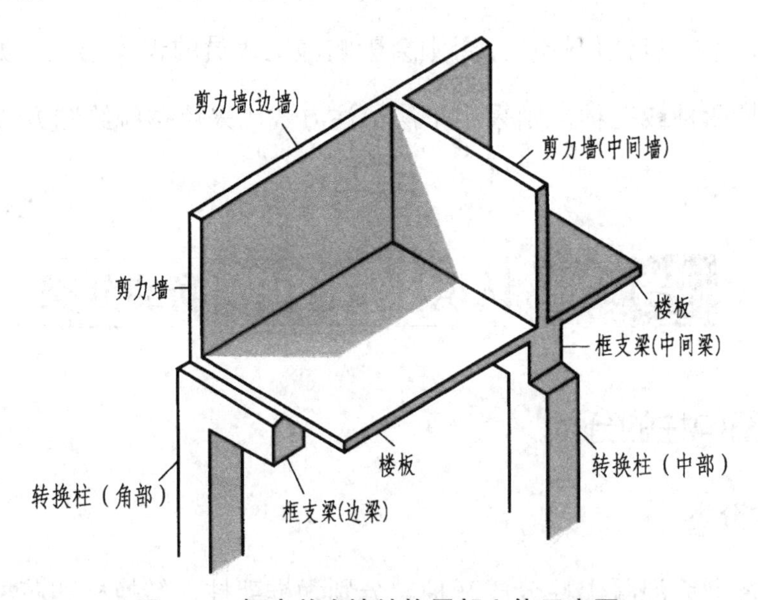


图 4-3　框支剪力墙结构局部立体示意图

2. 框架柱的分类

在表 4-1 中三种类型的柱子中，以框架柱最为常见。

平法图集中的框架柱、转换柱和芯柱均属于抗震柱（构件）。框架柱的抗震等级就是整个结构体系的抗震等级，可分为一级、二级、三级和四级，共四级。

根据所处的位置不同，同层框架柱又分为中柱、边柱和角柱三种，如图 4-4 所示。从图中可以看出：边柱有一个外边缘，角柱有两个外边缘，而中柱没有外边缘。

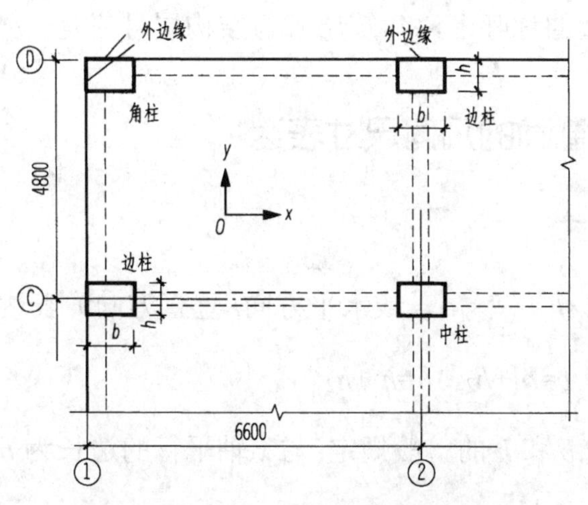


图 4–4　中柱、边柱和角柱示意图

对整根柱子来说，还可将框架柱从下往上分为底层、中间层和顶层等。这样，任何位置、任何楼层的框架柱都可以表达清楚，如图 4-5 所示。

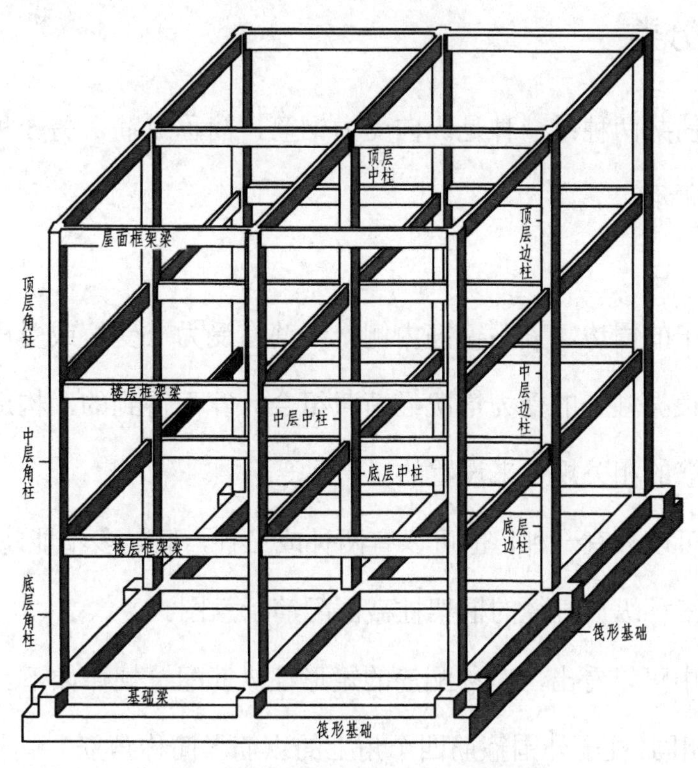


图 4–5　框架结构立体示意图

根据以上两种分类方法，图 4-5 中将框架柱细分为顶层角柱、顶层边柱、顶层中柱、中间层角柱、中间层边柱、中间层中柱、底层角柱、底层边柱、底层中柱等。其中，中间层可以赋予楼层号，如二层角柱、五层中柱等。

在对框架柱和剪力墙的称呼上，建筑层号与结构层号应是一致的。

## 二、平法施工图中柱截面的几何尺寸表达

### 1. 矩形柱的表达方式

矩形柱截面尺寸用 $b \times h$（宽×高，或水平方向×垂直方向）表达，柱与轴线的关系用 $b_1$、$b_2$ 和 $h_1$、$h_2$ 表达，其中，$b=b_1+b_2$，$h=h_1+h_2$。

图 4-6 中柱截面尺寸 $b$ 和 $h$ 的一般规定：与 $x$ 轴平行的边长为 $b$，与 $y$ 轴平行的边长为 $h$。

### 2. 圆柱的表达方式

对于圆柱，改用在圆柱直径数值前加"$d$"表示。圆柱与轴线的关系也用 $b_1$、$b_2$ 和 $h_1$、$h_2$ 表示，并使 $d=b_1+b_2=h_1+h_2$。

## 三、柱内钢筋的分类

柱内配置的钢筋共两种：一种是纵向受力钢筋，简称纵筋，另一种是横向钢筋，即箍筋，如图 4-6（a）所示。

### 1. 柱纵筋

纵筋分布在柱子的周边，紧贴箍筋内侧。纵筋有受力（受拉或受压）钢筋和构造钢筋之分。受力钢筋是根据柱子的受力情况经荷载组合计算而得到的，构造钢筋是根据现行混凝土规范中对柱纵筋的相关规定来设置的。

全部纵筋直径可以只有一种，也可以有两种或三种，但最多不能超过三种，图 4-6（b）所示为配有两种和三种纵筋直径的框架柱截面配筋示意图。

从图 4-6（b）中可以看出，对称配筋的矩形柱纵筋配置规律如下。

**规律 1：角筋相同** 柱子外围箍筋四个角上的纵筋（简称角筋）牌号和直径必须相同。

**规律 2：*b* 边中部筋对称** 上下两个 $b$ 边的中部筋（分别称为 $b$ 边一侧中部筋）的牌号、直径和数量必须相同。

**规律 3：*h* 边中部筋对称** 左右两个 $h$ 边的中部筋（分别称为 $h$ 边一侧中部筋）的牌号、

直径和数量必须相同。

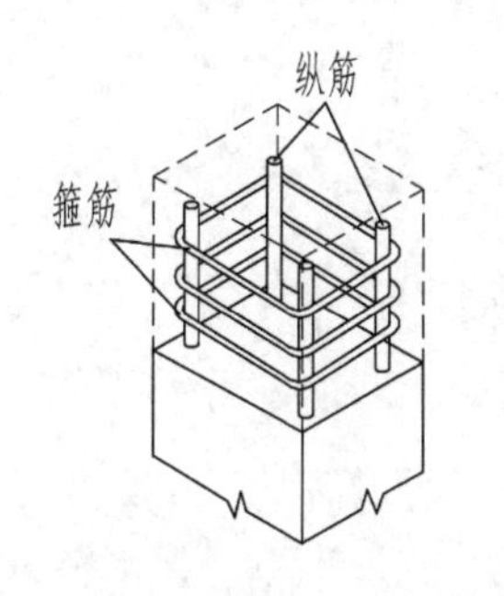


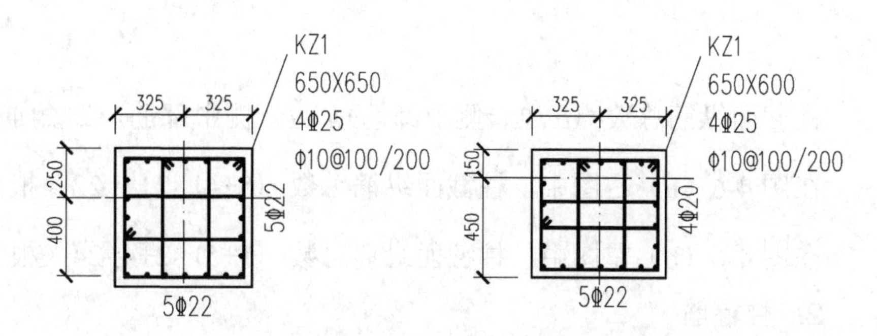


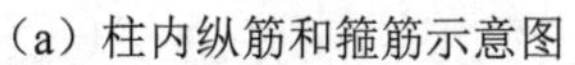

（a）柱内纵筋和箍筋示意图　　（b）配有两种和三种纵筋直径的框架柱截面配筋示意图

**图 4–6　柱内钢筋示意图**

如果已知 $b$ 边一侧的纵筋共有 $i$ 根，$h$ 边一侧的纵筋共有 $j$ 根，根据以上三个规律可以计算柱子的纵筋总计有多少根，如图 4-7 所示。观察图中的角筋，既属于 $b$ 边又属于 $h$ 边。

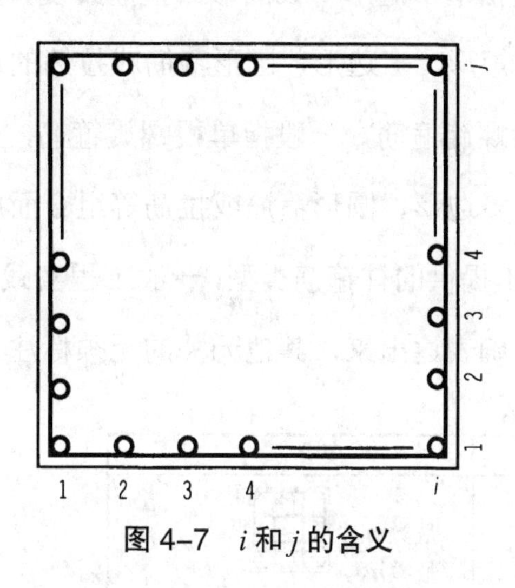


**图 4–7　$i$ 和 $j$ 的含义**

再来看图 4-6（b）中的右图，$b$ 边一侧中部筋为“5Φ22”，$h$ 边一侧中部筋为“4Φ20”，二者均未包括两侧的角筋在内。

**关于平法中柱截面与梁截面标注钢筋区别的讨论：**

梁截面上标注的钢筋具体数值为包括角筋在内的全部钢筋数量，无论分成一排还是二排，均包含全部钢筋。

柱截面标注“$b$（或 $h$）边一侧中部筋”有两层含义：一是指“中部筋”，即该数值不含角筋在内；二是指“一侧”的钢筋，当另一侧与该侧相同时，可省略不注，默认“对称布置”，否则应分别标注。$b$（或 $h$）边纵筋总数应为“$b$（或 $h$）边一侧中部筋”数量的 2 倍。

由此可知，根据平法施工图柱截面标注钢筋的具体数值，可用下式来计算柱截面纵筋总数：

柱截面纵筋总数=($b$边一侧中部筋+$h$边一侧中部筋)×2+角筋

在图 4-6（b）右图中，柱截面纵筋总数=(5+4)×2+4=22（根）。

在图 4-6（b）左图中，柱截面纵筋总数=(5+5)×2+4=24（根）。

2. 柱箍筋

（1）柱箍筋的类型。

柱箍筋的类型根据形状可分为矩形箍和圆形箍，根据肢数不同可分为普通箍（又称非复合箍）和复合箍。因此有普通矩形箍、复合矩形箍、普通圆形箍、复合圆形箍等叫法。

普通矩形（或圆形）箍指单个矩形（或圆形）箍筋，复合矩形（或圆形）箍指单个矩形（或圆形）箍筋内附加有矩形、多边形、圆形箍筋或拉筋的形式。

还有一种环状箍筋称为螺旋箍筋，一般指单根螺旋箍筋，仅用于圆形柱；复合螺旋箍筋是指由螺旋箍筋与矩形、多边形、圆形箍筋或拉筋等组合而成的复合箍筋。

图 4-8 所示为 22G101-1 提供的柱箍筋类型，一般工程实践中选用其中的一种或几种类型，设计师必须在图纸中明确表达出来，其他无关的无须标注。

| 箍筋类型编号 | 箍筋肢数 | 复合方式 |
|---|---|---|
| 1 | $m×n$ | 肢数$m$ 肢数$n$ $h$ $b$ |
| 2 | — | $h$ $b$ |
| 3 | — | $h$ $b$ |
| 4 | Y+$m×n$ 圆形箍 | 肢数$m$ 肢数$n$ $d$ |

（a）柱箍筋类型

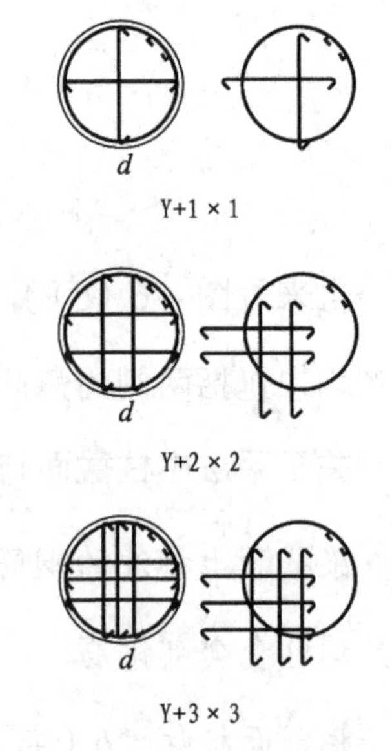


（b）非焊接圆形箍筋复合方式

图 4-8　22G101-1 提供的柱箍筋类型

图集共提供了四种箍筋类型，在图 4-8（a）中，箍筋类型 1、2、3 均为复合矩形箍，箍筋类型 4 为复合圆形箍筋。柱箍筋类型与肢数均应由图示表达清楚，在工程实践中，箍筋类型 1 最为常见。

（2）矩形箍筋的复合方式。

图 4-8 中的箍筋类型 1 为复合矩形箍 $m \times n$，$m$ 和 $n$ 均为≥3 的自然数，其中，$m$ 为竖向的箍筋肢数，$n$ 为水平向的箍筋肢数。

例如：5×4 表示竖向的箍筋肢数为 5 肢，水平向的箍筋肢数为 4 肢。

常见矩形箍筋的复合方式示意图如图 4-9 所示。框架柱矩形箍筋的复合方式同样适用于芯柱。

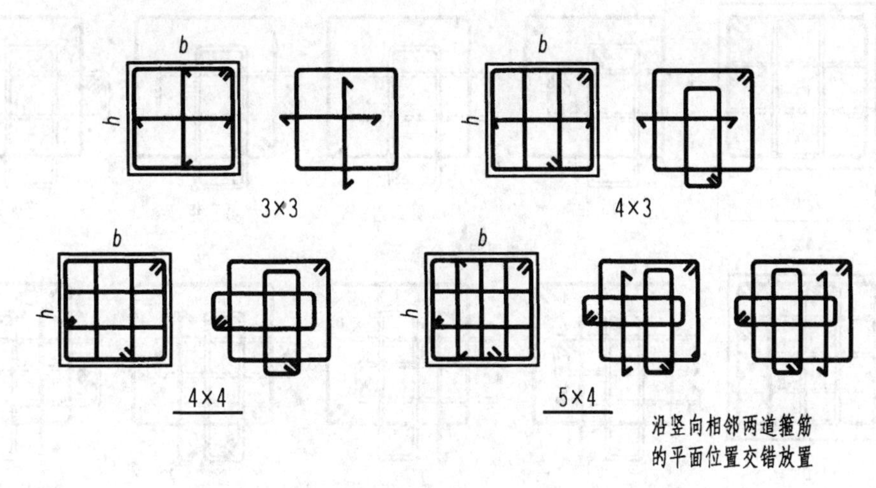


图 4–9 常见矩形箍筋的复合方式示意图

（3）圆形箍筋的复合方式。

图 4-8（a）中的箍筋类型 4 为复合圆形箍筋 Y+$m \times n$，“Y”代表圆形箍筋，“$m \times n$”与复合矩形箍筋中的意义相同。

图 4-8（b）为非焊接圆形箍筋复合方式，其中的 $m$ 与 $n$ 均由单肢箍（或称拉筋）组成，$m$ 与 $n$ 的数量原则是相同的。

（4）柱截面复合箍筋的施工排布构造。

施工时，柱截面复合箍筋的施工排布构造如图 4-10 所示（选自 G901 图集相关内容）。

观察图 4-10，可知柱截面复合箍筋的施工排布原则如下。

① 柱纵筋、复合箍筋的排布应遵循“对称均匀”的原则。

② 箍筋转角处必须有纵筋，包括外围非复合箍筋和内封闭小箍筋的各个转角。

③ 抗震设防时，箍筋对纵筋应满足“隔一拉一”的要求，即每隔一根纵筋应在两个方

向有箍筋或拉筋约束。

④ 柱封闭箍筋（外围封闭大箍与内封闭小箍）弯钩位置应沿柱竖向按顺时针（或逆时针）方向均匀分散排布。

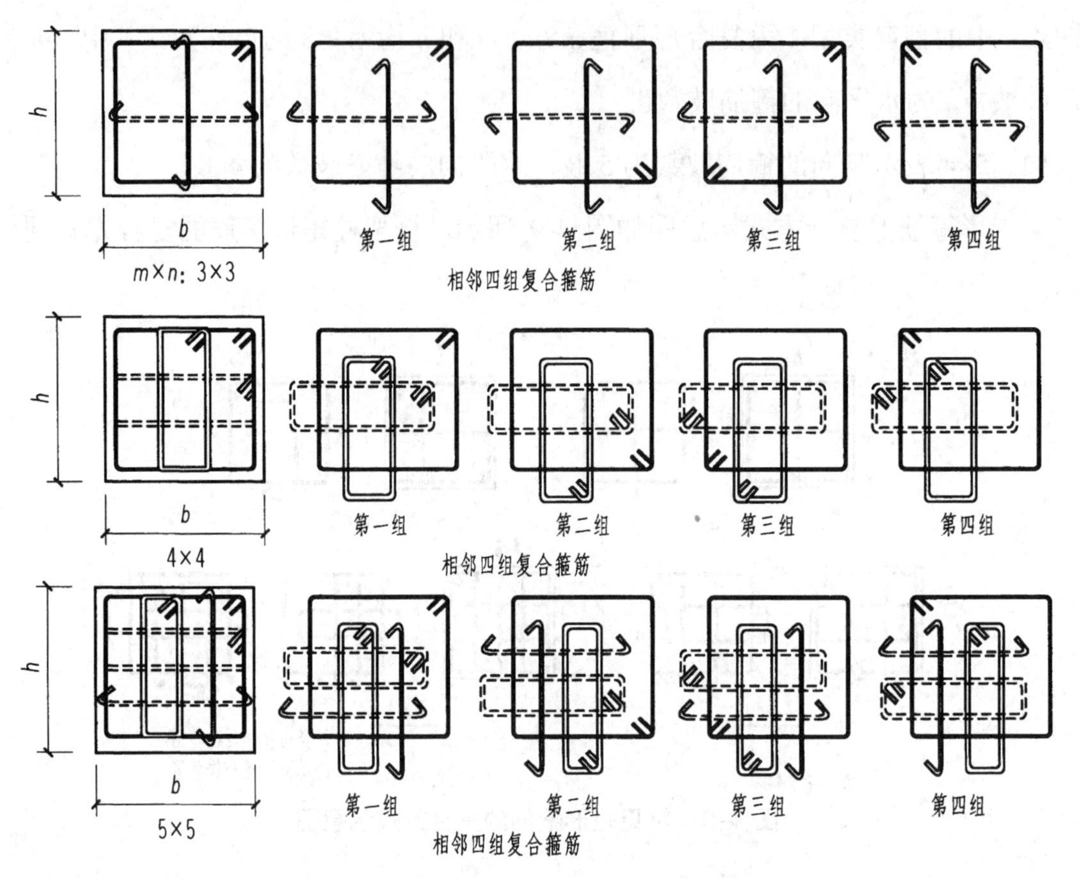


图 4–10 柱截面复合箍筋的施工排布构造

⑤ 柱复合箍筋应采用截面周边外围封闭大箍加内封闭小箍的组合方式（大箍套小箍），内部复合箍筋的相邻两肢形成一个内封闭小箍，当复合箍筋的肢数为单数时，设一个单肢箍（又称拉筋）。沿外封闭箍筋的周边，箍筋局部重叠不宜多于两层。

⑥ 若在同一组内，复合箍筋各肢位置不能满足对称性要求时，如图 4-9 中 5×4 肢箍，钢筋绑扎应沿柱竖向使相邻两组箍筋交错对称排布。

⑦ 当柱内部复合箍筋采用拉筋时，拉筋需同时钩住纵筋和外封闭箍筋，详见图 1-13。

⑧ 柱截面水平方向复合小箍筋应紧靠外围封闭箍筋下侧（或上侧）绑扎，竖向复合小箍筋应紧靠外围封闭箍筋上侧（或下侧）绑扎。

⑨ 框架柱箍筋加密区内的箍筋肢距（相邻两肢之间的中心距）：一级抗震等级，不宜大于 200mm；二、三级抗震等级，不宜大于 250mm；四级抗震等级，不宜大于 300mm。

根据复合箍筋施工排布原则②“箍筋转角处必须有纵筋”和③“隔一拉一”的要求，图 4-11（a）中的 3×3 肢箍至少要摆放 8 根纵筋，最多能摆放 16 根纵筋；4×4 肢箍至少要摆放 12 根纵筋，最多能摆放 24 根纵筋；5×4 肢箍至少要摆放 14 根纵筋，最多能摆放 28 根纵筋。

复合箍筋施工排布原则③，抗震设防的箍筋对纵筋应满足“隔一拉一”的要求，“隔一拉一”的含义为“被拉住的两根相邻纵筋之间可以不摆放纵筋，需要摆放纵筋时，最多只能摆放一根”。

图 4-11（b）的截面短边均为隔一拉一，截面长边被拉住的两根相邻纵筋之间是没有钢筋的，所以满足此要求。

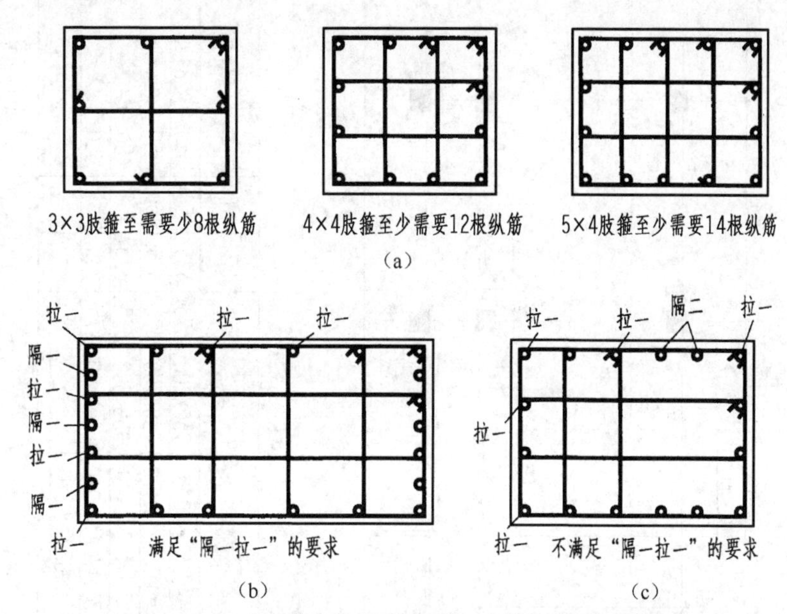


**图 4–11　柱截面复合箍筋施工排布原则示意图**

观察图 4-11（c），发现截面长边靠右侧有“隔二拉一”的现象，虽然其余纵筋全部被拉住，但此处不满足“隔一拉一”的要求，也不满足排布原则①，即箍筋排布“对称均匀”的原则。如果将竖向的小套箍整体向右移动一根纵筋的间距，它便同时符合排布原则①和③了。

## 案例应用二

### 认识列表注写方式柱平法施工图

图 4-12 所示为柱平法施工图列表注写方式示例，该图包括四部分内容：一是柱平面布置图，二是柱子箍筋类型图，三是柱表，四是结构层楼面标高与结构层高表。

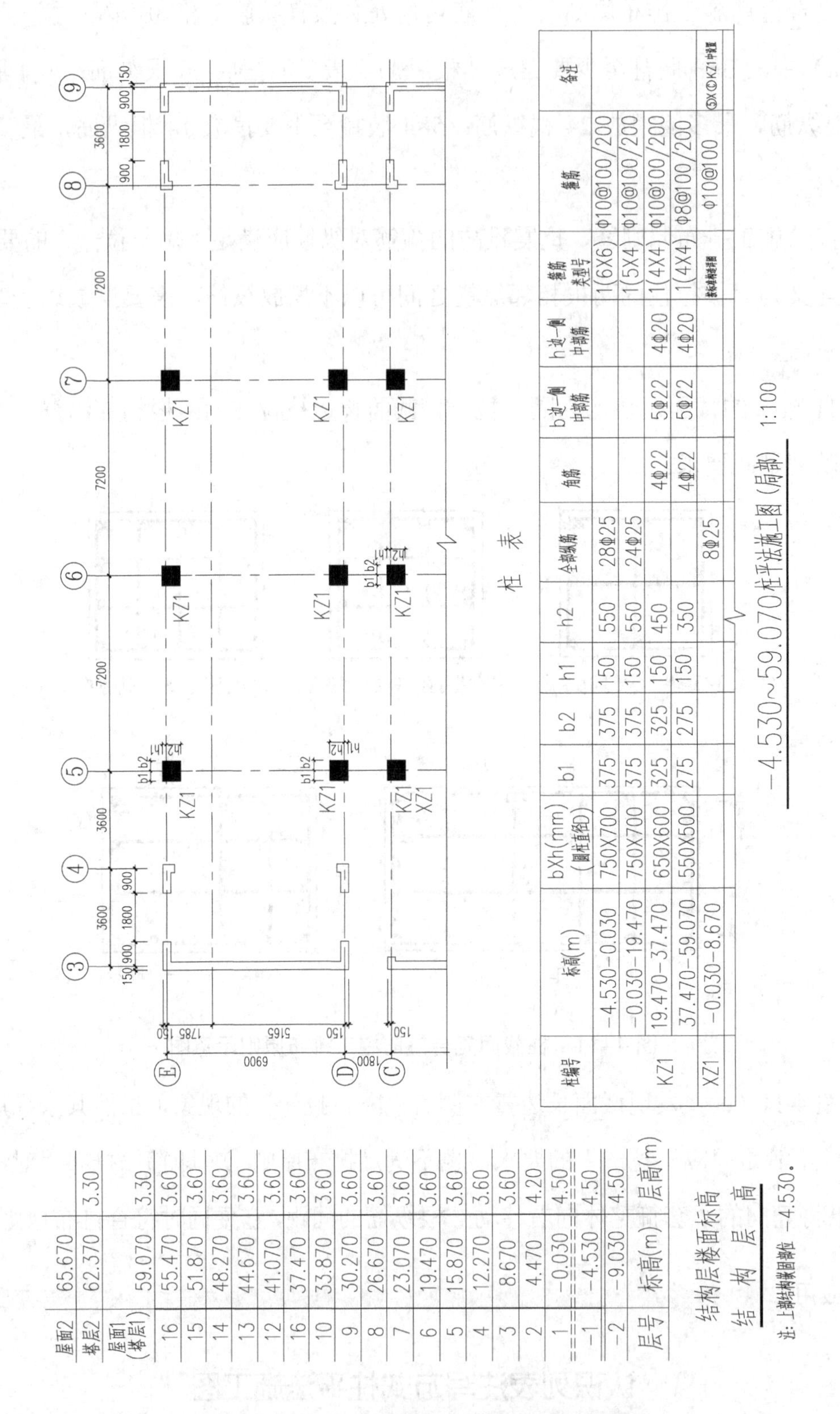


| 柱编号 | 标高(m) | bXh(mm)（圆柱直径D） | b1 | b2 | h1 | h2 | 全部纵筋 | 角筋 | b边一侧中部筋 | h边一侧中部筋 | 箍筋类型号 | 箍筋 | 备注 |
|---|---|---|---|---|---|---|---|---|---|---|---|---|---|
| KZ1 | −4.530–0.030 | 750X700 | 375 | 375 | 150 | 550 | 28Φ25 | | | | 1(6X6) | Φ10@100/200 | |
| | −0.030–19.470 | 750X700 | 375 | 375 | 150 | 550 | 24Φ25 | | | | 1(5X4) | Φ10@100/200 | |
| | 19.470–37.470 | 650X600 | 325 | 325 | 150 | 450 | | 4Φ22 | 5Φ22 | 4Φ20 | 1(4X4) | Φ10@100/200 | |
| | 37.470–59.070 | 550X500 | 275 | 275 | 150 | 350 | | 4Φ22 | 5Φ22 | 4Φ20 | 1(4X4) | Φ8@100/200 | |
| XZ1 | −0.030–8.670 | | | | | | 8Φ25 | | | | 按标准构造详图 | Φ10@100 | ⑤X©KZ1中设置 |

| 层号 | 标高(m) | 层高(m) |
|---|---|---|
| 屋面2 | 65.670 | |
| 塔层2 | 62.370 | 3.30 |
| 屋面1（塔层1） | 59.070 | 3.30 |
| 16 | 55.470 | 3.60 |
| 15 | 51.870 | 3.60 |
| 14 | 48.270 | 3.60 |
| 13 | 44.670 | 3.60 |
| 12 | 41.070 | 3.60 |
| 16 | 37.470 | 3.60 |
| 10 | 33.870 | 3.60 |
| 9 | 30.270 | 3.60 |
| 8 | 26.670 | 3.60 |
| 7 | 23.070 | 3.60 |
| 6 | 19.470 | 3.60 |
| 5 | 15.870 | 3.60 |
| 4 | 12.270 | 3.60 |
| 3 | 8.670 | 3.60 |
| 2 | 4.470 | 4.20 |
| 1 | −0.030 | 4.50 |
| −1 | −4.530 | 4.50 |
| −2 | −9.030 | 4.50 |

图 4–12　柱平法施工图列表注写方式示例

图 4-12 详细表达了柱子的平面布置图，包括柱子类型，柱与轴线的几何关系，柱子截面尺寸，纵向钢筋及箍筋配筋的具体情况，甚至柱截面各边的钢筋布置数量也在柱表中进

行了详细表达。从柱表中还可以看到，KZ1 将-4.530～59.070 分为四个柱段，它们各自的柱截面尺寸和配筋。

结构层楼面标高与结构层高表中显示，该工程为地下 2 层、地上 16 层的建筑，主体屋面标高为 59.070m，最高屋面标高为 65.670m，上部结构嵌固部位标高为-4.530m，本工程考虑了-0.030 标高处的嵌固作用。

结构层楼面标高与结构层高表中在-0.030～59.070 标高段显示竖向粗实线，表示该图的内容适用于此标高段。此标高段之外的柱内容在其他图纸中表达。

## 任务 2 解读列表注写方式柱平法施工图制图规则

柱平法施工图是在柱平面布置图上采用列表注写或截面注写方式表达的。在实际工程中应用时，通常以列表注写方式为主，以截面注写方式为辅。

列表注写方式是在柱平面布置图上对所有柱子进行编号，在相同编号的柱中选择一个或几个截面标注几何参数代号；在柱表中注写柱号、柱段起止标高、截面几何尺寸与配筋等具体数值，并配以箍筋类型图的方式。

柱平面布置图可采用适当比例单独绘制，也可与剪力墙平面布置图合并绘制。

图 4-12 为柱平法施工图列表注写方式示例，图纸内容包括：柱平面布置图、结构层楼面标高及结构层高表和柱表三部分内容。

下面结合图纸解读列表注写方式柱施工图平法制图规则。

### 一、柱平面布置图

柱平面布置图包含的内容如下。

#### 1. 柱编号

例如，1 号框架柱 KZ1，1 号梁上柱 LZ1 等。

#### 2. 柱截面尺寸代号

例如，$b\times h$，其中，$b=b_1+b_2$，$h=h_1+h_2$。

#### 3. 柱子的定位

例如，⑤轴和Ⓔ轴相交处的边柱 KZ1，⑤轴和Ⓓ轴相交处的中柱 KZ1 等。⑤轴与柱中心线重合，Ⓓ轴、Ⓔ轴与柱中心线不重合。

柱子与轴线的关系，$x$ 向用 $b_1$、$b_2$ 表示，$y$ 向用 $h_1$、$h_2$ 表示。

## 二、柱箍筋类型

在施工图中，柱的断面图有不同的类型，22G101-1 中提供了如图 4-8（a）所示四种柱箍筋类型，图中应明确标注所使用的类型。

具体工程设计时，若采用超出图 4-8 所列举的箍筋类型或标准构造详图中的箍筋复合方式，应在施工图中另行绘制，并标注与施工图中对应的 $b$ 和 $h$。

## 三、结构层楼面标高及结构层高表

结构层楼面标高及结构层高表简称结构标高及层高表，是柱平面布置图中必须要表达的内容之一。它能有效帮助人们快速地建立起整个建筑物的立体轮廓图。

柱构件与梁、板及剪力墙等构件的结构标高及层高表的内容基本相同，详细内容见项目三任务 2 的介绍。

本工程上部结构嵌固部位在地下一层底板处，标高为-4.530m，设计时考虑了地下室顶板对上部结构实际存在的嵌固作用，在-0.030 标高下使用双虚线注明。故本工程地下一层（-1 层）、首层（1 层）柱端箍筋加密区长度范围及纵筋连接位置均按嵌固部位要求设置。

本工程适用范围为-4.530～59.070 标高段的柱，表中用粗实线表示。

## 四、柱表

柱表中包含的内容为所有柱子的编号、分段起止标高、几何尺寸（含柱截面对轴线的定位情况）与配筋的具体数值。下面解读柱表中所包含的内容。

### 1. 柱编号

由类型、代号和序号组成，详见任务 1 表 4-1。

编号时，当柱的总高、分段截面尺寸和配筋均对应相同，仅分段截面与轴线的关系不同时，仍可将其编为同一柱号。

柱表左起第 1 列为柱编号，简称柱号。

图 4-12 中显示了 KZ1、XZ1。

2. 分段起止标高

注写各段柱的起止标高，自柱根部往上以变截面位置或截面未变但配筋改变处为界分段注写。

柱表左起第 2 列表示 KZ1 分四段，以及各段对应的起止标高。

**解读柱子的分段依据：**

（1）当无地下室时，柱根部即柱子的基础顶部扩大面。

（2）柱截面变化处，必须分段。如柱表中第二、三、四段柱截面尺寸不同，必须分段。

（3）柱截面虽然未变，但钢筋（包括牌号、直径、数量或间距）变化处也必须分段。如柱表中第一、二段柱截面尺寸相同，但配筋数量不同，必须分段。

3. 柱截面尺寸

截面尺寸需对应于柱子的分段标高分别标注。

矩形柱：注写截面尺寸 $b×h$，及与轴线关系的几何参数代号 $b_1$、$b_2$ 和 $h_1$、$h_2$ 的具体数值，其中，$b=b_1+b_2$，$h=h_1+h_2$。

圆柱：用圆柱直径数值前加“$d$”表示，其中，$d=b_1+b_2=h_1+h_2$。

柱表左起第 3～7 列表示 KZ1 各柱段对应的截面尺寸及与轴线关系的几何参数代号。

图 4-12 中显示 KZ1 分为四个标高段：

-4.530～-0.030 截面尺寸 750×700；

-0.030～19.470 截面尺寸 750×700；

19.470～37.470 截面尺寸 650×600；

37.470～59.070 截面尺寸 550×500。

Ⓓ、Ⓔ轴柱截面尺寸 $h_1$ 与 $h_2$ 为上下对称布置。⑤～⑦轴柱截面尺寸 $b_1$ 与 $b_2$ 为左右对称布置。

XZ1 仅在⑤×Ⓒ交叉处的 KZ1 中设置，柱标高段-4.530～8.670，截面尺寸未标注，需按照标准构造详图（见任务 4 图 4-29）设置。

4. 柱纵筋

柱纵筋根据直径是否相同及布置位置、数量可分为两种表达方式：当全部纵筋直径相同、各边根数也相同时，将纵筋注写在“全部纵筋”一栏中；除此之外，柱纵筋分角筋、截面 $b$ 边一侧中部筋和 $h$ 边一侧中部筋三项分别注写。

柱表左起第 8～11 列表示 KZ1 各柱段对应的柱纵筋的具体数值。

图 4-12 中 KZ1 标高段-4.530～-0.030 纵筋为 28⌀25，标高段-0.030～19.470 纵筋为 24⌀25，均标在“全部纵筋”一栏，表示全部纵筋的直径相同，且各边的根数也相同。实际

钢筋排布是角筋 4⌀25，*b* 边一侧中部筋和 *h* 边一侧中部筋各边根数均相同，详见任务 1 图 4-7 及相关讨论内容。

标高段 19.470～37.470 和 37.470～59.070 的柱纵筋各有两种直径，各边的根数也不相同，故分角筋、截面 *b* 边一侧中部筋和 *h* 边一侧中部筋三项分别注写，二段柱纵筋相同。

**解读柱纵筋标注的“全部纵筋”的意义：**

（1）只有当柱子全部纵向钢筋为一种直径，且四周根数均相同时，才能在该栏内注写，两个条件必须同时具备。柱子四周根数均为（柱纵筋总数－角筋）/4。

根据柱表内容绘制柱截面钢筋排布图时应特别注意。

（2）除此之外，应分角筋、截面 *b* 边一侧中部筋和 *h* 边一侧中部筋三栏分别注写。

（3）两种方式只需要标注一种，而不需要全部标注，即只能“二选一”进行标注。

XZ1 全部纵筋为 8⌀25，钢筋排布参照 KZ1 排布方式。

**5. 柱箍筋**

表示各柱段对应的箍筋类型及具体数值。注写柱箍筋，包括钢筋牌号、直径与间距。箍筋类型号同时表明了箍筋的肢数。

图 4-12 列出了平法中的四种箍筋类型，在实际工程中，仅需列出使用到的类型即可。

KZ1 只用到了类型 1，标高段-4.530～-0.030 为 6×6 肢，标高段-0.030～19.470 为 5×4 肢，标高段 19.470～59.070 均为 4×4 肢。柱表中显示第四段柱箍筋的直径不同，箍筋牌号、加密区与非加密区间距均相同。

**【例 4-1】**ϕ10@100/250，表示箍筋为 HPB300 级钢筋，直径为 10mm，加密区间距为 100mm，非加密区间距为 250mm。

**【例 4-2】**⌀10@100/250（⌀12@100），表示箍筋为 HRB400 钢筋，直径为 10mm，加密区间距为 100mm，非加密区间距为 250mm。框架节点核心区箍筋为 HRB400 钢筋，直径为 12mm，间距为 100mm。

当箍筋沿柱全高为一种间距时，则不使用“/”分隔。

如图 4-12 中 XZ1 箍筋类型按照标准构造详图设置，全柱段按一种间距设置。

**【例 4-3】**⌀10@100，表示箍筋为 HRB400 钢筋，直径为 10mm，全柱高范围内间距为 100mm。

当圆柱采用螺旋箍筋时，需在箍筋前加“L”。

**【例 4-4】**L⌀12@100/200，表示采用螺旋箍筋，HRB400 钢筋，直径为 12mm，加密区间距为 100mm，非加密区间距为 200mm。

柱表左起第 12 列、13 列表示 KZ1 各柱段对应的柱箍筋类型及具体数值。

## 案例应用三

### 认识截面注写方式柱平法施工图

图 4-13 所示为某工程截面注写方式的柱平法施工图（局部），该图包括两部分内容：一是柱平面布置图，二是结构层楼面标高与结构层高表。

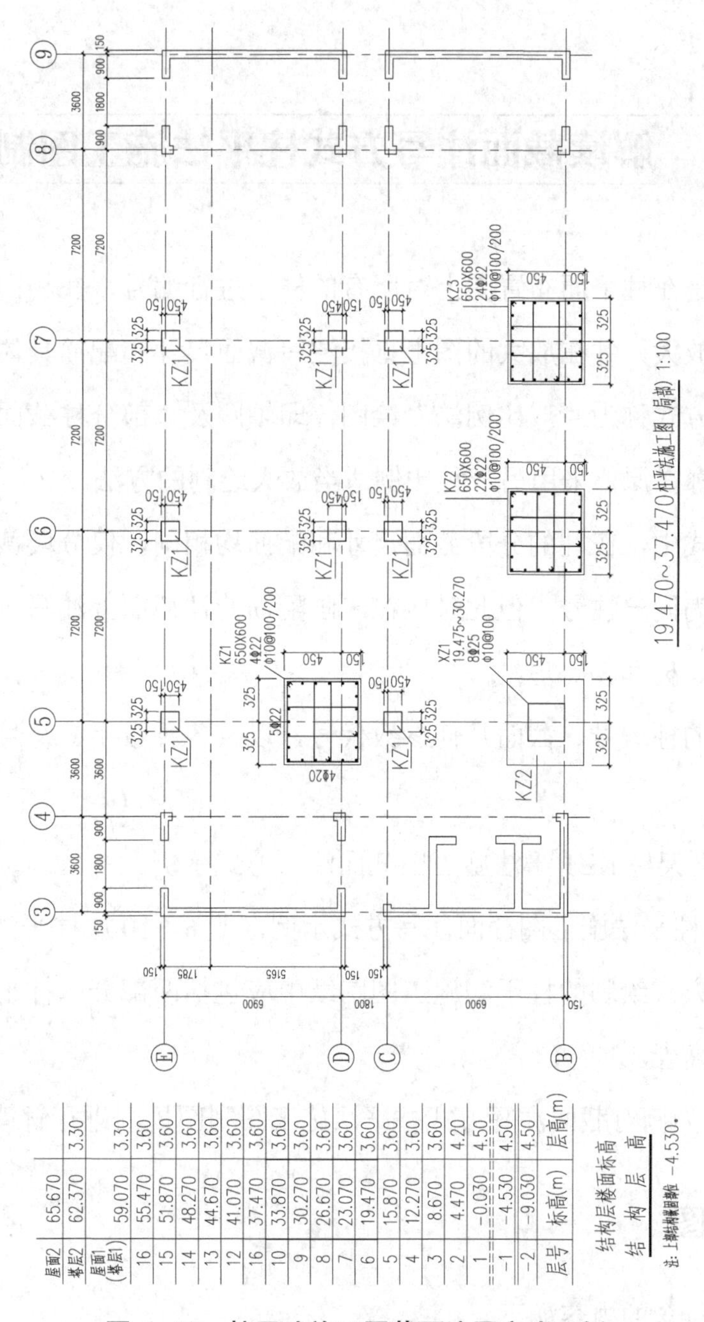


| 层号 | 标高(m) | 层高(m) |
|---|---|---|
| 屋面2 | 65.670 | |
| 塔层2 | 62.370 | 3.30 |
| 屋面1（塔层1） | 59.070 | 3.30 |
| 16 | 55.470 | 3.60 |
| 15 | 51.870 | 3.60 |
| 14 | 48.270 | 3.60 |
| 13 | 44.670 | 3.60 |
| 12 | 41.070 | 3.60 |
| 16 | 37.470 | 3.60 |
| 10 | 33.870 | 3.60 |
| 9 | 30.270 | 3.60 |
| 8 | 26.670 | 3.60 |
| 7 | 23.070 | 3.60 |
| 6 | 19.470 | 3.60 |
| 5 | 15.870 | 3.60 |
| 4 | 12.270 | 3.60 |
| 3 | 8.670 | 3.60 |
| 2 | 4.470 | 4.20 |
| 1 | –0.030 | 4.50 |
| –1 | –4.530 | 4.50 |
| –2 | –9.030 | 4.50 |

图 4–13　柱平法施工图截面注写方式示例

图 4-13 详细表达了柱子的平面布置图，包括柱子类型，柱与轴线的几何关系等。在原位放大的柱截面布置图上，详细表达了纵向钢筋及箍筋配筋的具体情况，甚至柱截面各边的钢筋布置数量，在图 4-13 中也进行了详细表达。

结构层楼面标高与结构层高表中显示，该工程为地下 2 层，地上 16 层，主体屋面标高为 59.070mm，最高屋面标高为 65.670mm。上部结构嵌固部位标高为-4.530mm。

表中只在 19.470～37.470 标高段显示竖向粗实线，表示该图的内容仅适用于这个标高段。

## 任务 3　解读截面注写方式柱平法施工图制图规则

截面注写方式是在柱平面布置图上对所有的柱子进行编号，在相同编号的柱中选择一个截面为代表原位放大，并在放大的图上直接注写截面尺寸和配筋具体数值来表达柱平法施工图。这种绘图方式称为“双比例法”绘图，即轴网及大部分柱截面采用一种比例，所选代表性柱截面轮廓在原位采用另一种比例适当放大绘制的方法。

在截面注写方式中，在柱的分段截面尺寸和配筋均相同，仅分段截面与轴线的关系不同时，仍可将其编为同一柱号。但此时应在未画配筋的柱截面上注写该柱截面与轴线关系的具体尺寸，即 $b_1$、$b_2$ 和 $h_1$、$h_2$。

截面注写方式的柱编号、截面几何参数代号，以及各种数字、符号等的规定与列表注写方式的规定相同。

图 4-2 所示为框架柱 KZ1 平法施工图截面注写方式示例。

图 4-13 所示为柱平法施工图截面注写方式示例，即 6～10 层柱平法施工图。

采用截面注写方式绘制的柱平法施工图图纸中应包括两部分：柱平面布置图和结构层楼面标高及结构层高表。

下面以图 4-13 为例对截面注写方式柱平法施工图制图规则进行解读。

### 一、柱平面布置图

柱平面布置图包含的内容如下。

### 1. 柱编号

例如，框架柱 KZ1、KZ2、KZ3 及芯柱 XZ1 等。

### 2. 柱截面尺寸代号

例如，$b \times h$，其中，$b=b_1+b_2$，$h=h_1+h_2$。

### 3. 柱子的定位

截面注写方式柱子的定位与列表注写方式柱子的定位内容和要求相同。例如，⑤轴和Ⓓ轴相交处的边柱 KZ1，⑤轴线与柱中心线重合，Ⓓ轴线与柱中心线不重合等。

### 4. 柱段高度

此处柱段高度是指柱段的起止标高，图 4-13 以该柱段起止标高段（19.470～37.470）为图名，与结构层楼面标高与结构层高表对照，可以确定本图纸所表示的是 6～10 层的内容。

其他柱段的施工图见另外图纸。

## 二、柱放大截面图上标注的内容

在相同编号柱 KZ1 中选择⑤轴和Ⓓ轴相交处的截面为代表，在原位放大约 3～5 倍，并在放大的图上直接注写截面尺寸和配筋的具体数值。

### 1. 柱放大截面图上直接引注的四项内容

（1）框架柱的编号：同列表注写方式，如第一行的 KZ1。

（2）框架柱的截面尺寸：同列表注写方式，如第二行的 650×600（$b \times h$）。

（3）框架柱的角筋（或全部纵筋）：如第三行的 4Φ25。

而图 4-2 中 KZ1 第三行则表达的是全部纵筋 24Φ25。

（4）箍筋的类型及肢数：如 Φ10@100/200。

箍筋的类型及肢数虽然未用文字标注，但在截面图上已直接清楚地用图示法画出来了，为 4×4 肢箍。这也是截面注写方式与列表注写方式在箍筋肢数表达上的不同之处。

### 2. 中部筋和截面尺寸代号

中部筋包括柱 $b$ 边一侧中部筋和 $h$ 边一侧中部筋两种，标注中注写的钢筋数量不包括角筋的数量。对称配置的矩形截面柱可仅注写一侧中部筋，对称边可省略不注，若不对称时，则两侧均必须分别注写。详见任务 1 图 4-7 及相关讨论内容。

例如，在放大的柱截面上方注写着 5⌀22，表示 $b$ 边一侧中部筋为 5⌀22，下方与上方对称，省略不写；在左方注写着 4⌀20，表示 $h$ 边一侧中部筋为 4⌀20，右方与左方对称，省略不写。

在图 4-13 中，$b_1=b_2=325$，$y$ 向轴线居中。$h_1=150$，$h_2=450$（或者 $h_2=150$，$h_1=450$），$x$ 向轴线不居中，截面中心线与 $x$ 向轴线的距离为 150。此处，不再重复标注 $b$ 和 $h$。

**关于柱的集中标注与原位标注的讨论：**

在 22G101 系列图集中，在柱的截面注写方式中未提到集中标注与原位标注的概念，笔者在此参照梁平法平面注写方式制图规则提出如下改进方法，以便读者学习记忆。

柱的集中标注：包括在柱放大截面配筋图上直接引注的四项内容，即柱的编号、截面尺寸（$b×h$）、角筋（或全部纵筋）和箍筋的具体数值共四项。

柱的原位标注：除集中标注外的标注内容，包括柱 $b$ 边一侧中部筋和 $h$ 边一侧中部筋两项配筋数值，柱截面与轴线的关系 $b_1$、$b_2$ 和 $h_1$、$h_2$，以及轴号等内容。

通过分析前述内容可知，柱截面注写方式的集中标注与原位标注是柱的表达方式的两个组成部分，二者互为补充，不可互相替代，不存在“原位标注取值优先”的问题。这是与梁平面注写方式的最大区别，读者对此要有清晰的认识。

## 三、结构层楼面标高及结构层高表

结构层楼面标高及结构层高表中包含的内容有嵌固部位标高、层数、楼面结构标高及结构层高等内容，与列表注写方式相同，此处不再赘述。

综上所述，柱平法施工图截面注写方式与列表注写方式大致相同。不同的是在施工平面布置图中，从同一编号的柱选出一根作为代表，在原来位置上按比例放大约 3～5 倍，直至能清楚表示轴线位置和详尽的配筋为止，它代替了柱平法施工图列表注写方式的截面类型和柱表；另外一个不同之处是截面注写方式需要每个柱段均绘制一张平法施工图，而列表注写方式则不用，一个柱表即可表达多个柱段的平法内容。

仔细观察可发现，图 4-13 和图 4-12 属于同一个工程，只不过后者表达的是前者某个标高段的内容。由此可知，柱平法施工图列表注写方式的图纸数量比截面注写方式要少得多。这也说明列表注写方式比截面注写方式更为简洁，图纸数量大大减少。

# 任务 4 识读柱平法标准构造详图

框架柱的钢筋构造包括纵筋构造和箍筋构造两部分。其中，纵筋构造又可分为柱根、柱身、柱顶等，如图 4-14 所示。只有真正掌握了柱子的钢筋构造，才能计算柱子的钢筋设计长度。

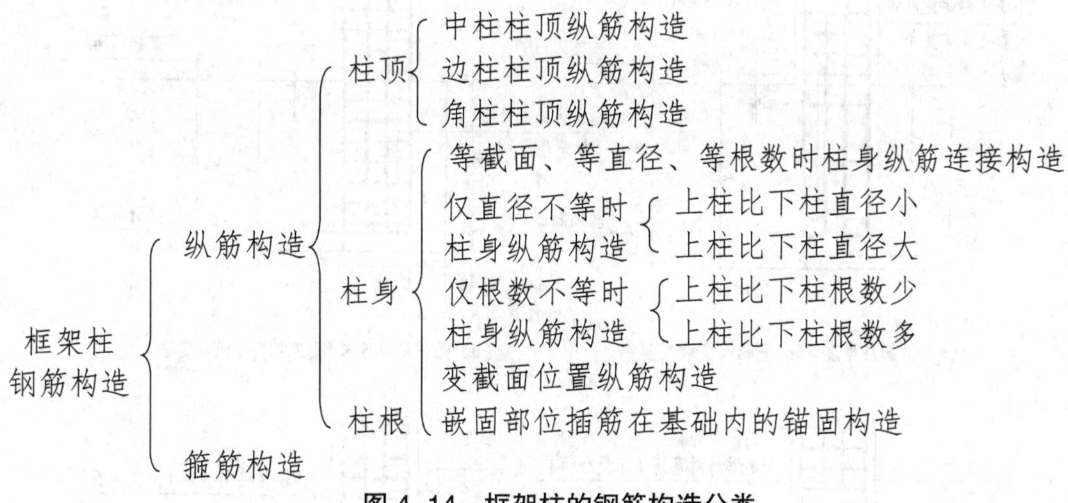


**图 4-14 框架柱的钢筋构造分类**

下面主要以框架柱为例，分别讲述柱子的各类钢筋构造，其余类型的柱筋计算方法与此基本相同。

## 一、柱插筋（柱根）的锚固构造

### 1. 柱插筋在基础内的锚固构造

框架柱是建筑结构体系中非常重要的竖向承重构件，同时又是框架梁的支座，建筑物上部的全部荷载最终都将通过它传递给基础，基础承受由柱子传递的荷载并接力传递给地基。与框架柱关联的构件除了上部的梁，还有下部的基础。基础是框架柱的支座，基础和柱子一旦失效，将危及整个建筑物的安全。可见，保证柱子与基础之间的可靠锚固是非常重要的。

框架柱 KZ 插筋在基础内的锚固构造分为四种，如图 4-15 所示。这是平法图集《混凝土结构施工图平面整体表示方法制图规则和构造详图（独立基础、条形基础、筏形基础及桩基承台）》（22G101-3）中的内容，为了保持框架结构（基础→柱→梁→板）的完整性，在此予以简单介绍。

（1）图 4-15 适用于独立基础、条形基础、桩基和筏基等各类基础。

（2）图 4-15 中标注的 $d$ 均指插筋直径，$h_j$ 为基础的高度。

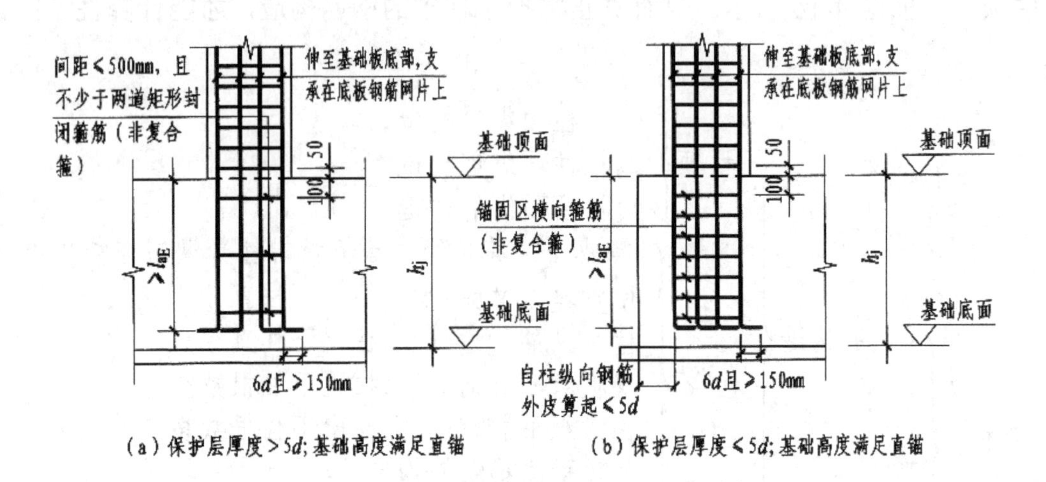


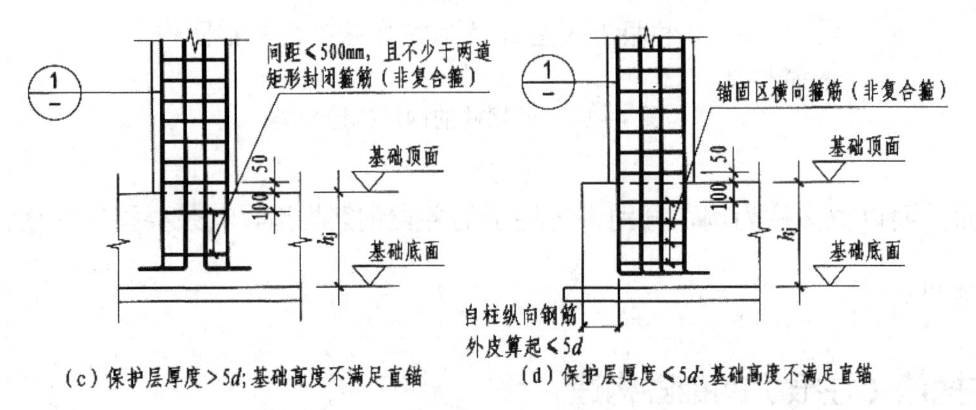


图 4–15 柱插筋在基础内的锚固构造

（3）四种锚固构造的插筋均需伸到基础底部并支在基础底板钢筋网上；插筋底部均做成 90° 的弯折，弯折水平段的投影长度分为以下两种情况。

① 当基础的高度 $h_j \leq l_{aE}$（或 $l_a$）时，取 $15d$。规范要求插筋在基础内锚固的垂直段投影长度还应满足 $\geq 0.6l_{abE}$（或 $0.6l_{ab}$）的验算要求。

② 当基础的高度 $h_j > l_{aE}$（或 $l_a$）时，取 $6d$，且 $\geq 150$。

计算柱插筋之前，必须先计算 $l_{aE}$，以判断其弯折水平段的取值。

（4）柱插筋在基础高度范围内均需设置非复合箍，且基顶往下第一道非复合箍筋距基顶的距离规定为100mm。当柱外侧插筋保护层＞5*d*时，设置间距≤500mm，且不少于两道非复合箍；当柱外侧插筋保护层厚度≤5*d*时，非复合箍的设置应满足箍筋直径≥*d*/4（*d*为插筋最大直径），间距≤5*d*（*d*为插筋最小直径），并且≤100mm的要求。

（5）在插筋保护层厚度不一致的情况下（如部分位于板中，部分位于梁内），保护层厚度≤5*d*的部位应按上条要求设置锚固区横向箍筋（非复合箍筋）。

（6）当柱为轴心受压或小偏心受压，独立基础、条形基础高度 $h_j$≥1200mm 时，或者当柱为大偏心受压，独立基础、条形基础高度 $h_j$≥1400mm 时，可仅将柱四角插筋伸至底板钢筋网上（伸至底板钢筋网上的柱插筋之间的间距不应大于1000mm），剩余钢筋满足锚固长度 $l_{aE}$（或 $l_a$）即可，且下部不需要弯钩。

对柱插筋在基础内锚固的垂直段投影长度的计算，需要考虑基础保护层厚度和基础底板两向钢筋的直径。图4-16所示为柱插筋在基础内锚固的垂直段投影长度的计算原理图。

柱插筋在基础内锚固的垂直段投影长度=$h_j-C_{基}-d_x-d_y$。

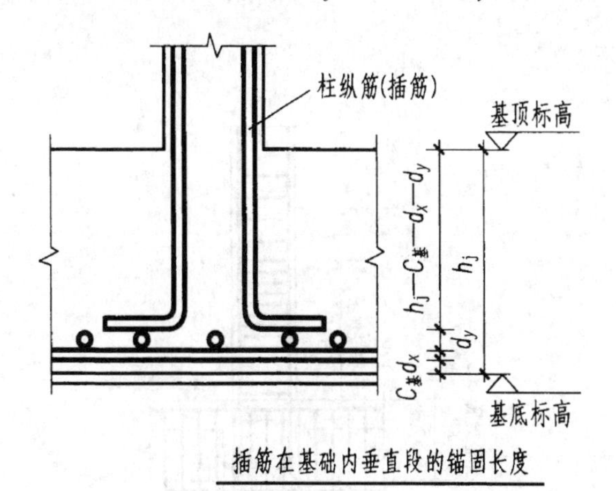


$h_j$—基础高度；$C_{基}$—基础钢筋保护层厚度；$d_x$、$d_y$—基础底板 *x* 向、*y* 向钢筋直径

图4-16 柱插筋在基础内锚固的垂直段投影长度的计算原理图

### 2. 柱插筋在梁内的锚固构造

柱插筋在梁内的锚固构造指梁上起框架柱KZ的插筋锚固构造。

常见的梁上起框架柱，如楼梯间生根在框架梁上承托层间平台梁的柱，如图4-17所示。

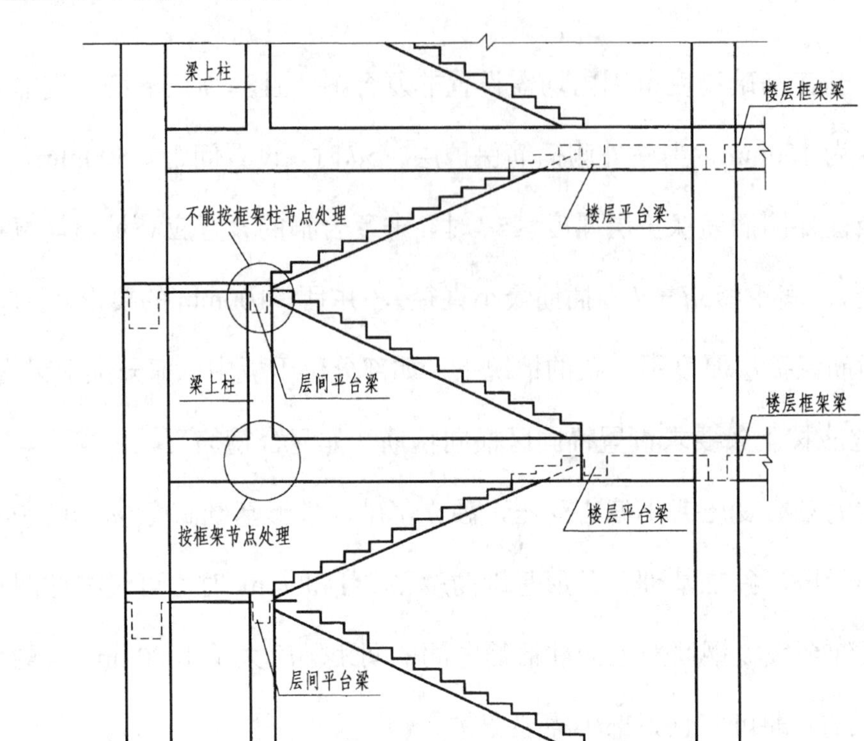


图 4-17　设置在楼梯间的梁上起框架柱 KZ

梁上起框架柱 KZ 属抗震构件，柱子上端纵筋锚固及下端插筋锚固构造均应按框架柱节点处理，如图 4-18 所示。

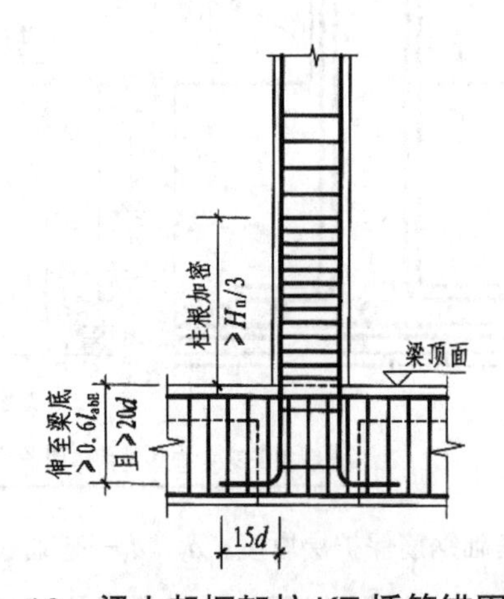


图 4-18　梁上起框架柱 KZ 插筋锚固构造

（1）梁插筋均采用 90° 弯锚形式并支撑在梁的下部受力筋上。弯折水平段投影长度取 15$d$，梁内竖向段投影长度伸至梁底，且≥20$d$，同时满足≥0.6$l_{abE}$ 的验算要求。

（2）梁上起框架柱，在梁高范围内设置间距不大于 500mm，且至少有两道柱子箍筋。

（3）梁上起框架柱的柱根嵌固部位在梁顶标高处，柱根箍筋加密区高 $H_n$/3。

（4）梁上起框架柱时，应在与该梁垂直的方向上设置交叉梁，以平衡柱脚在该方向的弯矩。

（5）框架梁上起柱，应尽量设计成梁的宽度大于柱宽度。当梁的宽度小于柱的宽度时，梁应设置水平加腋把柱底包住。

### 3. 柱插筋在剪力墙内的锚固构造

剪力墙上起框架柱 KZ 也属抗震构件，其插筋在剪力墙内的锚固构造有两种，一种是柱向下延伸与墙重叠一层的锚固方式，第二种是柱纵筋锚固在墙顶的方式，如图 4-19 所示。

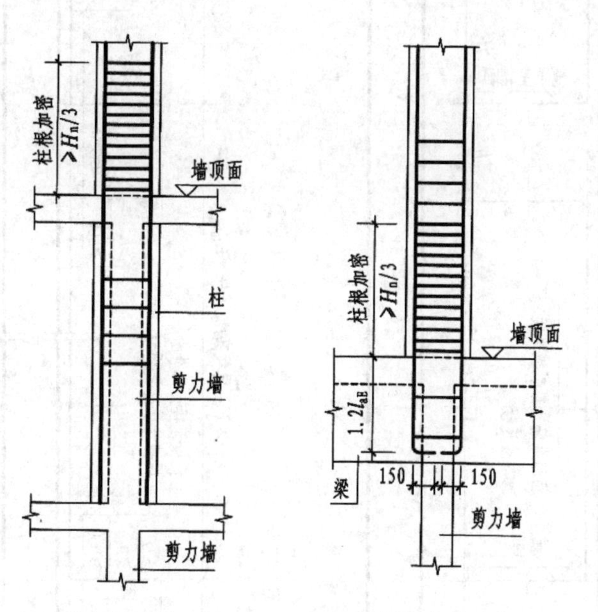


（a）柱与墙重叠一层　（b）柱纵筋锚固在墙顶部时柱根构造

**图 4-19　剪力墙上起框架柱 KZ 插筋锚固构造**

（1）墙上起框架柱 KZ 在墙顶面标高以下锚固范围内的柱箍筋按上柱非加密区箍筋要求配置。

（2）墙上起框架柱的柱根嵌固部位在墙顶标高处，柱根箍筋加密区高 $H_n/3$。

（3）柱纵筋锚固在墙顶部时的柱根构造，墙体平面外方向应设梁，以平衡柱脚在该方向的弯矩；当柱宽大于梁宽时，梁应设水平加腋。

（4）在梁高范围内设置间距不大于 500mm，且至少有两道柱箍筋。

## 二、柱身纵筋标准配筋构造

22G101 系列图集中柱身纵筋标准配筋构造均按抗震构造要求设置。规范规定，抗震设防烈度≥6 度的地区均需考虑对房屋进行抗震设防，按此标准，我国绝大部分地区均属于抗震设防区。

### 1. 框架柱身纵筋的连接构造

前面讲过，钢筋的连接可分为绑扎搭接、机械连接和焊接三种方式。设计图纸中钢筋的连接方式均应予以注明。

框架柱纵筋连接构造如图 4-20 所示。

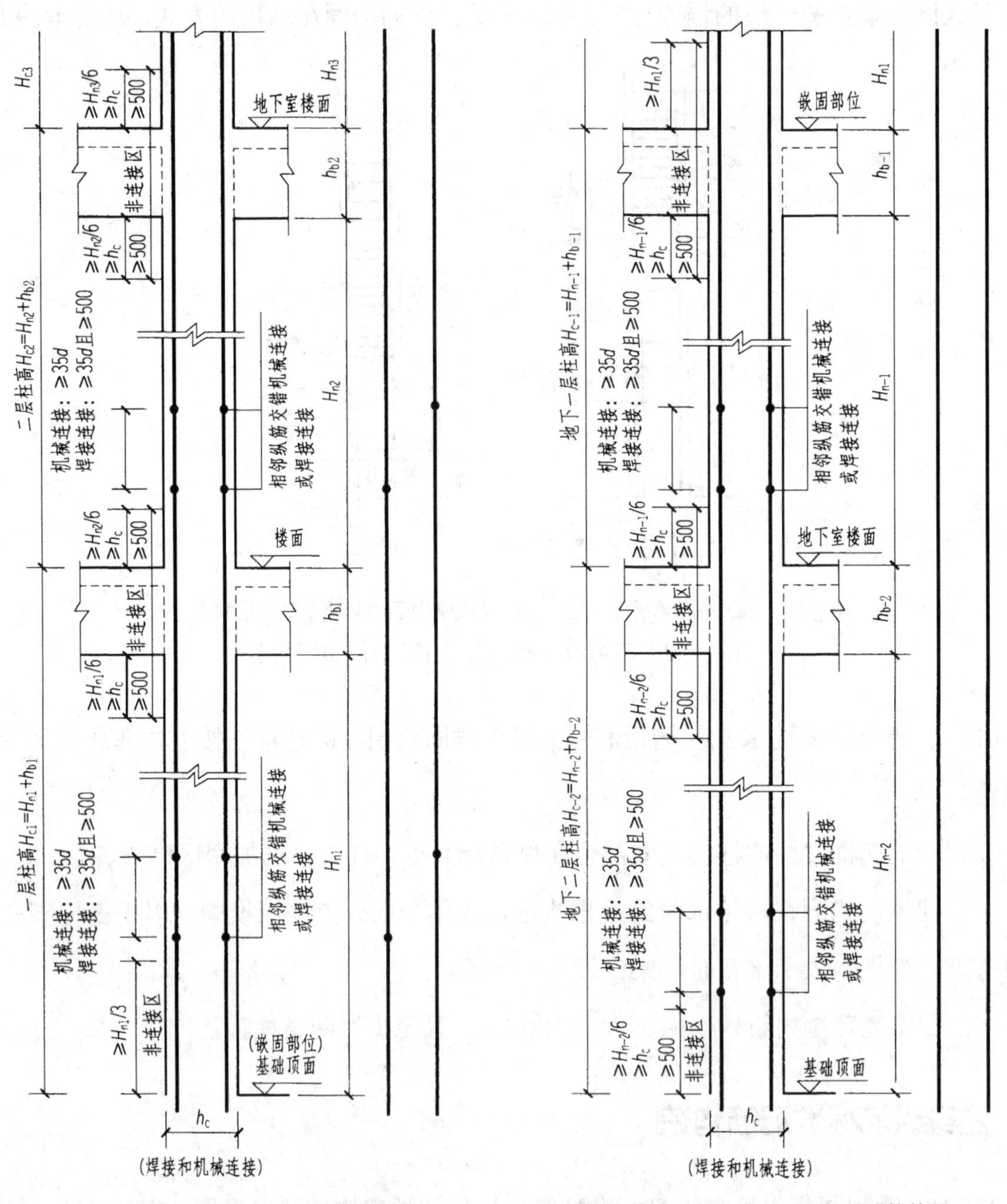


（a）无地下室框架柱 KZ 纵筋连接构造　　（b）有地下室框架柱 KZ 纵筋连接构造

**图 4-20　框架柱纵筋连接构造**

在实际施工中，通常受到诸多因素的制约而不得不将钢筋在某些位置截断，再接长。例如，变形钢筋的定尺长度一般为 9m 或 12m，加上高度方向上各柱段纵筋的直径有可能不同及施工条件的限制等，导致柱纵向钢筋总长度范围内难免会有接头存在。

当嵌固部位和基础顶面标高一致时，无地下室框架柱 KZ 纵筋连接构造如图 4-20（a）所示；当嵌固部位和基础顶标高不一致时，有地下室框架柱 KZ 纵筋连接构造如图 4-20（b）所示。图 4-20 中以机械连接和焊接形式为例，绑扎搭接连接构造详见 22G101-1。

（1）图 4-20 适用于上下柱等截面，钢筋等直径、等根数的情况。

（2）在图 4-20 中，$H_{ci}$ 为第 $i$ 层柱层高，$H_{ni}$ 为第 $i$ 层柱净高，$h_{bi}$ 为第 $i$ 层梁高，$H_{ci}=H_{ni}+h_{bi}$。

（3）柱嵌固部位非连接区长度为≥$H_{ni}/3$；其余所有柱上、下端非连接区均为≥$H_{ni}/6$、≥$h_c$、≥500mm 的“三控”高度值，需同时满足三个条件，所以应在三个控制值中取最大值（此处简述为“三选一”）。$H_{ni}$ 为非连接区所在楼层的柱净高，$h_c$ 为柱截面长边尺寸（圆柱为截面直径）。例如，图 4-20 中的嵌固部位处的“$H_{ni}/3$”应为“$H_{n1}/3$”，其余类同。

（4）柱相邻纵筋连接头要错开，同一截面内钢筋接头面积百分率不宜大于 50%。

（5）框架柱纵向钢筋应贯穿中间层节点，不应在中间层节点内截断，钢筋接头必须设在节点区以外。

框架柱纵筋连接构造其实就是计算出纵筋的连接区和非连接区。显然非连接区内是不允许有钢筋接头的。从理论上来讲，接头可在连接区内的任何位置，而实际工程中接头位置的确定通常以尽量节省钢筋为原则。从这一点来讲，施工现场由施工技术人员手算的钢筋长度不是唯一数值，而是根据实际情况可有一个变动范围的，如图 4-21 所示。

图 4-21 所示为框架柱 KZ 纵筋连接位置示意图，更加直观地表达出框架柱纵筋的连接位置情况。

图中所示“≥0”的实际意义：此处最小值可以为 0，也可以＞0，其最大限值是纵筋连接位置不得超过连接区上限值。

当某层连接区的高度不满足纵筋分两批搭接所需要的高度时，应改用机械连接或焊接。当框架柱纵筋直径 $d$ >25mm 时，不宜采用绑扎搭接接头。

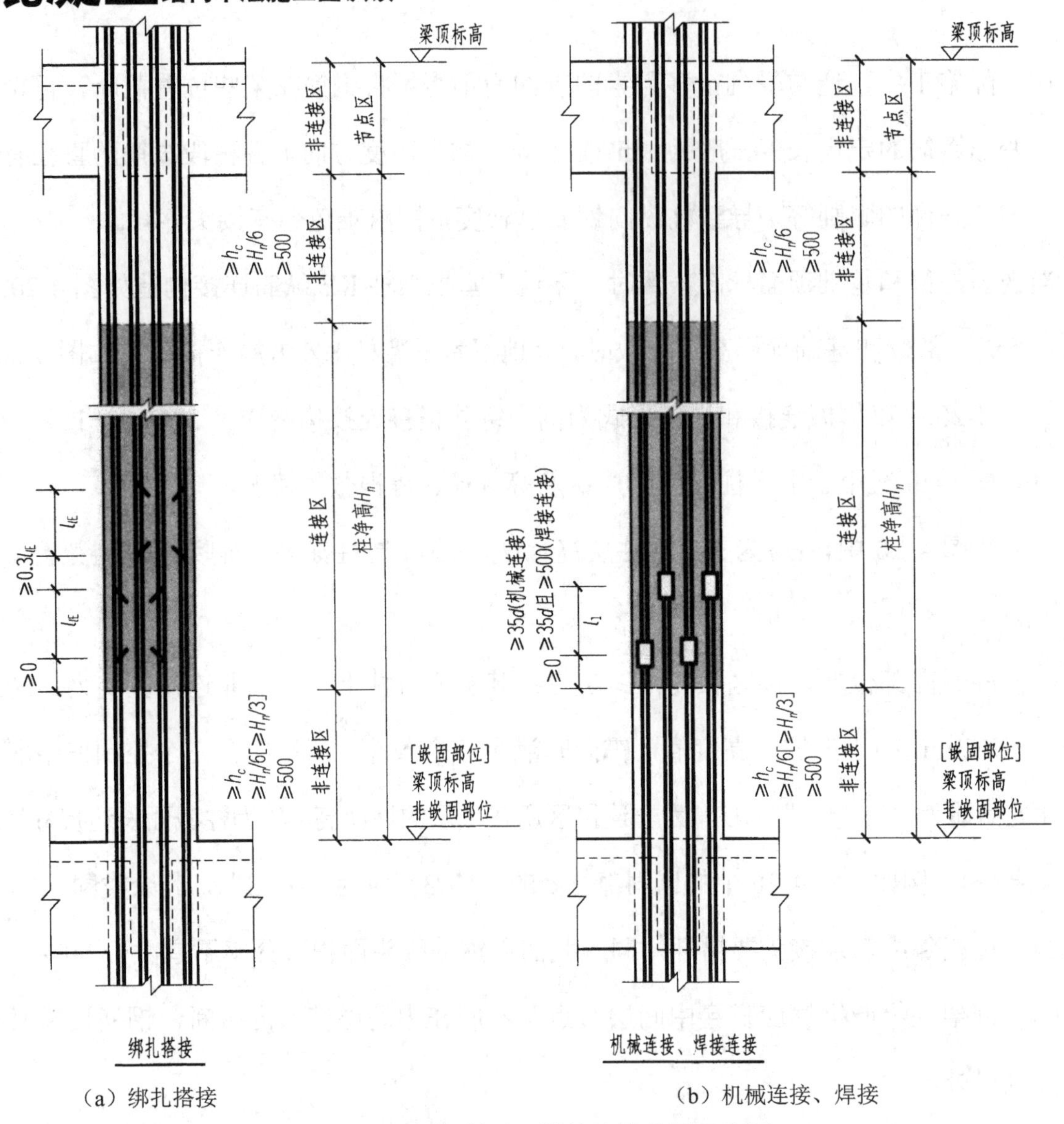


（a）绑扎搭接　　　　　　　　（b）机械连接、焊接

**图 4–21　框架柱 KZ 纵筋连接位置示意图**

### 2. 框架柱 KZ 纵筋上、下层配筋不同时的连接构造

（1）框架柱 KZ 上层纵筋根数增加时的连接构造。

在图 4-22 中，上层柱增加的纵筋向下，从梁顶面向下的锚固长度为 1.2$l_{aE}$。

（2）框架柱 KZ 上层纵筋根数减少时的连接构造。

在图 4-23 中，下层柱多出的纵筋向上锚入柱梁节点内，从梁底面向上的锚固长度为 1.2$l_{aE}$。

（3）框架柱 KZ 上层纵筋直径大于下层时的连接构造。

在图 4-24 中，上层具有较大直径的钢筋要往下穿越非连接区，与较小直径纵筋在下层柱连接区上端连接。

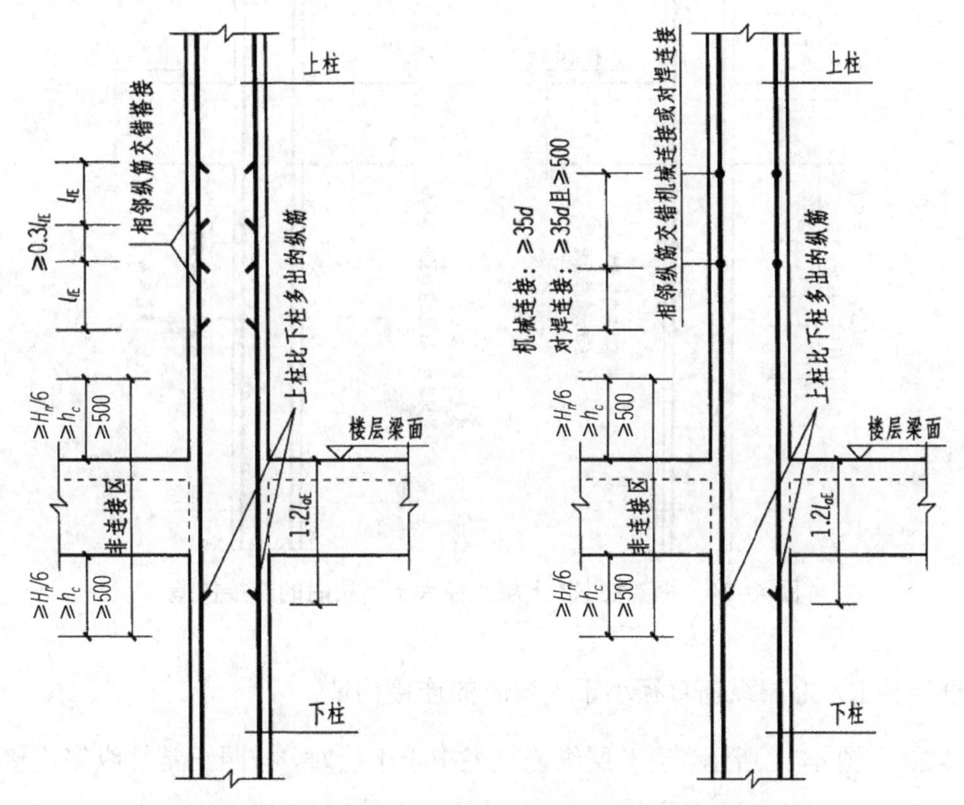


图 4-22　框架柱 KZ 上层纵筋根数增加时的连接构造

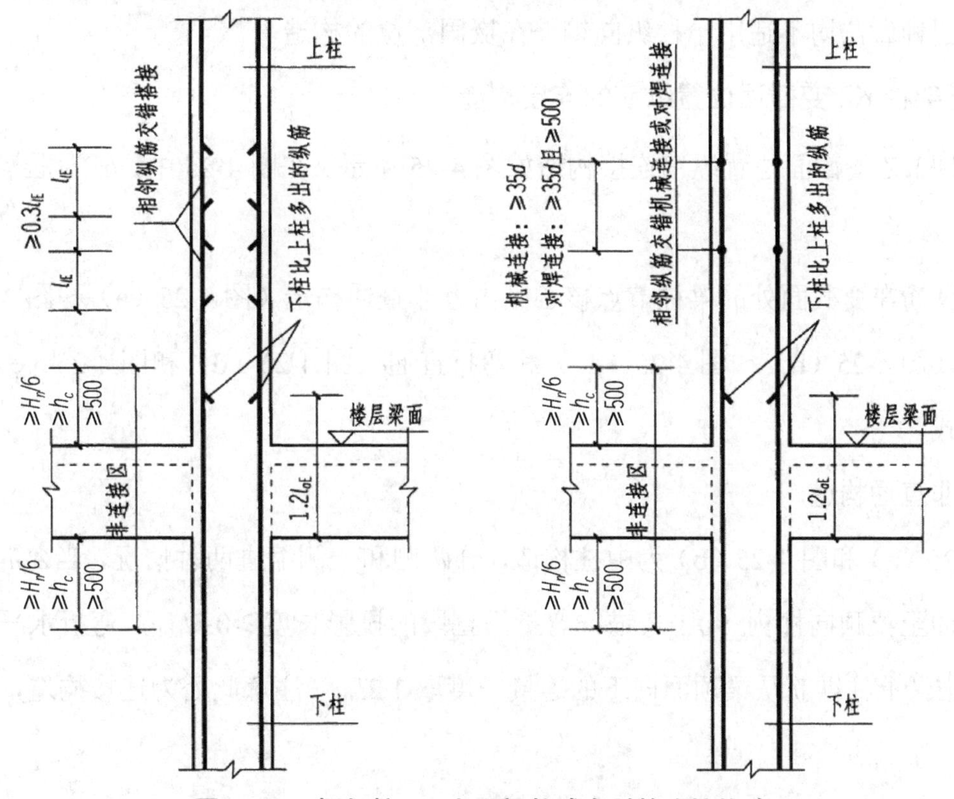


图 4-23　框架柱 KZ 上层根数减少时的连接构造

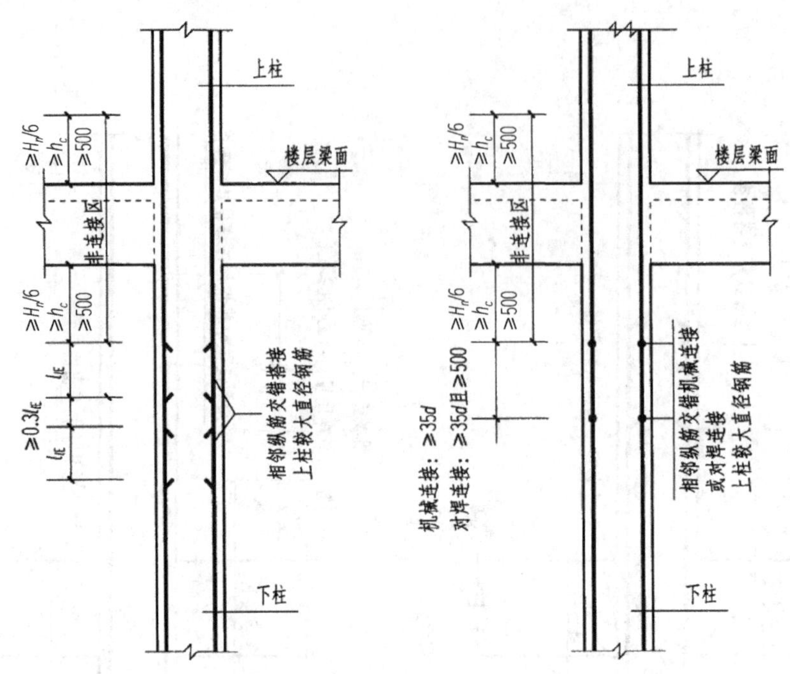


图 4-24　框架柱 KZ 上层直径大于下层时的连接构造

（4）框架柱 KZ 上层纵筋直径小于下层时的连接构造。

如图 4-20 和图 4-21 所示。当上层纵筋直径小于下层时，按照正常柱纵筋连接构造施工即可，无须采用特殊构造。

上述四种做法均不适用于柱纵向钢筋在嵌固部位的构造。

### 3. 框架柱 KZ 变截面位置纵筋的连接构造

框架柱 KZ 变截面位置纵筋连接构造如图 4-25 所示。在图 4-25 中，$h_b$ 为框架梁的截面高度。

（1）纵筋在变截面处的梁柱节点核心区内有非直通构造（图 4-25（a）～图 4-25（c））、直通构造（图 4-25（b）～图 4-25（d））和弯折直通（图 4-25（d）和图 4-25（e））三种连接构造形式。

（2）非直通构造。

图 4-25（a）和图 4-25（b）为中柱构造，分两侧和一侧缩进两种情况，当 $\Delta/h_b>1/6$ 时，下柱纵筋伸至梁顶向柱内 90° 弯锚；弯折垂直段的投影长度 ≥$0.5l_{abE}$，弯折水平段的投影长度为 $12d$。上柱纵筋从梁顶面向下的连接长度取 $1.2l_{aE}$（注意此处为连接构造，而不是锚固构造）。

图 4-25（c）：角柱和边柱外侧边向内缩进，$\Delta$无论是多少，下柱纵筋均须伸至梁顶向柱

内 90° 弯锚；弯折水平段投影长度为$\Delta$加上 $l_{aE}$，再减去柱保护层厚度。上柱外侧边纵筋自梁顶面向下的连接长度仍取 $1.2l_{aE}$（连接构造）。

（3）直通构造。

图 4-25（b）～图 4-25（d）右侧钢筋为直通构造，按框架柱纵筋连接构造处理。

（4）弯折直通构造。

图 4-25（d）和图 4-25（e）：当$\Delta/h_b \leqslant 1/6$ 时，下柱纵筋在梁高 $h_b$ 范围内稍做弯折即可直通到上柱纵筋的相应位置。

（5）下部非直通纵筋弯钩平面。

图 4-25（f）：为上述变截面构造三面缩进、一面不缩进的水平断面示意图，阴影部分为上柱变小后的柱截面。

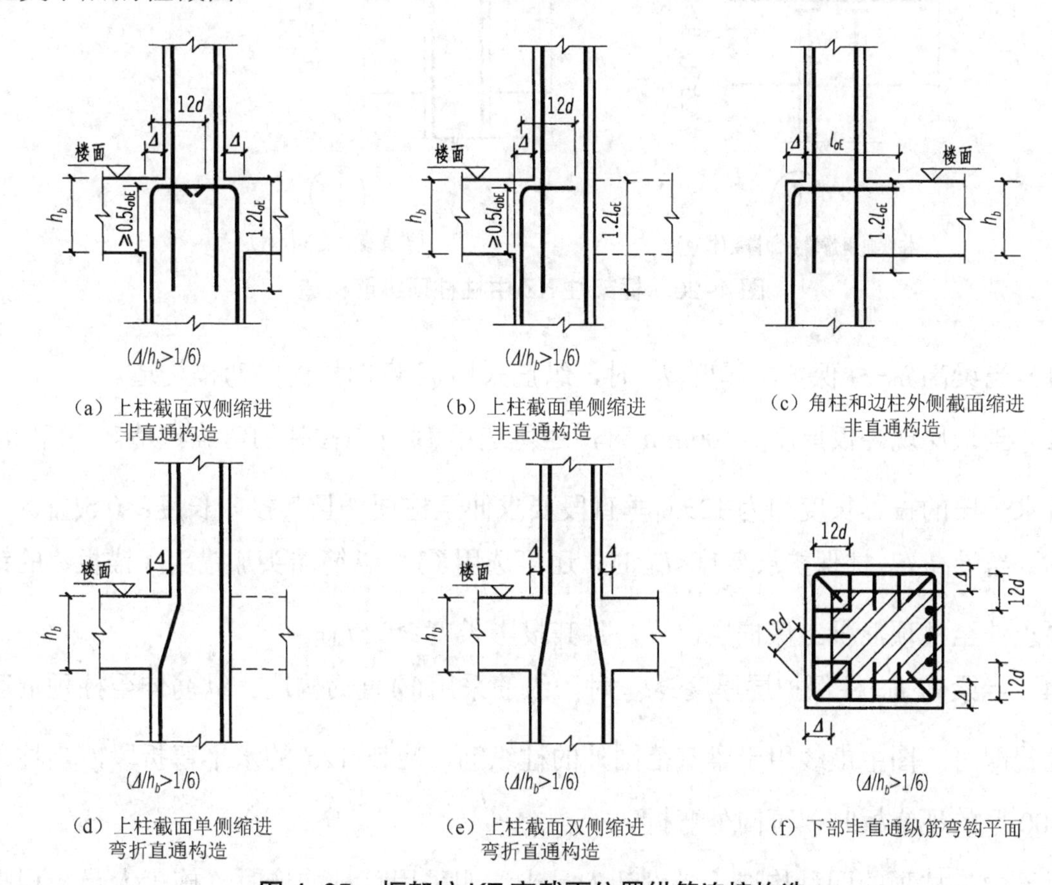


图 4-25　框架柱 KZ 变截面位置纵筋连接构造

## 三、柱顶纵筋标准配筋构造

框架边柱、角柱和中柱在柱顶处的纵向钢筋的构造是不同的。

1. 框架柱 KZ 中柱柱顶纵筋构造

框架柱 KZ 中柱柱顶纵筋构造分Ⓐ、Ⓑ、Ⓒ、Ⓓ4 种做法，如图 4-26 所示。

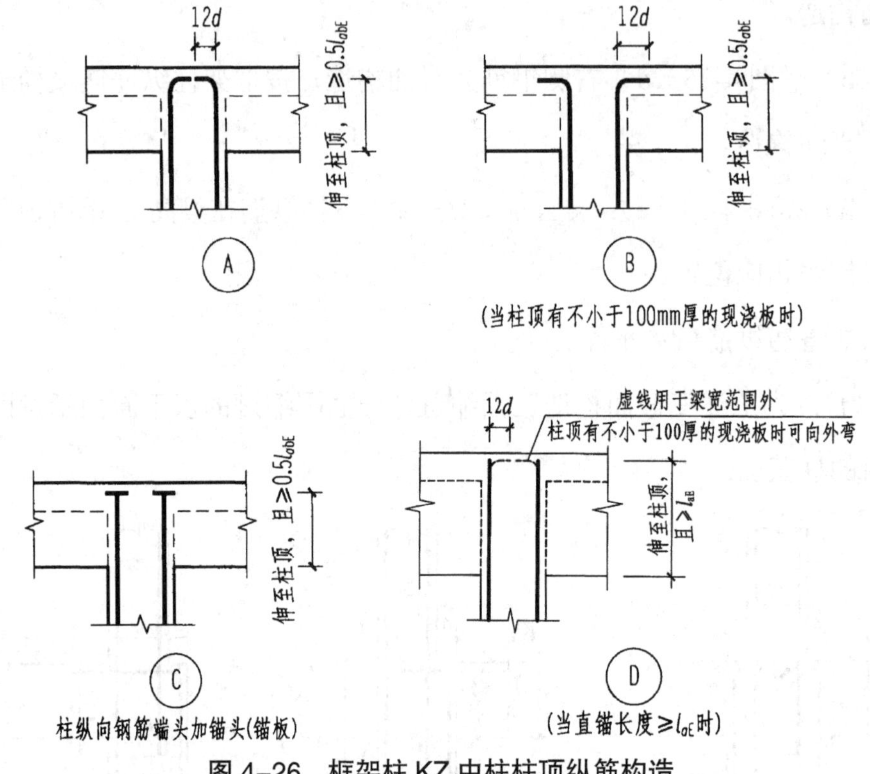


图 4-26 框架柱 KZ 中柱柱顶纵筋构造

（1）当梁高 $h_b$-柱保护层厚度<$l_{aE}$ 时，纵筋采用Ⓐ弯向柱内的弯锚构造。

（2）当顶层现浇板厚度≥100mm 时，还可选用Ⓑ弯向柱外的弯锚构造。Ⓐ和Ⓑ构造的弯折水平段的投影长度均为 12$d$，垂直段要求伸至柱顶，且其投影长度≥0.5$l_{abE}$。

（3）当梁高 $h_b$-柱保护层厚度<$l_{aE}$ 时，还可选用Ⓒ柱纵筋端头加锚头（锚板）的锚固方式。要求伸至柱顶混凝土保护层位置，且其投影长度≥0.5$l_{abE}$。

（4）当梁高 $h_b$-柱保护层厚度≥$l_{aE}$ 时，纵筋采用Ⓓ直锚构造。纵筋伸至柱顶混凝土保护层位置即可。图中虚线用于梁宽范围外的柱纵筋，应设 12$d$ 的水平弯折段，当柱顶有不小于 100 厚的现浇板时，可向外弯折。

对于中柱柱顶的四种构造，当设计人员未注明采用哪种构造时，施工人员应根据实际情况按各种做法所要求的条件正确选用。

## 特别提示

框架柱 KZ 中柱柱顶纵筋构造在任何情况下，柱顶纵筋无论是否弯折都必须伸到柱顶

（伸至柱顶，且≥$0.5l_{abE}$）。而在框架柱 KZ 变截面位置纵筋构造（图 4-25（a）和图 4-25（b））中，下柱纵筋伸入梁内，虽无必须伸到柱顶的要求（仅≥$0.5l_{abE}$），但也应该伸至柱顶，且垂直段投影长度无论是否≥$l_{aE}$，均应水平弯折 $12d$。变截面位置属薄弱环节，应特别加强。

2. 框架柱 KZ 边柱和角柱柱顶纵筋构造

框架柱 KZ 边柱和角柱柱顶纵筋构造，简称为“顶梁边柱”构造，可简化分为二类构造，一类称为“柱插梁”构造，一类称为“梁插柱”构造。

（1）“柱插梁”构造。

柱外侧纵向钢筋和梁上部纵向钢筋在节点外侧弯折搭接构造，见图 4-27 所示。

梁宽范围内的梁上部纵筋伸入柱内，向下弯折≥$15d$；柱外侧纵筋向梁内弯折，在梁柱节点外部形成搭接构造。KZ 边柱和角柱柱顶纵筋伸入梁内的柱外侧纵筋不宜少于柱外侧全部纵筋截面积的 65%。

梁宽范围外的柱纵筋在节点内锚固，或伸入厚度不小于 100 的现浇板内锚固。

上述两种构造做法应配合使用。

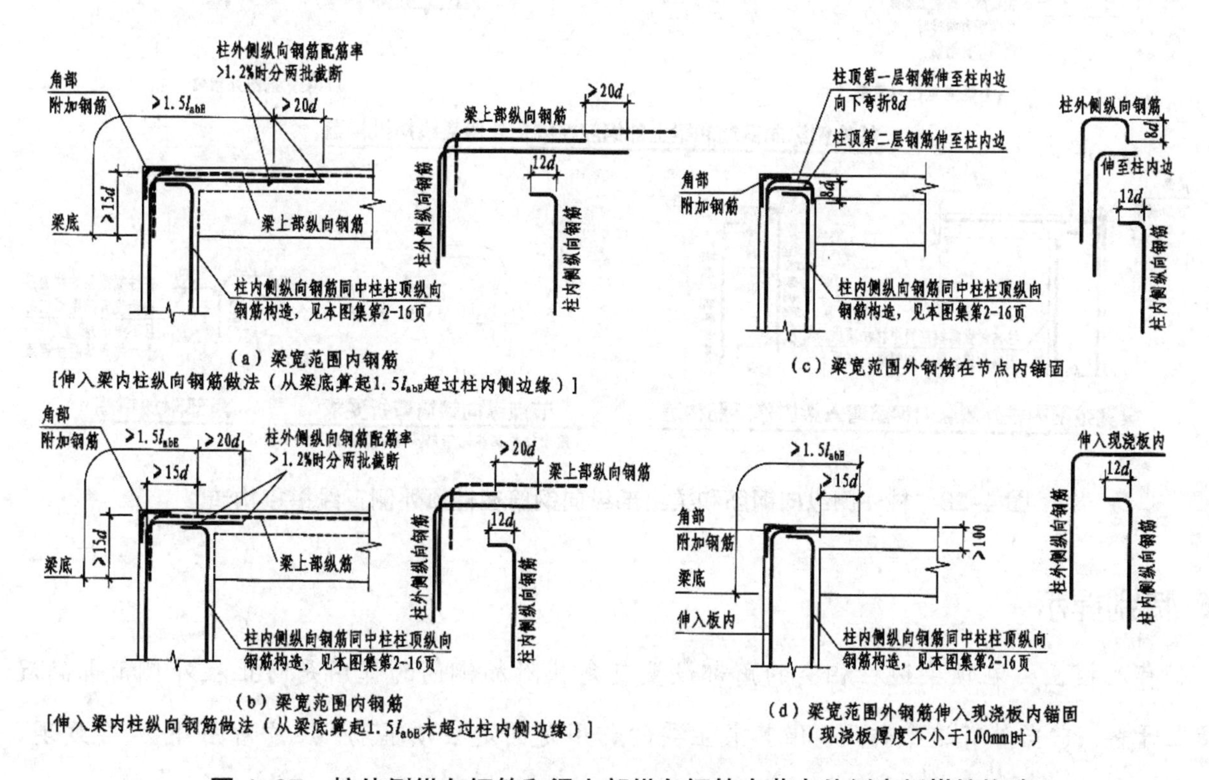


图 4–27　柱外侧纵向钢筋和梁上部纵向钢筋在节点外侧弯折搭接构造

（2）“梁插柱”构造。

柱外侧纵向钢筋和梁上部纵向钢筋在柱顶外侧直线搭接构造，见图 4-28 所示。

梁宽范围内的柱外侧纵筋伸至柱顶，梁上部纵筋伸入柱内向下弯折，在柱外侧形成直线搭接构造。

梁宽范围外的柱纵筋需伸至柱顶，水平弯折 12$d$。

当柱外侧纵筋直径不小于梁上部钢筋时，梁宽范围内柱外侧纵筋可弯入梁内作梁上部纵筋。此时应与图 4-27 所示柱外侧纵筋和梁上部纵筋在节点外侧弯折搭接构造（梁宽范围内内钢筋）组合使用。

（3）在柱宽范围的柱箍筋内侧设置间距≤150mm，且不少于 3Φ10 的角部附加钢筋，见图 4-28 所示。

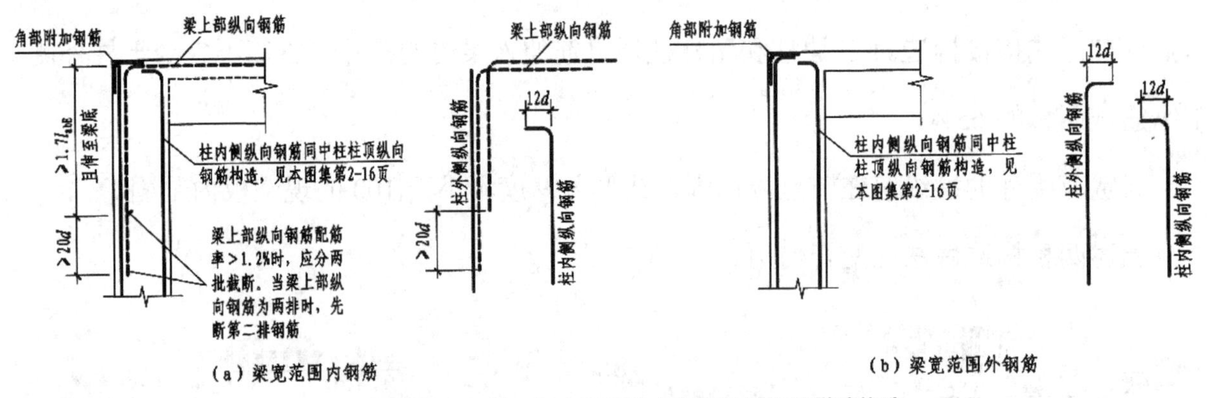


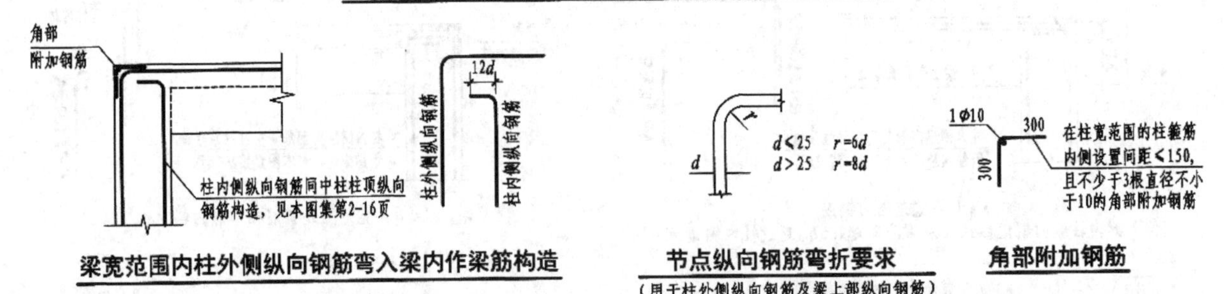


图 4-28 柱外侧纵向钢筋和梁上部纵向钢筋在柱顶外侧直线搭接构造

## 特别提示

有人提出：在顶梁边柱相交的角部设置直角状附加钢筋的作用是防止柱外侧角部的混凝土开裂。它当然有这个作用，但其最主要的作用是固定柱顶箍筋。注意看图 4-27 会发现，柱外侧纵筋伸到柱顶 90°弯折时有一个不小的弧度（弯弧内半径为 6$d$ 或 8$d$），这就造成柱顶部分的加密箍筋无法与已经拐弯的外侧纵筋绑扎固定，这几根直角状附加钢筋正好起到了固定柱顶箍筋的作用。

（4）顶层边节点纵向钢筋弯折要求和角部附加钢筋要求相同。当 $d\leqslant25$ 时，弯曲半径 $R=6d$；当 $d>25$ 时，$R=8d$，见图 4-28 所示。除此之外，其他所有节点纵筋弯折要求均为：当 $d\leqslant25$ 时，弯曲半径 $R=4d$；当 $d>25$ 时，$R=6d$。

（5）当设计未注明采用哪种构造时，施工人员应根据实际情况按各种做法所要求的条件正确选用。

### 3. 框架柱 KZ 边柱、角柱柱顶等截面伸出时的纵筋构造

框架柱 KZ 边柱、角柱柱顶等截面伸出屋面时的纵筋构造如图 4-29 所示。

（1）图 4-29 为顶层边柱、角柱等截面伸出屋面时的柱纵筋构造，设计时应根据具体伸出长度采取相应的做法。

当柱伸出长度自梁顶算起满足直锚长度 $l_{aE}$ 时，选用图 4-29（a）的构造。柱纵筋在顶部不需要弯折，伸至柱顶即可。

当柱伸出长度自梁顶算起不能满足直锚长度 $l_{aE}$ 时，选用图 4-29（b）的构造。柱纵筋在顶部需要水平弯折，弯折长度均为 15*d*。

（2）当柱顶伸出屋面的截面尺寸发生变化时，应另行设计。

（3）图 4-29 中梁上部钢筋应伸至柱外侧纵筋内侧，且 $\geqslant0.6l_{abE}$，梁下部纵筋构造见项目三图 3-27。

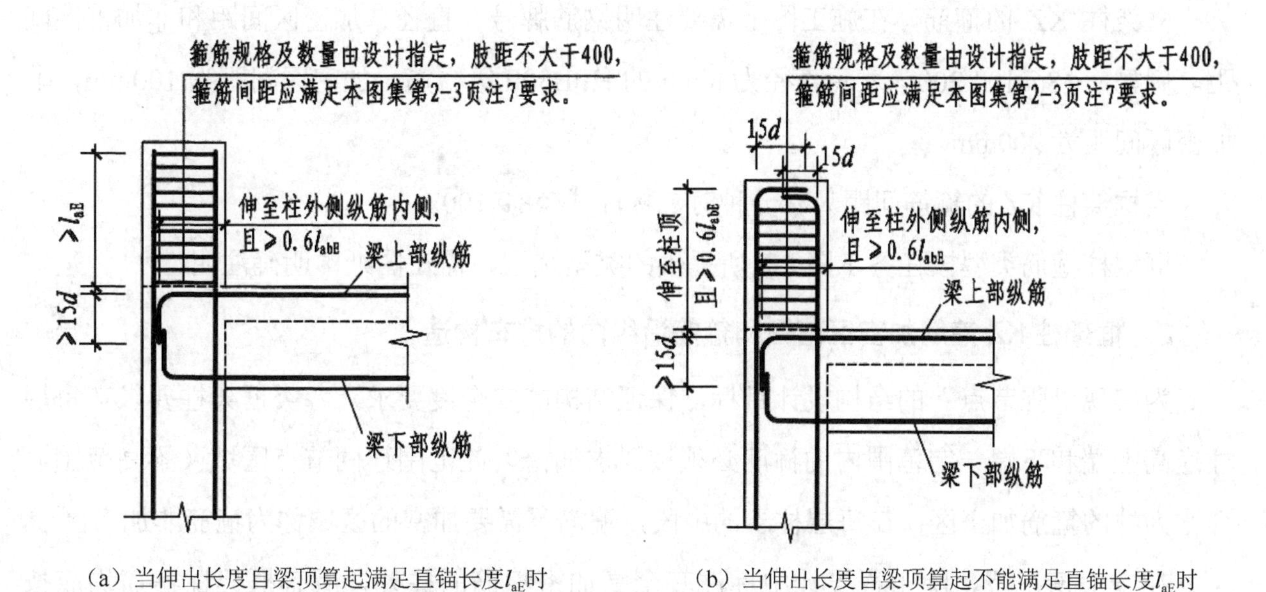


（a）当伸出长度自梁顶算起满足直锚长度 $l_{aE}$ 时　　（b）当伸出长度自梁顶算起不能满足直锚长度 $l_{aE}$ 时

图 4–29　框架柱 KZ 边柱、角柱柱顶等截面伸出屋面时的纵筋构造

#### 4. 芯柱 XZ 纵筋配筋、连接和锚固构造

芯柱是根据结构需要加强了的竖向钢筋混凝土构件。具体来说，沿着框架柱或转换柱的一定高度范围内，在其截面核心部位按要求配置了纵筋与箍筋，从而形成了一个内部加强区，芯柱 XZ 配筋构造如图 4-30 所示。

芯柱应设置在框架柱截面中心部位，芯柱截面尺寸按规范规定的构造要求确定，而柱内纵筋和箍筋应由设计人员给定。当设计人员采用不同的做法时，应另行注明。

芯柱定位随框架柱走，不需要注写其与轴线的几何关系。

芯柱纵向钢筋的连接及根部锚固与框架柱的要求相同，且纵向钢筋应在芯柱的上下楼层中可靠锚固。芯柱箍筋应单独设置，构造要求与框架柱相同。

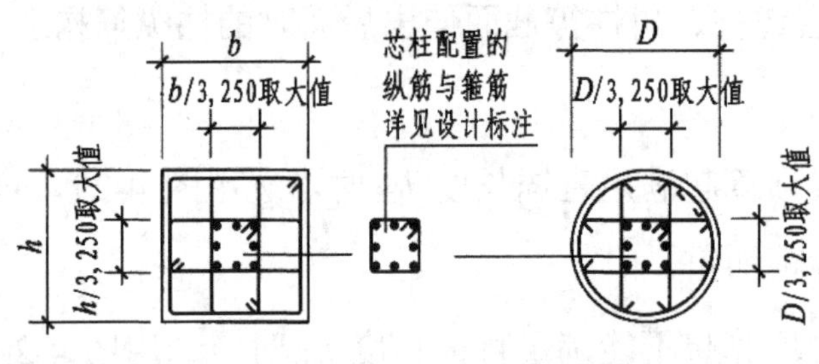


图 4–30　芯柱 XZ 配筋构造

## 四、柱箍筋标准配筋构造

#### 1. 框架柱 KZ 的箍筋标注

框架柱 KZ 的箍筋，在施工图上需要注明钢筋牌号、直径、加密区间距和非加密区间距。例如，Φ8@100/200，表示直径为 8mm 的 HPB300 级钢筋，加密区间距为 100mm，非加密区间距为 200mm。

当框架柱 KZ 的箍筋间距只有一种时，标注成 Φ8@100。

框架柱箍筋类型按任务 1 图 4-8 所提供的类型选用，需在图纸中明确注明。

#### 2. 框架柱 KZ 箍筋加密区范围和箍筋沿纵向的排布构造

为实现“强节点”的结构设计目标，保证结构的安全度要求，各类框架柱要求在每层柱净高上端和下端一定范围内的箍筋必须按要求加密，此范围连同节点区域（梁高范围）合称为柱的箍筋加密区；在每层柱子的中段，箍筋不需要加密的区域称为箍筋非加密区。

在一般情况下，除工程设计中标注有全高加密箍筋的柱外，所有框架柱箍筋均应按图 4-31 所示的加密区范围进行加密。

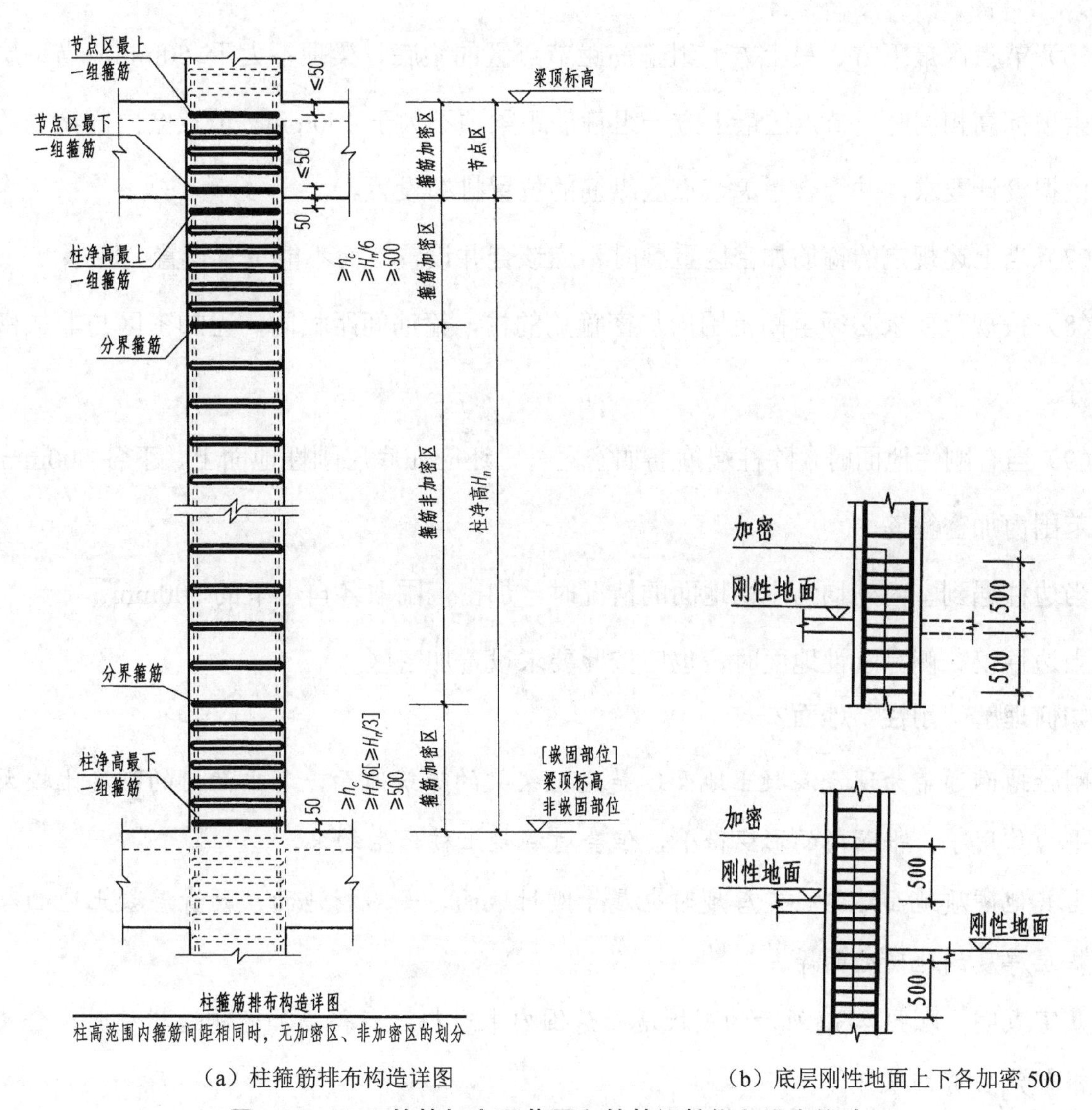


（a）柱箍筋排布构造详图　　（b）底层刚性地面上下各加密 500

**图 4–31　KZ 箍筋加密区范围和箍筋沿柱纵向排布构造图**

（1）柱箍筋加密区范围：柱端取本层柱净高的 $H_n/6$、柱截面较大边长 $h_c$（或圆柱直径 $d$）、500mm 三者中的最大值，即 max（$H_n/6,h_c,500$），这三者又可简称为三控值。

（2）首层柱下端嵌固部位应在≥$H_n/3$（柱净高的三分之一）的范围内进行箍筋加密。

（3）梁柱节点区域在梁高范围内应进行箍筋加密。

（4）当柱纵筋采用搭接连接方式时，应在柱纵筋搭接长度范围内均按≤$5d$（$d$ 为搭接钢筋较小直径）且≤100mm 的间距加密箍筋，详见项目一图 1-12。一般按设计标注的箍筋加密区间距施工即可。

（5）柱净高最下方一组箍筋距底部梁顶 50mm，柱净高最上方一组箍筋距顶部梁底 50mm。

（6）节点区最下方、最上方一组箍筋距节点区的梁底、梁顶不大于 50mm，当顶层柱顶和梁顶标高相同时，节点区最上方一组箍筋距梁顶不大于 150mm。节点区内部箍筋的间距应依据设计要求，并综合考虑节点区纵筋的位置排布设置。

（7）当上述规定的箍筋加密区重叠时，应该合并设置，而不能重复设置。

（8）按规范要求必须全高范围内加密箍筋的柱，箍筋间距相同，无加密区与非加密区的划分。

（9）当有刚性地面时，除柱端箍筋加密区外，还应在底层刚性地面上、下各 500mm 的高度范围内加密箍筋。

当边柱遇到室内外均为刚性地面的情况时，加密范围取各自上下的 500mm。

当边柱仅一侧有刚性地面时，也应按此要求设置加密区。

**如何理解“刚性”地面？**

刚性地面通常为现浇混凝土地面，是无框架梁的建筑地面，其平面内的刚度比较大，在水平力作用下，平面内的形变很小，但会对混凝土柱产生约束。

当其他硬质地面达到一定厚度时也属于刚性地面，如石材地面、沥青混凝土地面及有一定基层厚度的地砖地面等。

震害表明，在图 4-30 所示的刚性地面范围内未对柱进行箍筋加密构造措施时，会使框架柱根部产生剪切破坏。

## 五、柱箍筋加密区的高度选用表

为便于在施工时确定箍筋加密区的高度，将“三控值”按大小制作成表 4-2，使用时可以直接查阅。

表 4-2 的表头第一列为柱净高 $H_n$，第一行为柱截面长边尺寸 $h_c$ 或圆柱直径 $D$。

该表分为以下四个区域。

500 区域：500 为最大值。

$H_n/6$ 区域：$H_n/6$ 为最大值。

柱长边尺寸区域：柱截面长边尺寸 $h_c$ 或圆柱直径 $D$ 为最大值。

箍筋全高加密区域：柱全高加密，只有一种间距。

表 4-2　框架柱 KZ 和小墙肢箍筋加密区的高度选用表

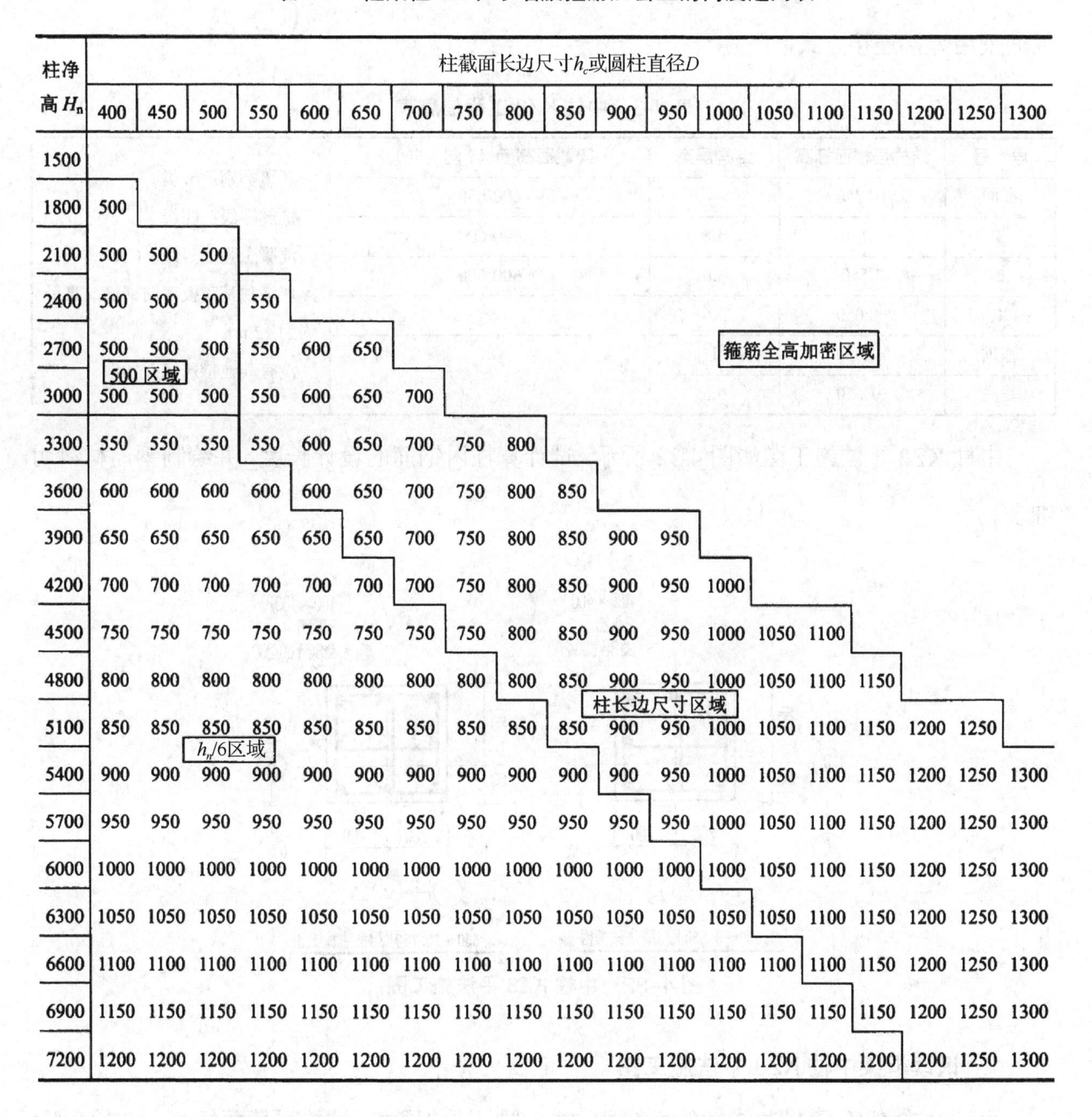


| 柱净高 $H_n$ | 柱截面长边尺寸$h_c$或圆柱直径$D$ | | | | | | | | | | | | | | | | | | |
|---|---|---|---|---|---|---|---|---|---|---|---|---|---|---|---|---|---|---|---|
| | 400 | 450 | 500 | 550 | 600 | 650 | 700 | 750 | 800 | 850 | 900 | 950 | 1000 | 1050 | 1100 | 1150 | 1200 | 1250 | 1300 |
| 1500 | | | | | | | | | | | | | | | | | | | |
| 1800 | 500 | | | | | | | | | | | | | | | | | | |
| 2100 | 500 | 500 | 500 | | | | | | | | | | | | | | | | |
| 2400 | 500 | 500 | 500 | 550 | | | | | | | | | | | | | | | |
| 2700 | 500 | 500 | 500 | 550 | 600 | 650 | | | | | | | | | | | | | |
| 3000 | 500 | 500 | 500 | 550 | 600 | 650 | 700 | | | | | | | | | | | | |
| 3300 | 550 | 550 | 550 | 550 | 600 | 650 | 700 | 750 | 800 | | | | | | | | | | |
| 3600 | 600 | 600 | 600 | 600 | 600 | 650 | 700 | 750 | 800 | 850 | | | | | | | | | |
| 3900 | 650 | 650 | 650 | 650 | 650 | 650 | 700 | 750 | 800 | 850 | 900 | 950 | | | | | | | |
| 4200 | 700 | 700 | 700 | 700 | 700 | 700 | 700 | 750 | 800 | 850 | 900 | 950 | 1000 | | | | | | |
| 4500 | 750 | 750 | 750 | 750 | 750 | 750 | 750 | 750 | 800 | 850 | 900 | 950 | 1000 | 1050 | 1100 | | | | |
| 4800 | 800 | 800 | 800 | 800 | 800 | 800 | 800 | 800 | 800 | 850 | 900 | 950 | 1000 | 1050 | 1100 | 1150 | | | |
| 5100 | 850 | 850 | 850 | 850 | 850 | 850 | 850 | 850 | 850 | 850 | 900 | 950 | 1000 | 1050 | 1100 | 1150 | 1200 | 1250 | |
| 5400 | 900 | 900 | 900 | 900 | 900 | 900 | 900 | 900 | 900 | 900 | 900 | 950 | 1000 | 1050 | 1100 | 1150 | 1200 | 1250 | 1300 |
| 5700 | 950 | 950 | 950 | 950 | 950 | 950 | 950 | 950 | 950 | 950 | 950 | 950 | 1000 | 1050 | 1100 | 1150 | 1200 | 1250 | 1300 |
| 6000 | 1000 | 1000 | 1000 | 1000 | 1000 | 1000 | 1000 | 1000 | 1000 | 1000 | 1000 | 1000 | 1000 | 1050 | 1100 | 1150 | 1200 | 1250 | 1300 |
| 6300 | 1050 | 1050 | 1050 | 1050 | 1050 | 1050 | 1050 | 1050 | 1050 | 1050 | 1050 | 1050 | 1050 | 1050 | 1100 | 1150 | 1200 | 1250 | 1300 |
| 6600 | 1100 | 1100 | 1100 | 1100 | 1100 | 1100 | 1100 | 1100 | 1100 | 1100 | 1100 | 1100 | 1100 | 1100 | 1100 | 1150 | 1200 | 1250 | 1300 |
| 6900 | 1150 | 1150 | 1150 | 1150 | 1150 | 1150 | 1150 | 1150 | 1150 | 1150 | 1150 | 1150 | 1150 | 1150 | 1150 | 1150 | 1200 | 1250 | 1300 |
| 7200 | 1200 | 1200 | 1200 | 1200 | 1200 | 1200 | 1200 | 1200 | 1200 | 1200 | 1200 | 1200 | 1200 | 1200 | 1200 | 1200 | 1200 | 1250 | 1300 |

# 任务 5　计算框架柱内钢筋

## 一、计算框架中柱 KZ3 钢筋

某教学楼工程的柱平法施工图采用截面注写方式绘制，以其中较简单且比较典型的中柱 KZ3 为例，将与其有关的信息找出来，汇总成工程信息表，如表 4-3 所示，规定柱子的纵筋采用焊接连接方式。

表 4-3 中柱 KZ3 工程信息表

| 层 号 | 结构层楼面标高 | 结构层高 | 梁截面高度（x 向/y 向） | |
|---|---|---|---|---|
| 屋面 | 10.750 | — | 600/600 | 环境类别：一类<br>抗震等级：四级<br>混凝土强度等级：C30<br>现浇独基底板双向钢筋，直径均为 12mm<br>没有其他特殊锚固条件 |
| 3 | 7.150 | 3.6 | 600/600 | |
| 2 | 3.550 | 3.6 | 600/600 | |
| 1 | −0.050 | 3.6 | — | |
| 基顶 | −1.050 | 1 | — | |
| 基底 | −1.650 | 0.6 | | |

中柱 KZ3 平法施工图如图 4-32 所示。试计算柱内钢筋的设计长度，并绘制钢筋材料明细表。

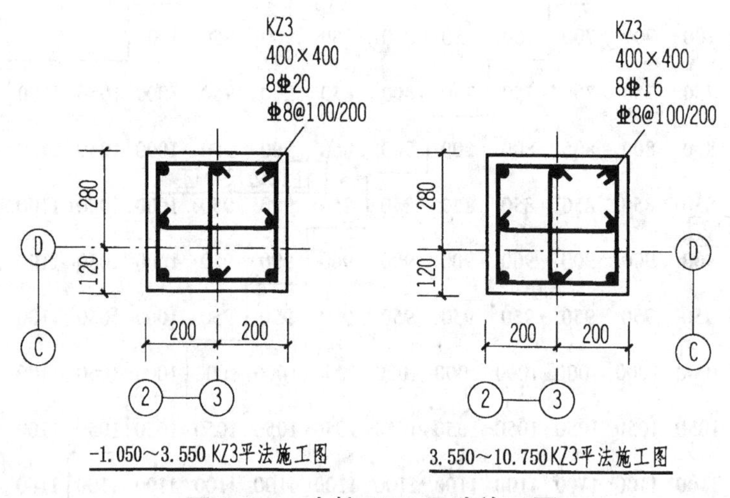


图 4-32 中柱 KZ3 平法施工图

### 1. 识读框架中柱 KZ3 平法施工图

中柱 KZ3 位于Ⓓ轴与③轴的相交处，共 3 层。结构层高、结构层楼面标高、抗震等级、环境类别及混凝土强度等级等信息如表 4-3 所示。该柱子为等截面柱，截面尺寸为 400mm×400mm。

因钢筋配筋数值的变化，柱子沿竖向分为两个柱段：

−1.050～3.550 为第一段，纵筋为 8 根直径为 20mm 的 HRB400 级钢筋；

3.550～10.750 为第二段，纵筋为 8 根直径为 16mm 的 HRB400 级钢筋；

箍筋为直径为8mm的HRB400级钢筋，加密区间距为100mm，非加密区间距为200mm，均为3×3肢箍。

**2. 绘制框架柱KZ3的纵向剖面配筋图**

为了更直观地观察和分析钢筋在框架柱内的实际排布情形，便于读者理解和加深印象，特绘制了框架柱纵剖面配筋示意图，进行进一步的说明与解读。

（1）绘制框架柱KZ3纵剖面配筋示意图。

图4-33所示为中柱KZ3纵剖面配筋图和钢筋施工下料排布图，下面让我们一步一步来实现。

首先，根据工程信息表4-3中的结构层高、结构层楼面标高、梁截面高度等绘制KZ3及梁的纵剖面外轮廓线，并将基础高度、层数、结构层高及结构层楼面标高、梁截面高度等各种尺寸标注齐全。

接着，用中粗实线绘制钢筋，从基础插筋开始，绘制每层纵筋、非连接区高度及箍筋等，箍筋加密区与非加密区也要体现出来，并标注各种钢筋的具体配筋数值，对所有的钢筋一一进行编号，不要遗漏，也不要将不同的钢筋编成相同的号，如当基础插筋和柱顶部纵筋仅因连接区段长度而造成钢筋长度不同时，也应分别编号，而其他中间楼层的钢筋长度一样时，则可为同一编号。

绘制KZ3钢筋时，还有一点需要注意，由图4-16可知，基础插筋底部均需伸到基础底部并支在基础底板的钢筋网上，再做成90°弯折。而柱顶部的钢筋因还未判断顶部是否满足≥$l_{aE}$的要求，故先将其画成直线段，水平弯折段待计算判断之后再补画即可，如图4-26中的柱顶纵筋。

因已规定柱子的纵筋采用焊接连接。图4-33中用加粗的圆点而不是用45°短中粗斜实线表示钢筋截断位置。

为了进一步做出详细说明，我们也可以将柱纵筋分离出来，画在柱子的右侧。绘制分离钢筋时注意横向位置要对齐，这样很容易计算其设计标注尺寸。

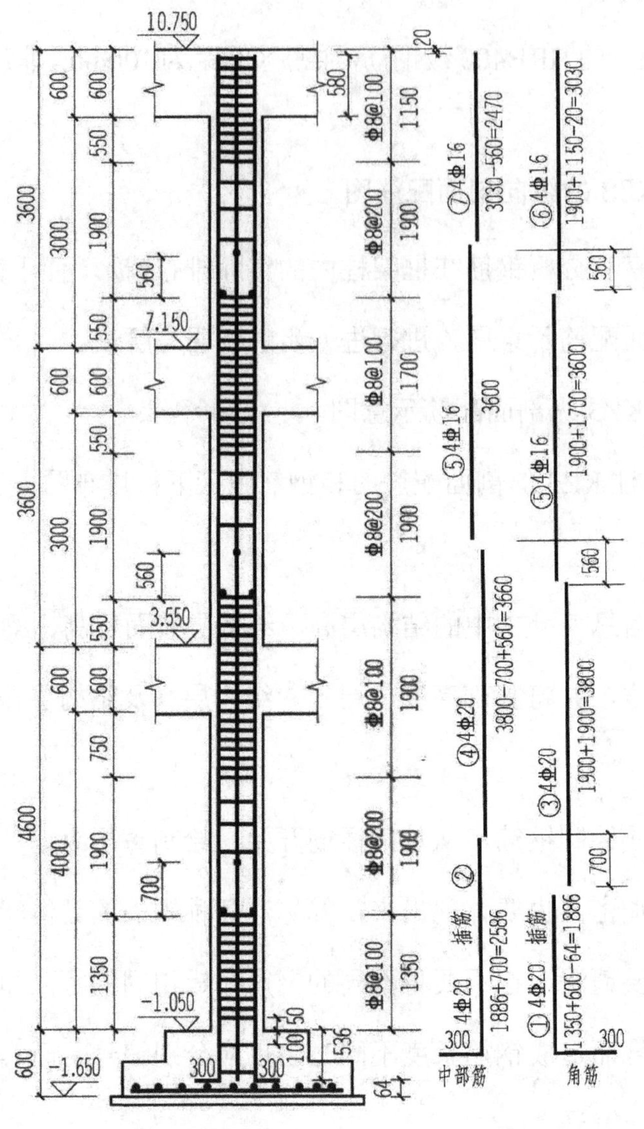


（a）KZ3纵剖面配筋图　　（b）KZ3钢筋施工下料排布图

**图 4–33　中柱 KZ3 纵剖面配筋图和钢筋施工下料排布图**

下面是 KZ3 对应的钢筋编号。

① 号筋为柱插筋短筋，4Φ20。

② 号筋为柱插筋长筋（短筋加连接区段长度），4Φ20。

③ 号筋为一层柱纵筋短筋，4Φ20。

④ 号筋为一层柱纵筋长筋（短筋减本层连接区段长度，加上连接区段长度），4Φ20。

⑤ 号筋为柱二层纵筋，8Φ16。

⑥ 号筋为柱顶层长筋，4Φ16。

⑦ 号筋为柱顶层短筋，4Φ16。

⑧ 号筋为柱箍筋，Φ8@100/200。

柱钢筋编号的一般规律如下。

① 按先柱插筋，再中间层柱纵筋，再柱顶纵筋，最后箍筋的顺序进行编号。

② 按“层数”从下到上顺序编号，按钢筋的牌号、直径及长度三个条件分别编号。若三者完全相同，则编写同一个编号，三个条件中有一个不同也需要分别编写。

按照上述规律进行编号不易漏掉钢筋，可以保证计算结果正确。

（2）求梁、柱子的保护层厚度及 $l_{aE}$ 和 $l_{abE}$ 等基础信息。

根据环境类别一类、混凝土强度等级 C30、钢筋牌号 HRB400 级、四级抗震等级、现浇板厚 100mm、一层柱子纵筋直径 $d_{z1}$=20mm、二层柱子纵筋直径 $d_{z2}$=16mm、箍筋直径 $d_g$=8mm 等基础信息，查表 1-4，得梁、柱混凝土保护层最小厚度为 20mm，基础底部混凝土保护层厚度为 40mm；查表 1-6，得 $l_{abE}$=35$d$；查表 1-5，得 $\zeta_a$=1.0。所以有 $l_{aE}$=$l_{abE}$= 35$d$。纵向钢筋弯曲半径 $R$=4$d$，箍筋与拉筋弯曲半径 $R$=2.5$d$。

（3）关键部位和关键数据的计算。

① 计算柱净高的上、下端箍筋加密区高度。

本步骤需要对照图 4-30 进行计算。

−1.050～3.550（1 层）。

1 层柱下端：因基础顶为柱的嵌固部位，故此处加密区高度为：

$H_{n1}$/3=（3600−600+ 1000）/3=1333（mm），实取 1350mm。

**解释：**

图 4-31 的解读第（5）条说明，柱净高最下方一组箍筋距底部梁顶 50mm，柱净高最上方一组箍筋距顶部梁底 50mm；从题目中又知道箍筋的加密区间距为 100mm。

加密区范围取值标准按照“加密区箍筋间距的整数倍再加上 50mm”考虑，将加密区范围由 1333mm 略向上调整为 1350mm，正好满足上述要求。

此时，加密区范围略大于规范要求（如≥$H_{n1}$/3），完全满足要求，而此时柱的非加密区范围是最小值。

这种做法既保证了施工的便利性，又最大限度地节约了钢筋，值得在实践当中大力推广。

1 层柱上端：

max$(H_{n1}/6,h_c,500)$=max(4000/6,400,500)≈667（mm），实取 750mm。

3.550～10.750（2、3 层）。

2、3 层柱上、下端：

max$(H_n/6,h_c,500)$=max(3000/6,400,500)=500（mm），实取 550mm。

② 计算各层钢筋焊接接头的连接区段长度。

计算钢筋焊接接头的连接区段长度，就是计算两批交错摆放的长筋和短筋接头之间的距离。

1 层：只有直径为 20mm 的一种钢筋进行连接，则有

max（35$d$，500）=max（35×20,500）=700（mm）

2 层：上层钢筋直径为 16mm，与下层直径为 20mm 的钢筋连接，则有

max（35$d$，500）=max（35×16,500）=560（mm）

3 层：只有直径为 16mm 的一种钢筋进行连接，则有

max（35$d$，500）=max（35×16,500）=560（mm）

**解释：**

对于不同直径的钢筋连接，在计算搭接长度和接头面积百分率时，$d$ 取较小值；同一截面内直径不同的钢筋各自的连接区段长度也不同，此时取较大值。因此，直径 20mm 和 16mm 的钢筋连接，$d$ 取 16mm 计算连接区段长度，详见项目一任务 3 的内容。

③ 柱插筋在基础内的锚固计算。

本步骤需要对照图 4-15 进行计算。

$$l_{aE} = l_{abE} = 35d = 35\times20 = 700\text{mm} > 600\text{mm}（基础厚度）$$

所以选用图 4-15 中的构造（二），将插筋向下延伸弯折并支在底板钢筋网上，弯折水平段的投影长度为 15$d$=15×20=300mm。

最后，还要验算插筋在基础内的垂直投影长度是否满足≥0.6$l_{abE}$ 的要求。

插筋在基础内的垂直投影长度=$h_j$-保护层-基础底板的两向钢筋直径

$$=(600-40-12-12)=536（mm）$$

插筋垂直投影长度 536mm > $0.6l_{abE}$ = 0.6×35×20 = 420（mm），满足要求。

④ 基础内非复合箍筋道数计算。

对照图 4-15 中的构造（二），基础内的非复合箍筋有这样的要求：间距≤500mm，且不少于两道箍筋；基础内最上一道箍筋距离基顶标高为 100mm。

因为基础厚度 600−100−40−12−12=436（mm）<规定数值 500mm，所以基础内设置上、下两道非复合箍筋即可。

⑤ 柱顶钢筋锚固计算。

本步骤需要对照图 4-26 进行计算。

首先，计算柱顶钢筋的抗震锚固长度，验算采用图 4-26 中的哪种构造。

因为 $l_{aE} = 35d$ = 35×16 = 560（mm）<$h_b$-柱保护层= 600 − 20 = 580（mm），故选用直锚构造，将钢筋伸到柱顶后无水平弯折。此处若需要弯折，可将图 4-32 柱顶弯折部分补绘完整。

（4）计算上部结构箍筋道数。

本步骤需要对照图 4-30 进行计算。

$N$ =箍筋加密区高度/加密区间距+箍筋非加密区高度/非加密区间距+1

=(1350−50)/100+1900/200+1900/100+1900/200+1700/100

+1900/200+(1150−150)/100+1

=13+10（不是 9.5）+19+10（不是 9.5）+17+10（不是 9.5）+10+1

=90（道）

**解释：**

上式中的每个“商”，其意义是柱箍筋在加密区或非加密区的间隔数目。所以每个商的数值要取整数，小数只入不舍。

算出上部结构箍筋道数，别忘记前面已计算出的两道基础内的非复合箍筋。将两者汇总后，填写到后面的 KZ3 钢筋材料明细表 4-4 中。

若只计算首层柱净高范围内的箍筋道数，计算过程如下：

$N$=箍筋加密区高度/加密区间距+箍筋非加密区高度/非加密区间距+1

=(1350−50)/100+1900/200+(750−50)/100+1

=13+10（不是 9.5）+7+1=31（道）

**关于对“关键部位和关键数据”统一计算的说明：**

主要是让读者对二者的计算方法和重要性提高认识、加深理解，当读者能够熟练掌握各种关键数据的计算之后，可将这些内容直接放在计算每个钢筋编号之前进行。

**3. 按钢筋编号计算钢筋的设计长度和根数**

（1）①号筋：柱插筋短筋，4ⵠ20。

$L_1$=基础内长度+$H_{n1}/3$

=(300+536)+1350=2186（mm）

（2）②号筋：柱插筋长筋（与短筋差一个连接区段长度），4ⵠ20。

$L_2$=基础内长度+$H_{n1}/3$+连接区段长度（35$d$）

=(300+536)+1350+700=2886（mm）

（3）③号筋：一层纵筋（长筋，由上、下层钢筋直径不同造成的），4ⵠ20。

$L_3$=一层高度−一层下端非连接区+二层下端非连接区

=(3600+1000)−1350+550=3800（mm）

（4）④号筋为：一层纵筋（短筋，上下层钢筋直径不同造成），4ⵠ20。

$L_4$=一层高度−（一层下端非连接区+连接区段长度）

+（二层下端非连接区+连接区段长度）

=(3600+1000)−(1350+700)+(550+560)=3660（mm）

（5）⑤号筋：二层纵筋，8ⵠ16。

$L_5$=二层高度−二层下端非连接区+三层下端非连接区

=3600 − 550 + 550 = 3600（mm）

（6）⑥号筋：三层纵筋（长筋，柱顶直锚，无水平弯折段），4ⵠ16。

$L_6$=三层高度−三层下端非连接区−柱顶保护层厚度

=3600 − 550 − 20 = 3030（mm）

（7）⑦号筋：三层纵筋（短筋，同上），4ⵠ16。

$L_7$=三层高度−（三层下端非连接区+连接区段长度）−柱顶保护层厚度

=3600 −(550+560)−20=2470（mm）

（8）⑧号筋：箍筋，Φ8@100/200，3×3 肢箍。

① 计算非复合箍筋的 $L_1$、$L_2$、$L_3$ 和 $L_4$ 及下料长度。

$$L_1 = L_2 = 400 - 2 \times 20 = 360\text{（mm）}$$

查表 2-3，得 $R$=2.5$d$，直径为 8mm 时，一个 135°弯钩长 109mm。

$$L_3 = L_4 = 360 + 109 = 469\text{（mm）}$$

$$L_{\text{箍筋设计长度}} = L_1 + L_2 + L_3 + L_4 = 1658\text{（mm）}$$

**非复合箍筋简易计算方法：**

箍筋设计长度 $L$=(400−2×20)×4+109×2=1658（mm）

熟练掌握非复合箍筋的计算方法以后，可以按此简易方法直接计算其设计长度。

② 计算非复合箍筋总道数。

$N$=上部结构道数+基础内道数=90+2=92（道）

③ 计算第三肢箍（拉筋，同时钩住纵筋和箍筋）的设计长度及道数。

$$L_{3\text{肢}}=(360+2\times8)+2\times109=594\text{（mm）}$$

$N$=非复合箍筋道数×2=90×2=180（道）

对于纵筋直径不变化的楼层，焊接接头的位置不影响钢筋长度的计算；对于钢筋直径变化的楼层，焊接接头的位置会影响钢筋长度的计算。

另外，柱中长筋和短筋是人为确定的，但是长短各半和长短相间是固定不变的。基础插筋的长和短表现在插筋的上端；柱顶钢筋的长和短表现在钢筋的下端。

**4. 汇总计算结果**

将上述计算结果汇总后填入表 4-4，可得 KZ3 钢筋材料明细表。

在本例中，钢筋种类共有三种，即 Φ20、Φ16、Φ8，分别统计如下：

$$L(20) = (2186 + 2886 + 3800 + 3660) \times 4 = 50128\text{（mm）}$$

$$L(16) = 3600 \times 8 + (3030 + 2470) \times 4 = 50800\text{（mm）}$$

$$L(8) = 1658 \times 92 + 594 \times 180 = 259456\text{（mm）}$$

注意在钢筋数量统计过程中，应按照钢筋牌号、直径、长度的不同，分别进行统计，最后对相同牌号和直径的钢筋算出合计数量，套用不同的定额项目。

表 4-4　KZ3 钢筋材料明细表

| 编号 | 简　图 | 规格 | 设计长度 | 下料长度 | 数量 |
|---|---|---|---|---|---|
| ① | 300 ∟ 1886 | Φ20 | 2186 | 2127 | 4 |
| ② | 300 ∟ 2586 | Φ20 | 2886 | 2827 | 4 |
| ③ | 3800 | Φ20 | 3800 | 3800 | 4 |
| ④ | 3660 | Φ20 | 3660 | 3660 | 4 |
| ⑤ | 3660 | Φ16 | 3660 | 3660 | 8 |
| ⑥ | 3030 | Φ16 | 3030 | 3030 | 4 |
| ⑦ | 2470 | Φ16 | 2470 | 2470 | 4 |
| ⑧ | 469, 360, 469, 360 | Φ8 | 1658 | 1603 | 92 |
| ⑨ | 109, 376, 109 | Φ8 | 594 | 594 | 180 |

**讨论：若将框架柱纵筋连接形式由焊接改为绑扎搭接，会有怎样的变化？**

**分析：**（1）除柱顶最上一段钢筋长度不变外，其余段自柱插筋开始，由下而上，每段钢筋都要增加一个搭接长度 $l_{lE}$。

（2）连接区段长度由 max（35$d$, 500）改为 1.3$l_{lE}$。

（3）应按照项目一图 1-12 的构造要求对连接区段内的箍筋进行加密。

## 二、框架柱 KZ 嵌固部位与非嵌固部位钢筋计算的对比

参照图 4-21 和图 4-31。

已知某工程为框架结构，抗震等级二级，柱截面尺寸 500×550，混凝土强度等级 C30，$l_{aE}$ 取 40$d$，柱纵向受力筋为 20Φ20，柱根处为非嵌固部位。现某层层高 $H_n$=4200，$H_{n+1}$=4500，该二层梁高均为 650，箍筋均为 Φ8@100/200。试分别计算该框架柱第 $n$ 层：

（1）柱身纵筋单根长度；

（2）加密区与非加密区箍筋道数，并计算合计数量。

**1．计算第 $n$ 层柱身纵筋单根长度**

$L_n$=第 $n$ 层高度-第 $n$ 层下端非连接区+第 $n$+1 层下端非连接区

$$= 4200 - \max[(4200-650)/6, 550, 500] + \max[(4500-650)/6, 550, 500]$$

≈4200－592＋642＝4250（mm）

**2. 计算第 *n* 层加密区与非加密区箍筋道数**

计算加密区范围=max（$H_n$/6,550,500）

=max［(4200−650)/6,550,500］≈592（mm），取 650mm

计算非加密区范围=(4200−650)−2×650=2250（mm）

加密区箍筋道数=（650-50）/100+1=6+1=7（道）

非加密区箍筋道数=2250/200−1≈12（不是 11.25）−1=11（道）

合计箍筋道数=7×2+11=25（道）

或：箍筋道数=(650−50)/100+2250/200+(650−50)/100+1

≈6+12（不是 11.25）+6+1=25（道）

**思路拓展：**

若其他条件不变，将第 n+1 层的高度改为 4200mm，那么柱身纵筋单根长度会有什么变化？

若将柱根处改为嵌固部位，柱身纵筋单根长度与箍筋加密区范围是否会发生变化？结果是什么？

请读者自己分析研究上述问题，找出答案。

## 任务 6 绘制框架柱截面钢筋排布图

绘制框架柱截面钢筋排布图，简单来说，就是在框架柱平面布置图的基础上，将框架柱的平法施工图列表注写方式改为截面注写方式，即按截面注写方式绘制框架柱的平法施工图（仅绘制截面图部分）。

绘制框架柱截面钢筋排布图是土建类专业的重要实训内容，可以通过实际动手操作的过程来促进和提高读者对柱平法制图规则的理解和认识，更好、更牢固地掌握混凝土框架柱平面整体表示方法。

作为一项专业技能，读者必须达到熟练掌握、应用自如的要求。

## 一、绘制框架柱 KZ 截面钢筋排布图的有关规定

### 1. 绘制方法

应用《建筑结构制图标准》（GB/T 50105—2010）和柱平法制图规则绘制图形。

### 2. 注意问题

（1）绘图比例：虽然对图的比例要求不是很严格，仍应该根据纸张的大小来选用适当的绘图比例。

（2）绘图方式：采用平法中的截面注写方式，而不是传统制图方式绘制，简单明了，清晰易懂。

（3）线型及粗细：轴线用细点长划线，截面边线用细实线，钢筋用粗实线，钢筋截断点用粗圆点表示，文字、轴号及钢筋牌号符号等应符合制图规范要求。

（4）绘制墨线图：先用铅笔绘制草稿图，再用墨线笔描绘定稿图，将多余的铅笔线条擦除，定稿图面应整洁、美观。

### 3. 绘制步骤与内容

（1）绘制柱截面轮廓线和柱的定位轴线，如果轴号不确定，可以圆圈代替。

（2）绘制柱外围封闭箍筋，注意示意保护层厚度，要求周边大小均匀一致。

（3）绘制角筋、$b$ 边和 $h$ 边两侧中部筋，钢筋间距要均匀一致。

（4）绘制复合箍筋（$x$ 向和 $y$ 向）中间的小封闭内箍或单肢箍（类似于梁拉筋，要同时钩住箍筋和纵筋），箍筋肢数应在图上表达清晰、明确；

（5）从柱截面轮廓线任意位置引注相当于柱集中标注[柱编号、截面尺寸、角筋（或全部纵筋）、箍筋具体数值]的四项内容；

（6）注写柱的截面几何参数代号 $b_1$、$b_2$ 和 $h_1$、$h_2$，$b$ 边与 $h$ 边各注写一侧即可；根据需要标注 $b$（$h$）边一侧中部筋的数值（注意尽量与截面几何参数代号分散均匀布置）。

（7）注写框架柱名称及柱段标高。

### 特别提示

① 步骤（2）~（4）顺序一定不能打乱，先画箍筋，再将纵筋均匀地画在箍筋内侧。纵筋与内肢的关系是以纵筋为主的，内肢服务于纵筋，即内肢的位置随纵筋位置的变化而变化。

② $b$ 边与 $h$ 边总尺寸（$b$ 和 $h$）不需重复注写，集中标注的四项内容中已经标注好了。

③ 当注写 $h$ 边一侧中部筋的配筋值和 $h_1$、$h_2$ 数值时，应注意让字头朝左。

## 二、绘制楼层框架柱 KZ1 截面钢筋排布图实例

表 4-5 所示为 KZ1 列表注写方式平法施工图的柱表部分，是列表注写方式平法施工图的主要组成内容。表 4-5 中几乎包含柱的全部信息，如柱号、标高、柱截面尺寸及与轴线的几何参数代号，以及纵筋、箍筋的具体数值及其类型等。

表 4-5　KZ1 列表注写方式平法施工图的柱表部分

| 柱号 | 标高 | $b\times h$ (圆柱直径 $D$) | $b_1$ | $b_2$ | $h_1$ | $h_2$ | 全部纵筋 | 角筋 | $b$ 边一侧中部筋 | $h$ 边一侧中部筋 | 箍筋类型号 | 箍筋 |
|---|---|---|---|---|---|---|---|---|---|---|---|---|
| KZ1 | −0.030～19.470 | 750×700 | 375 | 375 | 150 | 550 | 24⌀25 | | | | 1(4×4) | Φ10@100/200 |
| | 19.470～37.470 | 650×600 | 325 | 325 | 150 | 450 | | 4⌀22 | 5⌀22 | 4⌀20 | 1(4×4) | Φ10@100/200 |
| | 37.470～59.070 | 650×600 | 325 | 325 | 150 | 450 | | 4⌀22 | 5⌀20 | 4⌀20 | 1(4×4) | Φ8@100/200 |

试根据表 4-5 的内容绘制 KZ1 截面钢筋排布图，如图 4-34 所示。

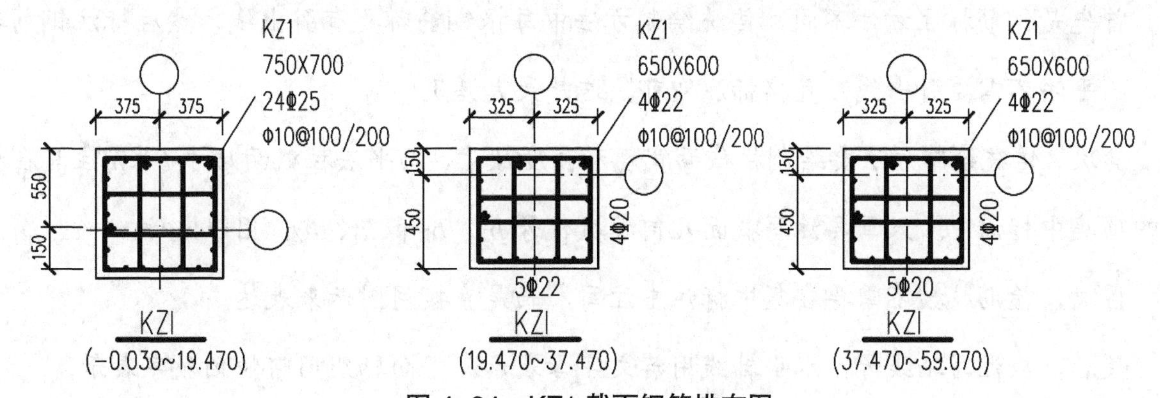


图 4–34　KZ1 截面钢筋排布图

（1）截面 1。

图名为 KZ1（−0.030～19.470），截面尺寸为 750×700。

全部纵筋：24⌀25（在四项集中标注中的第三行标注）。

角筋：4⌀25。

$b$ 边一侧中部筋：5⌀25（不含角筋）。

$h$ 边一侧中部筋：5⌀25（不含角筋）。

（此三行不在图中出现）

箍筋：Φ10@100/200，箍筋类型号为1（4×4）。

（2）截面2。

图名为KZ1（19.470～37.470），截面尺寸为650×600。

角筋：4Φ22（在四项集中标注中的第三行标注）。

*b*边一侧中部筋：5Φ22（不含角筋）。

*h*边一侧中部筋：4Φ20（不含角筋）。

箍筋：Φ10@100/200，箍筋类型号为1（4×4）。

（3）截面3。

图名为KZ1（37.470～59.070），截面尺寸为650×600。

角筋：4Φ22。

*b*边一侧中部筋：5Φ20（不含角筋）。

*h*边一侧中部筋：4Φ20（不含角筋）。

箍筋：Φ8@100/200，箍筋类型号为1（4×4）。

**传统柱截面绘制方法与平法截面注写方式的区别：**

首先是钢筋标注方法不同，传统绘制方法中每根钢筋都要有引出线，然后标注钢筋数值，而平法不需要引出线，直接标注即可，这是最大差别。

其次，传统绘制方法要绘制柱截面宽度和高度尺寸，而平法柱截面尺寸$b\times h$注写在柱的四项集中标注中。只需要注写截面几何参数代号$b_1$、$b_2$和$h_1$、$h_2$，用以定位。

再次，箍筋肢数不需要在集中标注中注写，而是直接用图示来表达。

最后，应注写轴线号，水平轴线用英文字母表示，竖向轴线用阿拉伯数字表示。

## 小　结

本项目论述了柱传统施工图和柱平法施工图的识读及二者的区别，以及计算柱平法施工图钢筋的基本步骤和方法。首先简要说明了平法柱的编号、柱内钢筋分类等；其次介绍了平法柱的两种注写方式，即列表注写方式和截面注写方式；然后阐述了框架柱的钢筋构造，包括柱纵筋的连接、锚固，以及各种箍筋的复合形式和构造方式；本项目还介绍了柱截面钢筋排布图的绘制；最后通过案例详细地讲解了计算柱内钢筋设计长度的内容。

有关框架柱的钢筋构造对学生接下来学习和全面掌握框架结构平法制图规则有重大意义。

## 复习思考题

1．平法柱编号由几部分组成？包括哪几种编号？

2．柱子矩形复合箍筋的施工排布原则有哪些？

3．梁上起框架柱 KZ 顶部和底部纵筋的锚固构造要求是什么？

4．剪力墙上起框架柱 KZ 有几种锚固构造？锚固范围内的箍筋配置要求是什么？

5．框架柱 KZ 柱身上、下层配筋不同时的连接构造有哪几种？

6．框架柱 KZ 变截面位置纵筋有几种连接构造？

7．框架柱 KZ 中柱柱顶纵筋有几种锚固构造？

8．什么是“刚性地面”？

9．框架柱箍筋加密区范围有哪些？

## 识图与计算钢筋

1．已知某柱截面中的角筋为 4Φ25，*b* 边一侧中部筋为 7Φ22，*h* 边一侧中部筋为 5Φ22。试确定：

（1）该柱截面纵向钢筋总数为多少根？

（2）*b* 边两侧的中部筋共有多少根？

（3）*h* 边两侧的中部筋共有多少根？

2．某办公楼工程的柱平法施工图采用截面注写方式绘制，规定柱子纵筋采用焊接形

式。抽取其中较简单的中柱 KZ8 为例，将与其有关的信息找出来，汇总成工程信息表，如表 4-6 所示，

图 4-35 所示为中柱 KZ8 平法施工图。试计算 KZ8 的钢筋设计长度，并绘制钢筋材料明细表。

表 4-6　中柱 KZ8 的工程信息表

<table>
<tr><th>层　号</th><th>结构层楼面标高</th><th>结构层高</th><th>梁截面高度（x 向/y 向）</th><th rowspan="7">环境类别：一类<br>抗震等级：四级<br>混凝土强度等级：C25<br>现浇板厚：100mm<br>基础为平板筏基且筏板底部双向钢筋直径均为 18mm<br>没有其他特殊锚固条件</th></tr>
<tr><td>屋面</td><td>11.950</td><td>—</td><td>600/600</td></tr>
<tr><td>3</td><td>8.050</td><td>3.9</td><td>600/600</td></tr>
<tr><td>2</td><td>4.150</td><td>3.9</td><td>600/600</td></tr>
<tr><td>1</td><td>-0.050</td><td>4.2</td><td>—</td></tr>
<tr><td>基顶</td><td>-1.350</td><td>1.3</td><td rowspan="2">—</td></tr>
<tr><td>基底</td><td>-2.250</td><td>0.9</td></tr>
</table>

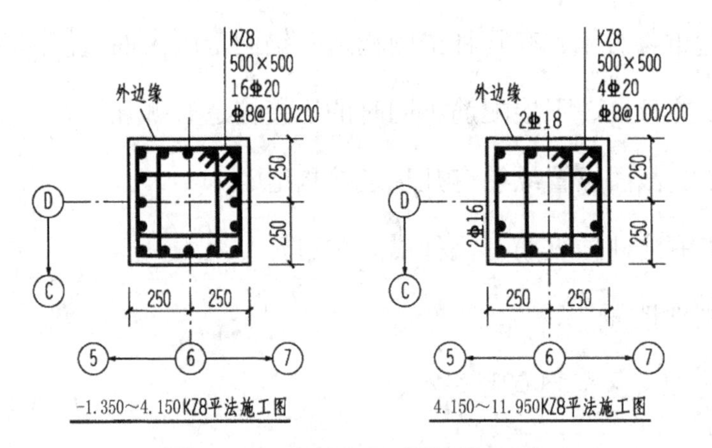


图 4-35　中柱 KZ8 平法施工图

项目五

思政小课堂

# 识读板平法施工图

## 教学目标与要求

### 教学目标

通过对本项目的学习，学生应能够：

1. 掌握现浇楼面板和屋面板的分类。
2. 掌握板平法施工图的平面注写方式。
3. 了解板配筋的基本情况、配筋构造。
4. 掌握楼板钢筋的计算步骤和方法。

### 教学要求

| 教学要点 | 知识要点 | 权重 |
|---|---|---|
| 板及板内钢筋的分类 | 掌握板的分类、平法编号及板内钢筋的配置情况 | 20% |
| 板平法施工图的注写方式 | 了解板平法施工图的注写方式，熟悉并逐步掌握其注写内容的含义和识读方法 | 20% |
| 板的标准配筋构造 | 熟悉板的标准配筋构造，具体掌握板内受力筋、构造钢筋和分布筋在支座及跨中的锚固、布置及与楼板相关构造的引注和配筋等 | 35% |
| 板的钢筋计算 | 掌握楼板钢筋的计算方法和步骤 | 25% |

### 案例应用

#### 识读板传统施工图与认识板平法施工图

图5-1是采用传统制图表达方式绘制的某框架结构工程中的一块楼面板LB的配筋施工

图。其中，钢筋采用重合断面图法绘制。图 5-1 中显示了下部双向纵筋和四周支座钢筋的配筋值。但图 5-1 中未给出支座钢筋的分布筋（或构造筋），应该在说明中寻找。

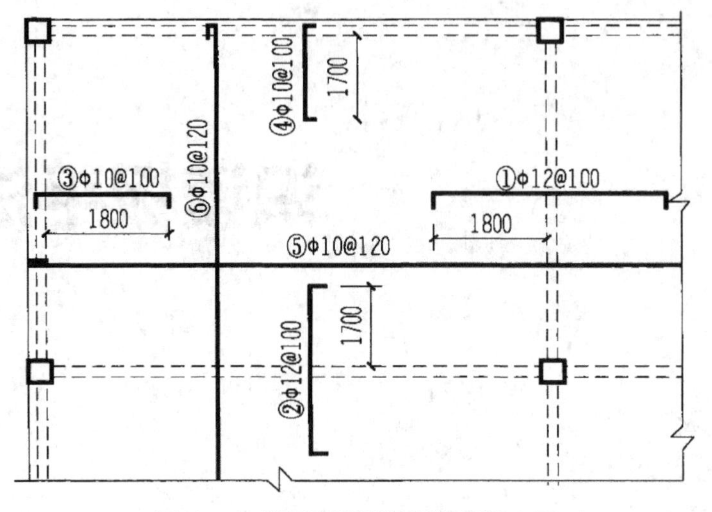


图 5-1　传统制图楼板结构施工图

而图 5-2 所示为平法制图楼板结构施工图，采用平面注写方式直接在板的平面布置图上标注。

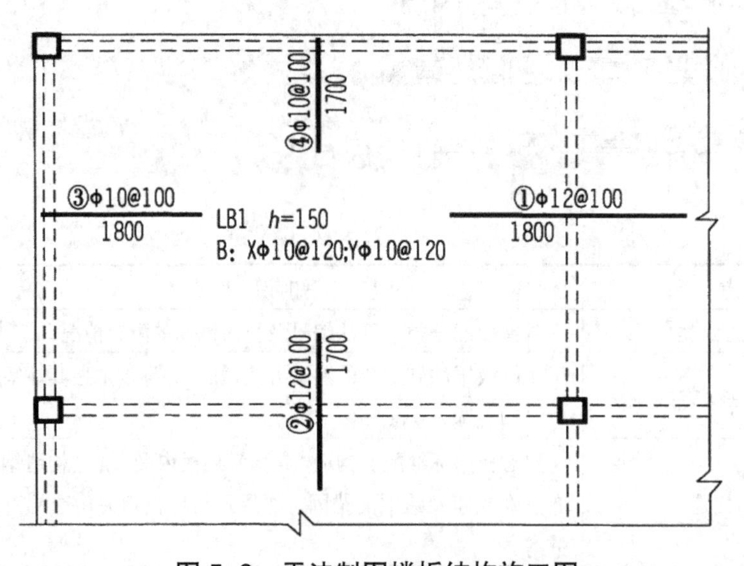


图 5-2　平法制图楼板结构施工图

图 5-1 和图 5-2 表达的是完全相同的工程内容。从图面来看，平法施工图所表达的板信息更简洁，实际上，平法施工图比传统施工图的内容更详细、更全面。

图 5-3 是图 5-1 和图 5-2 所表达的楼板结构的立体示意图。

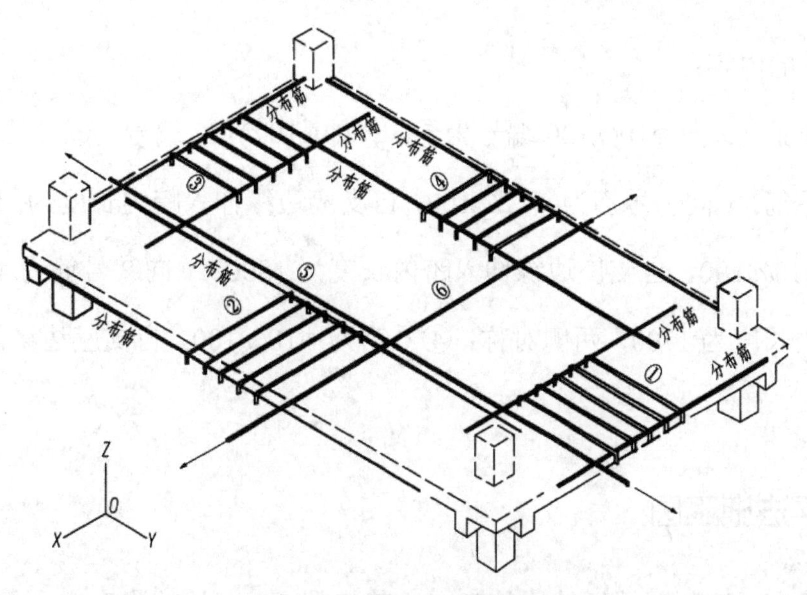


图 5–3 楼板结构立体示意图

## 一、识读板传统施工图

图 5-1 是采用传统制图方法绘制的楼板结构施工图，其中的钢筋采用重合断面图法绘制。

对于板下部钢筋，横向剖切后向上投影，得到的钢筋投影图在平面图上向上倾倒，即可得到 $x$ 向钢筋的平面投影图。同样，板纵向剖切后向左投影，将得到的钢筋投影图在平面图上向左倾倒，即可得到 $y$ 向钢筋的平面投影图。当采用 HPB300 级钢筋时，因为下部的端部 180° 弯钩一定朝上，所以 $x$ 向钢筋的弯钩应该朝上，$y$ 向钢筋的弯钩应该朝左。

对于板上部支座钢筋，用同样的方法，得到的端部竖向 90° 直钩一定朝下，即 $x$ 向钢筋的直钩应该朝下，$y$ 向钢筋的直钩应该朝右。按构造详图要求竖向 90° 直钩≤$15d$ 时，可不再在端部设 180° 弯钩。详见项目二 HPB300 钢筋末端 180° 弯钩要求。

图 5-1 中未给出支座钢筋的分布筋（或构造筋），应该在注或结构设计总说明中寻找。需要注意的是，支座钢筋伸出跨内的长度在传统制图方式中表达的是自支座（梁）边缘开始的。此处与平法制图方式的测量起点不同。

图 5-1 中没有将钢筋全部画出来，每个编号的钢筋在不同位置只画一根代表即可，其实际根数由钢筋的间距和排布范围决定。

解读图 5-1 的内容：

下部纵向钢筋：*x* 向 Φ10@120 编号为⑤；*y* 向 Φ10@120 编号为⑥。均通长设置。

上部支座钢筋：*x* 向①号筋为 Φ12@100，自支座边缘伸入跨内长度为 1800，两侧对称；*x* 向③号筋为 Φ10@100，自支座边缘伸入跨内长度为 1800；*y* 向②号筋为 Φ12@100，自支座边缘伸入跨内长度为 1700，两侧对称；④号筋为 Φ10@100，自支座边缘伸入跨内长度为 1700。

## 二、认识板平法施工图

图 5-2 所示为平法制图楼板结构施工图，其与图 5-1 表达的内容完全相同。

图 5-2 中集中表达了板的编号、板厚、下部的 *x* 向和 *y* 向纵筋；板四周分别表达了上部支座钢筋的配筋内容。不同之处是，因为板的上部支座钢筋（或非贯通钢筋）一定要设置竖向直钩，所以在图中不需要再逐个画出，而是统一设置。这一规定简化了板平法施工图的绘制。

图 5-4 所示为走廊楼板传统制图结构施工图，是用传统制图规则绘制的。

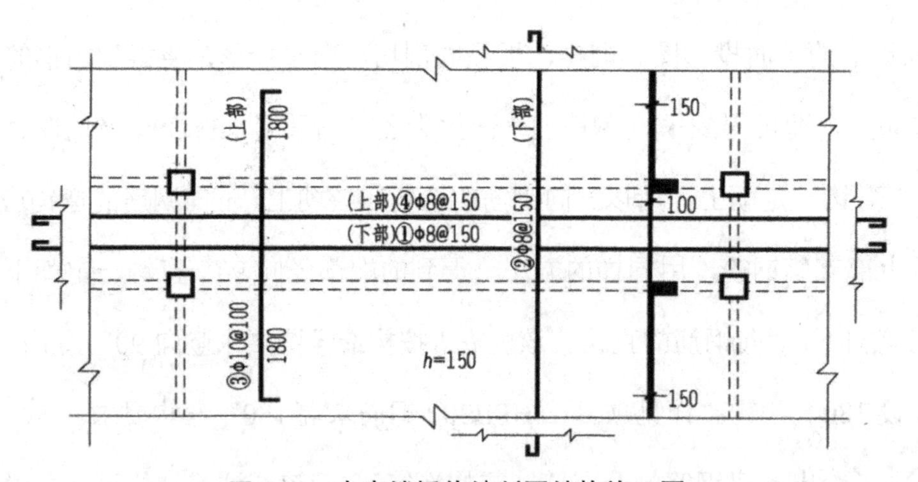


**图 5–4　走廊楼板传统制图结构施工图**

图 5-5 所示为走廊楼板平法制图结构施工图。与图 5-4 表达的工程内容完全相同。

图 5-6 是图 5-4 和图 5-5 所表达的走廊楼板结构的立体示意图。

通过前面两组楼板传统施工图和平法施工图的对比，可以看出，两种制图方式对于图纸数量来说基本上是相同的；对于配筋内容来说，也是一致的。但是平法省略了传统画法中的上、下贯通筋，用集中标注的方式表达出来；平法图中仅标注板面的支座负筋或支座构造筋。这样，从整层楼板配筋图来看，平法绘制的楼板配筋就比传统楼板的配筋简洁得多，也清晰得多。所以应尽量采用平法来绘制楼板结构施工图。

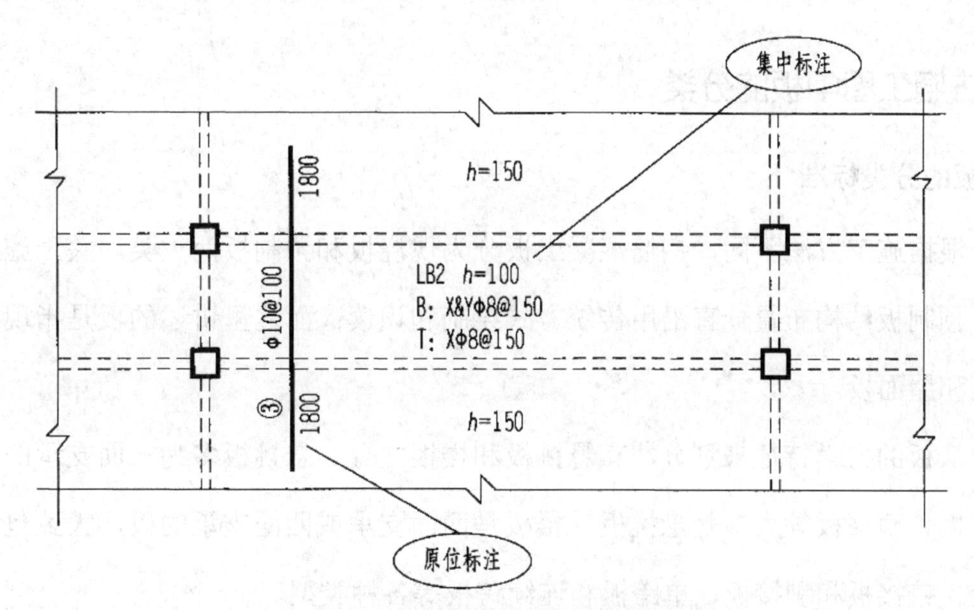


图 5-5 走廊楼板平法制图结构施工图

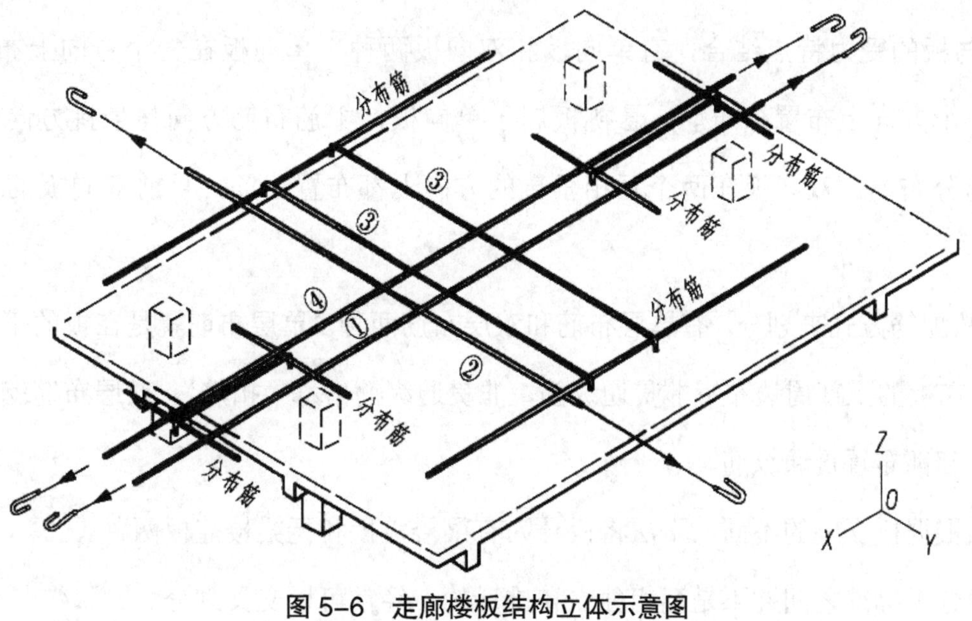


图 5-6 走廊楼板结构立体示意图

## 知识点提示

1. 板平法注写方式有哪几种？平法板类型与编号有哪些？

2. 需要熟练掌握哪些典型的节点构造详图？

# 任务 1 认识板及板内钢筋的分类

## 一、平法施工图中板的分类

### 1. 板的分类标准

（1）根据施工方法不同，钢筋混凝土板分为现浇板和预制板两大类。关于施工图的表达方式，预制板结构布置一直沿用传统方式绘制和识读；而这里讲述的板是指现浇的混凝土楼面板和屋面板。

（2）从板的力学特征来划分，有悬挑板和楼板之分。悬挑板多为一面支承的板，挑檐板、阳台板、雨篷板等大多是悬挑板。楼板是两面支承或四面支承的板，大致包括单向板和双向板、铰接板和刚接板、单跨板和连续跨板等各种类型。

（3）从板的配筋特点来划分：

① 与板的受力特点结合，有单向板和双向板两种。单向板在一个方向上布置主筋，而在另一个方向上布置分布筋。悬挑板属于单向板，主筋布筋方向与悬挑方向一致，另一方向为分布筋。双向板在两个互相垂直的方向上都布置主筋，目前双向板的使用范围最广泛。

② 从配筋方式来划分，有单层布筋和双层布筋两种。单层布筋就是在板的下部布置贯通纵筋，在板的上部周边布置非贯通纵筋，非贯通纵筋俗称“扣筋”。双层布筋就是在板的上部和下部都布置贯通纵筋。

（4）根据板支座的不同，平法将板分为有梁楼盖板和无梁楼盖板两种。

上述分类标准之间并不是互相独立和排斥的，经常可以交叉划分。

### 2. 有梁楼盖板

有梁楼盖板，简称有梁板，是指以梁为支座的楼面板和屋面板。

对于普通楼面板，两向均以一跨（两根梁之间为一跨）为一板块，即四周由梁围成的封闭“房间”就是一板块。可见整层的楼面板或屋面板均由若干“板块”连成一片而形成。

板的配筋以“板块”为单元，与梁类似，板也可以分为单跨板和多跨板（亦称连续板）。

对于密肋楼盖，两向主梁（框架梁）均以一跨为一板块（密肋不计）。

根据板块周边的支承情况及板块的长宽比值的不同，将有梁楼盖板的板块分为单向板和双向板，如图 5-7 所示。

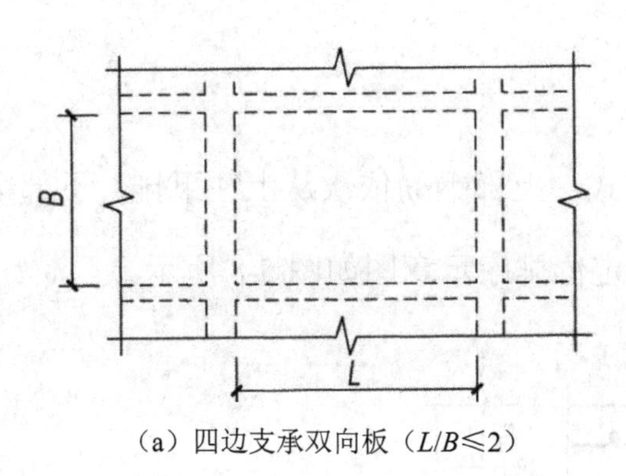

（a）四边支承双向板（$L/B$≤2）

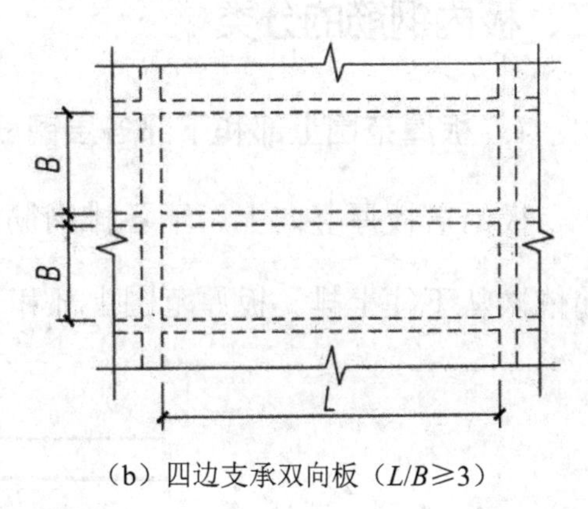

（b）四边支承双向板（$L/B$≥3）

**图 5–7　双向板与单向板示意图**

现行混凝土规范中对单向板和双向板进行了划分，并规定混凝土板应按下列原则进行计算。

（1）两对边支承的板应按单向板计算。

（2）四边支承的板应按下列规定计算。

① 当长边与短边长度之比 $L/B \leq 2.0$ 时，应按双向板计算。

② 当长边与短边长度之比 $2.0 < L/B < 3.0$ 时，宜按双向板计算。

③ 当长边与短边长度之比 $L/B \geq 3.0$ 时，宜按沿短边方向受力的单向板计算，并应沿长边方向布置分布钢筋。

**3. 无梁楼盖板**

无梁楼盖板，简称无梁板，是指以柱为支座的楼面板与屋面板。

在实际工程中，为了减少无梁楼盖板的厚度并满足受力要求，多采用在柱顶处设柱帽的方法。无梁板详见 22G101-1 的相关内容，这里不再详细介绍。

**4. 悬挑板 XL**

悬挑板顺着悬挑方向设置上部受力筋，顺着垂直方向设置分布筋或构造筋，悬挑板可分为两种类型。

（1）延伸悬挑板，悬挑板的上部钢筋与相邻跨现浇楼面板内的上部钢筋贯通布置。

（2）纯悬挑板，悬挑板上部钢筋单独布置，一般锚固在梁上。

无论是延伸悬挑板还是纯悬挑板，类型代号均为 XL，此处与悬挑梁略有区别。

## 二、板内钢筋的分类

### 1. 板厚范围上部和下部各层钢筋的排序

板沿着板厚竖向上、下各排钢筋的定位排序方式：上部钢筋依次从上往下排，下部钢筋依次从下往上排。板厚范围上部和下部各层钢筋定位排序示意图如图 5-8 所示。

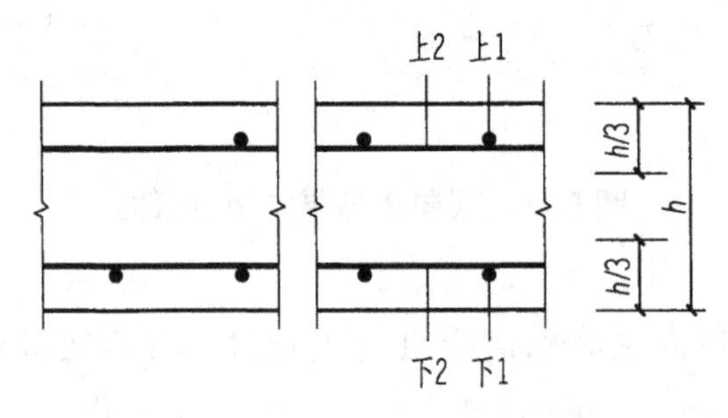


图 5–8 板厚范围上部和下部各层钢筋定位排序示意图

由于板在中心点的变形协调要一致，所以双向板短向的受力会比长向的受力大。因此，施工图纸中经常会对下部受力筋提出短向受力筋排在下 1 位置，长向受力筋排在下 2 位置；双向板上部受力筋也是短向受力比长向大，所以要求上部短向受力筋排在上 1 位置，而长向受力筋排在上 2 位置。

对于单向板的下部钢筋，短跨方向的受力筋显然要排在下 1 位置，与其垂直交叉的下部分布筋排在下 2 位置；对于上部钢筋，支座处的板面负筋排在上 1 位置，与其垂直交叉的上部分布筋或构造筋排在上 2 位置。

### 2. 板内钢筋的分类

根据板的受力特点不同所配置的钢筋也不同，主要有板底受力筋、支座板面负（弯矩）筋、支座板面构造筋、板底和板面分布筋，以及抗温度、收缩应力构造筋等。

下面以图 5-9 中的单向板和双向板为例，说明上述钢筋在板内的配置。

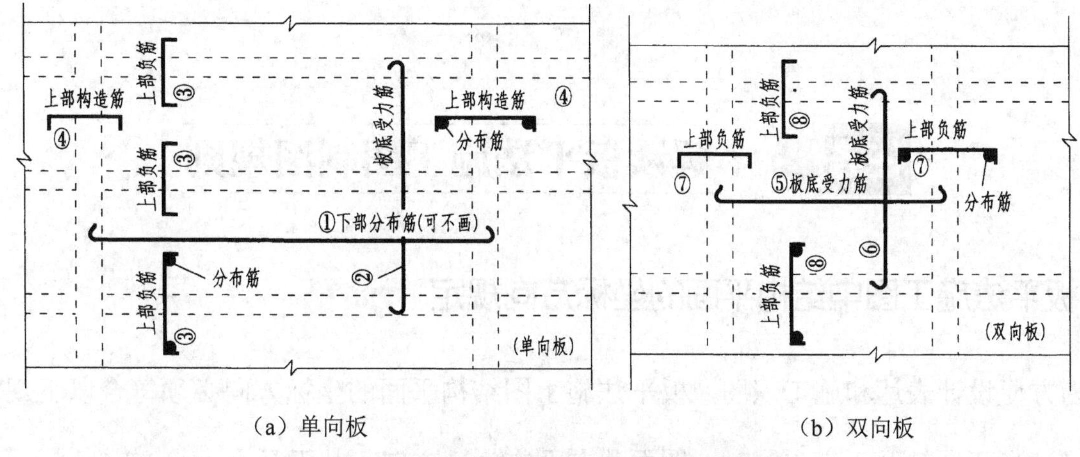


（a）单向板　　　　（b）双向板

**图 5-9　单向板和双向板类钢筋配置**

（1）板底受力筋。

单向板下部的短向钢筋（②号筋）和双向板下部的两向钢筋（⑤号筋、⑥号筋）是正弯矩受力区，配置在板底位置，承受板面荷载。

（2）支座板面负筋。

单向板短向中间支座（③号筋）、双向板中间支座（⑦号筋、⑧号筋）及按嵌固设计的端支座，应在板顶面配置支座板面负筋。

（3）支座板面构造筋。

按简支计算的端支座、单向板长方向支座（④号筋），一般在结构计算时不考虑支座约束，但往往由于边界约束会产生一定的负弯矩，因此应配置支座板面构造筋。

（4）板底和板面分布筋。

单向板长向的板底筋（①号筋），及与支座板面负筋或支座板面构造筋垂直的板面分布筋（图 5-9 中③号、④号、⑦号、⑧号筋下方画的涂黑小圆圈）均为分布筋。

分布筋一般不作为受力筋，其主要作用是固定受力筋、分布面荷载及抵抗温度和收缩应力。因此，在板的施工图中，分布筋可以画出来，也可以省略不画；省略不画时必须有文字说明。无论画与不画，分布筋都是不能缺少的钢筋，请读者务必注意这一点。

（5）抗温度、收缩应力构造筋。

在温度、收缩应力较大的现浇板区域，应在板上表面双向配置防裂构造钢筋，即抗温度、收缩应力构造筋。当板面受力筋通长配置时可兼作抗温度和收缩应力构造筋。

# 任务2　解读板平法施工图制图规则

## 一、板平法施工图中结构平面的坐标方向规定

为方便设计表达和施工识图，板平法施工图结构平面的坐标方向必须符合以下规定。

（1）当两向轴网正交布置时，图面从左至右为 $x$ 方向，从下至上为 $y$ 方向。

（2）当轴网转折时，局部坐标方向顺轴网转折角度进行相应的转折。

（3）当轴网向心布置时，切向为 $x$ 向，径向为 $y$ 向。

此外，对于平面布置比较复杂的区域，如轴网转折交界区域和向心布置的核心区域等，其平面坐标方向应由设计者另行规定，并在图上明确表示。

## 二、有梁楼盖板平法施工图的注写方式

有梁楼盖板平法施工图就是在楼面板和屋面板布置图上采用平面注写方式表达的结构施工图，主要包括板块集中标注和板支座原位标注两部分。

有关“结构层楼面标高及结构层高表”的内容，板构件与梁、柱及剪力墙等构件基本相同，详见项目三任务2的内容介绍。

图5-10所示为有梁楼盖板平法施工图平面注写方式实例。

### 1．板块集中标注

板块集中标注的内容有板块编号、板厚、上下贯通纵筋，以及当板面标高不同时的板面标高高差。其中，前三项为必注项，第四项为选注项。

（1）板块编号。

所有板块应逐一编号，相同编号的板块可选择其一进行集中标注，其他仅注写置于圆圈内的板块编号，以及当板面标高不同时的板面标高高差。板块编号如表5-1所示。

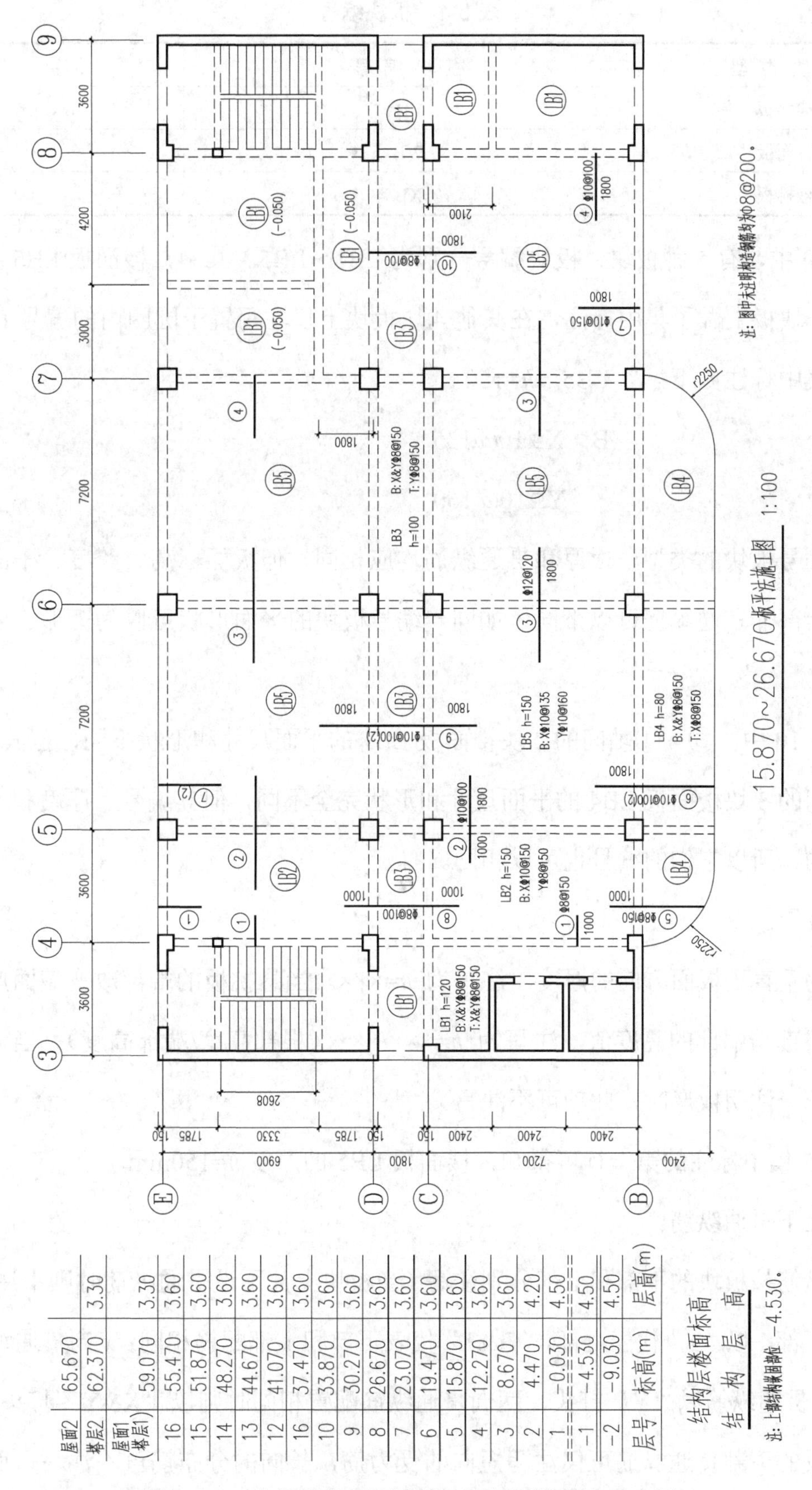


| 层号 | 标高(m) | 层高(m) |
|---|---|---|
| 屋面2 | 65.670 | |
| 塔层2 | 62.370 | 3.30 |
| 屋面1(塔层1) | 59.070 | 3.30 |
| 16 | 55.470 | 3.60 |
| 15 | 51.870 | 3.60 |
| 14 | 48.270 | 3.60 |
| 13 | 44.670 | 3.60 |
| 12 | 41.070 | 3.60 |
| 16 | 37.470 | 3.60 |
| 10 | 33.870 | 3.60 |
| 9 | 30.270 | 3.60 |
| 8 | 26.670 | 3.60 |
| 7 | 23.070 | 3.60 |
| 6 | 19.470 | 3.60 |
| 5 | 15.870 | 3.60 |
| 4 | 12.270 | 3.60 |
| 3 | 8.670 | 3.60 |
| 2 | 4.470 | 4.20 |
| 1 | -0.030 | 4.50 |
| -1 | -4.530 | 4.50 |
| -2 | -9.030 | 4.50 |

图 5-10 有梁楼盖板平法施工图平面注写方式实例

表 5-1　板块编号

| 板块类型 | 板块编号 | 序　　号 |
|---|---|---|
| 楼面板 | LB | ×× |
| 屋面板 | WB | ×× |
| 悬挑板 | XB | ×× |

图 5-10 中，有 5 种板块，板块编号分别为 LB1～LB5。其中，楼面板 LB5 共有 5 块，在其中的一块板上做了集中标注，在其他 4 块板块上仅注写置于圆圈内的编号 LB5。

LB5 集中标注如下：　LB5　*h*=150

B：X⏀10@135

Y⏀10@160

同一编号板块的类型、板厚和贯通纵筋均应相同，但板面标高、跨度、平面形状，以及板支座上部非贯通纵筋可以不同，如同一编号板块的平面形状可以为矩形、多边形或其他形状等。

在图 5-10 中，③～④轴间的 2 块楼面板 LB1 的平面尺寸和形状不同，但其编号一致；④～⑦轴间的 3 块楼面板 LB4 的平面尺寸和形状完全不同，但其编号、厚度和上下贯通纵筋是相同的，所以它们的编号也可以相同。

（2）板厚。

板厚为垂直于板面方向的厚度，注写为 *h*=×××。当悬挑板的端部改变截面厚度时，用斜线分隔根部与端部的高度值，注写为 *h*=×××/×××（根部高度/端部高度）；当设计人员已在图注中统一注明板厚时，此项可不注写。

从 LB5 集中标注的第一行可得知，楼面板 LB5 的厚度 *h*=150mm。

（3）上下贯通纵筋。

贯通纵筋按板块的下部和上部分别注写（当板块上部不设贯通纵筋时则不注写），并以“B”代表下部，以“T”代表上部，“B&T”代表下部和上部配筋相同；*x* 向贯通纵筋以“X”打头，*y* 向贯通纵筋以“Y”打头，两向贯通纵筋配置相同时则以“X&Y”打头。

单向板的下部贯通纵筋可仅注写短向的受力筋，长向的分布筋可不注写，而是在图中统一注明。当在某些板内（如悬挑板 XB 的下部）配置有构造筋时，则 *x* 向以“Xc”打头注写，y 向以“Yc”打头注写。

当 y 向采用放射配筋时（切向为 x 向，径向为 y 向），设计人员应注明配筋间距的定位尺寸，如图 5-13 所示。

当贯通筋采用两种规格的钢筋按“隔一布一”的方式布置时，表达为 ⏀xx/yy@××。如 ⏀8/10@110 表示直径为 8mm 和 10mm 的 HRB400 级钢筋之间的间距为 110mm；直径为 8mm 的钢筋间距为 220mm，直径为 10mm 的钢筋间距为 220mm，二者间隔布置。

LB5 集中标注的第二行、第三行的含义是：板的下部配有双向贯通纵筋；x 向贯通纵筋为 ⏀10@135；y 向贯通纵筋为 ⏀10@160。板的上部未设置贯通纵筋。

（4）板面标高高差。

此项是指相对于本层结构层楼面标高的高差，应将其注写在括号内，有高差则注写，无高差则不注写。此项类似于梁集中标注中的梁顶标高选注项。

在图 5-10 中，5 块 LB5 由于板面标高与结构标高一致，所以未标注此项。

⑦～⑧轴间 3 块楼面板 LB1 内均标注有“(−0.050)”的字样，表示这 3 块楼面板的板面标高比本结构层楼面标高低 0.050m。

③～④轴间的 2 块楼面板 LB1 内均未标注此项内容，表示这两块板的板面标高与结构层楼面标高一致。

**【例 5-1】**有一板块的集中标注为　LB7　*h*=130

B：X⏀12@120；Y⏀10@150

T：X⏀12@150；Y⏀12@180

表示 7 号楼面板，板厚为 130mm；板下部配置贯通纵筋 x 向为 ⏀12@120，y 向为 ⏀10@150；板上部配置贯通纵筋 x 向为 ⏀12@150，y 向为 ⏀12@180。

**【例 5-2】**有一板块的集中标注为　LB3　*h*=120

B：X⏀10/12@100；Y⏀10@120

表示 3 号楼面板，板厚为 120mm；板下部配置的贯通纵筋 x 向为 ⏀10 和 ⏀12 隔一布一，⏀10 和 ⏀12 之间的间距为 100mm，此时，⏀10 与 ⏀10 之间、⏀12 与 ⏀12 之间的间距均为 200mm；y 向为 ⏀10@120（上部无贯通纵筋，无须表述）。

【例 5-3】有一悬挑板的集中标注为　XB5　$h$=130/100

B：Xc&Yc⌀8@200

表示 5 号悬挑板，悬挑板根部厚 130mm，端部厚 100mm；悬挑板下部配置构造筋 $x$ 向和 $y$ 向均为 ⌀8@200。上部受力筋应在支座原位标注中标注，分布筋可在相关说明中统一说明。

### 2. 板支座原位标注

板支座原位标注的内容为板支座上部非贯通纵筋和悬挑板上部受力筋。

对于普通板而言，原位标注内容就是支座上部非贯通纵筋，简称支座钢筋。对于悬挑板，原位标注内容就是上部受力筋。

板支座原位标注的钢筋应在配置相同跨的第一跨上表达；当在梁悬挑部位单独配置时，则在原位表达。在配置相同跨的第一跨（或梁悬挑部位）上垂直于板支座（梁或墙）绘制一段适宜长度的中粗实线（当该筋通长设置在悬挑板或短跨板上部时，实线段应画至对边或贯通短跨），以该线段代表支座上部非贯通纵筋，并在线段上方注写钢筋编号（如①号、②号等）、配筋值、横向连续布置的跨数（注写在括号内，且当跨数为一时可不注写），以及是否横向布置到梁的悬挑端。

板支座钢筋横向连续布置跨数表示方法如下：

(×××)，为板横向连续布置的跨数；

(×××A)，为板横向连续布置的跨数及一端的悬挑梁部位；

(×××B)，为板横向连续布置的跨数及两端的悬挑梁部位。

### 特别提示

① ×××是指板的跨数，以一个“板块”为一跨，连续布置×××个板块；

② A 和 B 指的是梁的悬挑端，A 指在梁的一端悬挑端上布置上部非贯通纵筋，B 指在梁的两端悬挑端上布置上部非贯通纵筋。

将板支座上部非贯通纵筋自支座边线向跨内的伸出长度，注写在线段的下方位置，如图 5-11～5-14 所示。

（1）当中间支座上部非贯通纵筋向支座两侧对称伸出时，可仅在支座一侧线段的下方标注伸出长度，另一侧不注写，如图 5-11（a）所示。

如图 5-10 中⑥号轴线上的③号钢筋，仅在一侧标注 1800，默认两边对称。

（2）当支座两侧非对称伸出时，应分别在支座两侧线段下方注写伸出长度，如图 5-11（b）所示。

如图 5-10 中⑤号轴线上的②号钢筋，两侧分别标注伸出长度。

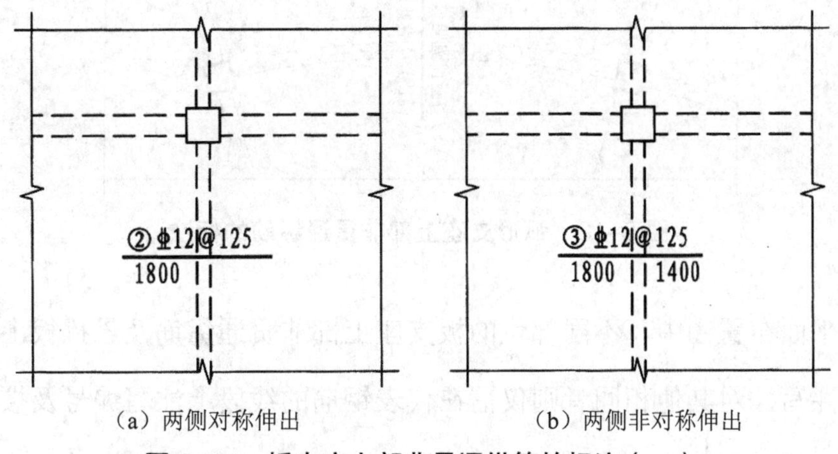


图 5-11　板支座上部非贯通纵筋的标注（一）

（3）对线段画至对边贯通全跨（如走廊等短跨）长度的上部通长纵筋，贯通全跨一侧的长度值不注，只注明非贯通纵筋另一侧的伸出长度，如图 5-12（a）所示。

如图 5-10 中⑦～⑧轴间的⑩号钢筋，仅注一侧长度即可。

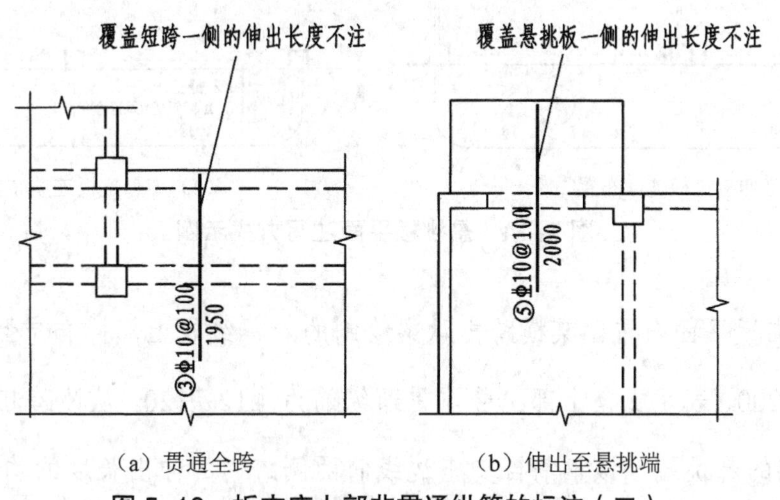


图 5-12　板支座上部非贯通纵筋的标注（二）

（4）对线段画至贯通全悬挑长度的上部通长纵筋，伸出至全悬挑一侧的长度值不注写，只注明非贯通纵筋另一侧的伸出长度，如图 5-12（b）所示。

如图 5-10 中Ⓑ轴上的⑥号钢筋，仅注一侧伸出长度。

（5）当板支座为弧形，支座上部非贯通纵筋呈放射状分布时，设计人员应注明配筋间距的度量位置，并加注“放射分布”四字，必要时应补绘平面配筋图，如图 5-13 所示。

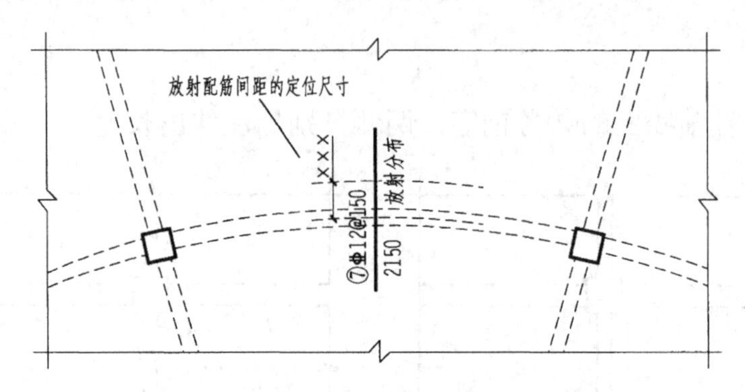


图 5-13 弧形支座上部非贯通纵筋的标注

（6）在板平面布置图中，不同部位的板支座上部非贯通纵筋及悬挑板上部受力筋，可仅在一个部位注写，对其他相同者则仅需在代表钢筋的线段上注写编号及按本条规则注写横向连续布置的跨数即可，如图 5-14 所示为悬挑板平面注写方式示例。

如图 5-10 中Ⓑ轴上的⑥号钢筋，Ⓔ轴上的⑦号钢筋，均为横向自左至右连续布置 2 跨。图 5-14 中的③号筋和⑤号筋均为横向自左至右连续布置 2 跨。

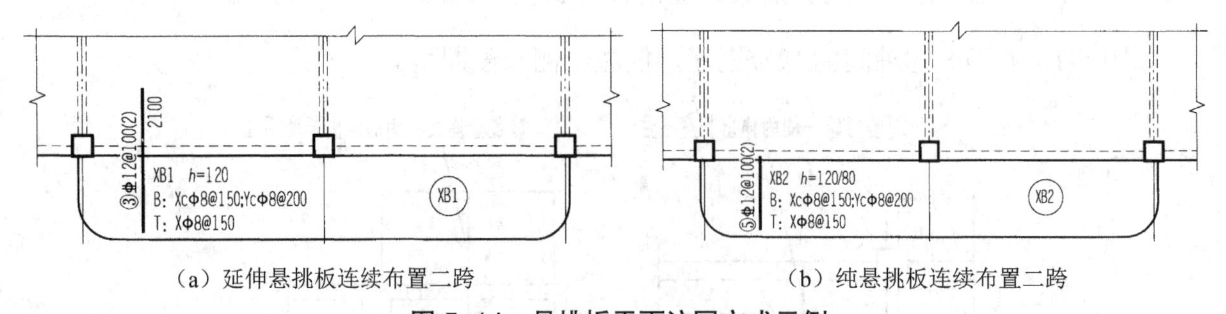


（a）延伸悬挑板连续布置二跨　（b）纯悬挑板连续布置二跨

图 5-14 悬挑板平面注写方式示例

**【例 5-4】**在板平面布置图某横跨支承梁绘制的对称线段上部标有⑦⌀12@120（4A），下部一侧标有 1200，表示支座上部⑦号非贯通纵筋为 ⌀12@120，从该跨起沿支承梁连续布置 4 跨加梁一端的悬挑端，该钢筋自支座边线向两侧跨内的伸出长度的均为 1200mm。

（7）当悬挑板端部厚度不小于 150mm 时，设计人员应指定板端封边构造方式，当采用 U 形钢筋封边时，还应指定 U 形钢筋的规格、直径，如图 5-20 所示。

（8）与板支座上部非贯通纵筋垂直且绑扎在一起的分布筋或构造筋应由设计人员在图中注明。

在图 5-10 中，处于⑥～⑦轴间楼面板 LB3 的集中标注中有“T：X⌀8@150”的字样，表示此板上部 $x$ 向的贯通纵筋为 ⌀8@150，就是与板支座上部非贯通纵筋垂直且绑扎在一块的构造筋。又如在图 5-10 中，注有“图中未注明构造钢筋均为 Φ8@200”，LB2 和 LB5 周边已注明的上部负筋，还应按此标准配置构造筋。

（9）当板的上部已配置有贯通纵筋，但需增配板支座上部非贯通纵筋时，应结合已配置的同向贯通纵筋的直径与间距，采取“隔一布一”的方式配置，如图 5-15 所示。

“隔一布一”的方式为非贯通纵筋的间距与贯通纵筋相同，两者组合后的实际间距为各自标注间距的 1/2。

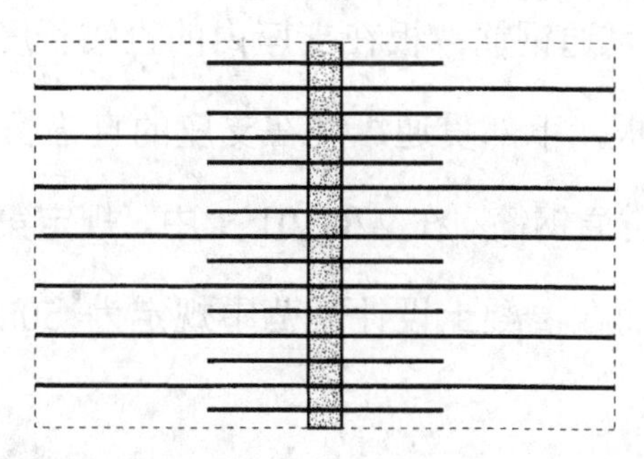

**图 5–15　上部贯通筋与支座上部非贯通纵筋“隔一布一”的组合方式**

**【例 5-5】**在某板上部已配置贯通纵筋 ⌀12@250，该跨同向配置的支座上部非贯通纵筋为③⌀12@250，表示在该支座上部设置的纵筋实际为 ⌀12@125，其中，1/2 为贯通纵筋，1/2 为③号非贯通纵筋（伸出长度值略），二者间隔布置。

**【例 5-6】**在某板上部已配置贯通纵筋 ⌀10@250，该跨同向配置的支座上部非贯通纵筋⑥号筋为 ⌀12@250，表示该跨实际设置的上部纵筋为 ⌀10 和 ⌀12 间隔布置，两者之间的间距为 125mm。

（10）当支座一侧设置了上部贯通纵筋（在板块集中标注中以 T 打头），而在支座另一侧又设置了上部非贯通纵筋时，如果支座两侧设置的纵筋牌号、直径、间距均相同，那么应将二者连通，避免各自在支座上部分别锚固。

如图 5-10 中的④轴左侧 LB1 的集中标注中有上部配筋“T：X&Y⌀8@150”，而右侧①号支座钢筋为 ⌀8@150，左右两侧上部 $x$ 向的配筋完全相同，在实际施工时，应将二者连通设置，既能保证各自的锚固，又能节约钢筋。

## 任务 3 识读板平法标准构造详图

图 5-16 所示为有梁楼盖板标准配筋构造详图（中间支座），包括楼面板 LB 和屋面板 WB，图 5-16 中板中间支座均按梁绘制，当支座为混凝土剪力墙或圈梁时，其构造相同。

### 一、中间支座配筋构造

#### 1. 中间支座下部钢筋

（1）与支座垂直的 $x$ 向贯通钢筋：板在支座内的直锚长度为伸入支座≥$5d$，且至少到支座中线；梁板式转换层的板，下部贯通纵筋在支座的直锚长度为 $l_{aE}$，应在图中注明。

（2）与支座同向的 $y$ 向贯通钢筋：在 22G101-1 中，规定第一根钢筋距梁边的距离为从 1/2 板筋间距处开始设置；而在混凝土设计规范中规定为 50mm。在实际工程中，一般按 50mm 设置。

（3）下部钢筋的连接位置：宜在距支座 $l_n/4$ 的净跨内，$l_n$ 为扣除板支座宽度的净跨度。

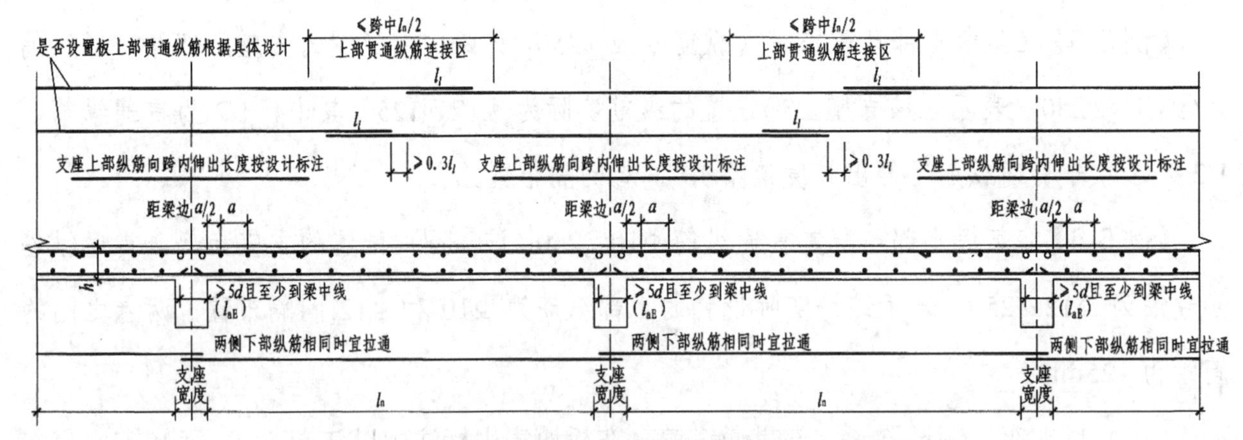

图 5-16 有梁楼盖板标准配筋构造详图（中间支座）

#### 2. 中间支座上部钢筋

（1）非贯通钢筋，俗称“扣筋”。

① 向跨内延伸长度详见设计标注，延伸长度自支座边线算起。

② 两端向下直弯段 $e$ 与板厚有关，详见任务 4 节关于“支座非贯通钢筋两端垂直段长度 $e$”的讨论。

③ 与非贯通钢筋垂直的分布筋或构造筋的配筋数值按设计标注，分布筋或构造筋与非贯通纵筋的搭接长度为 150mm。

（2）贯通钢筋，即板上部贯通钢筋。

① 与支座垂直的贯通钢筋（$x$ 向）。

贯通钢筋应贯通跨越中间支座。当相邻等跨或不等跨的上部贯通纵筋的配置不同时，应将配置较大者越过其标注的跨数终点或起点，延伸至相邻跨的跨中连接区域连接。

② 与支座同向的贯通钢筋（$y$ 向）。

在实际工程中，第一根钢筋距梁边的距离按 50mm 设置。

③ 上部贯通钢筋连接区。

上部贯通钢筋连接区，一般在≤跨中 $l_n/2$ 范围内。

板纵筋可采用绑扎搭接、机械连接或焊接三种方式进行连接，由设计注明。同一连接区段内钢筋接头面积百分率不宜大于 50%。

板位于同一层面的两向交叉纵筋何向在下何向在上，应按具体设计说明。

## 二、端部支座的锚固构造

对于有梁楼盖板的支座，除了各类梁，还有剪力墙等。板在端部支座的锚固构造如图 5-17 和图 5-18 所示。

### 1. 板在端部支座的锚固构造（一）

当端部支座为各类梁时，如图 5-17 所示。

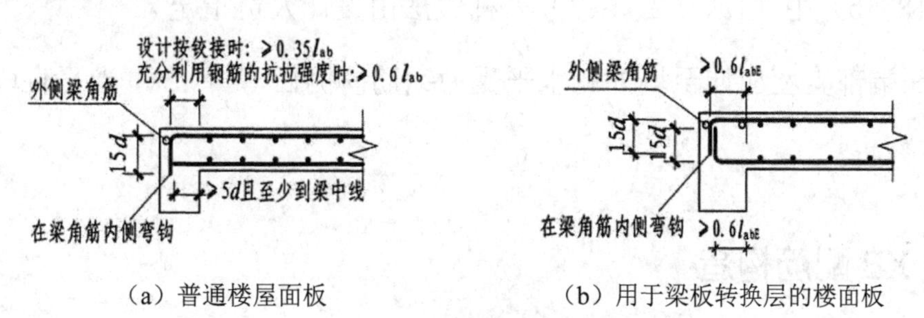


（a）普通楼屋面板　　（b）用于梁板转换层的楼面板

图 5-17　板在端部支座的锚固构造（一）

（1）上部纵筋在端支座应伸至支座外侧梁角筋内侧后弯折 15$d$，当普通楼屋面板（图 5-17（a））的平直段长度≥$l_a$、梁板式转换层的楼面板（图 5-17（b））的平直段长度≥$l_{aE}$ 时可不弯折。

（2）图 5-17 中的“设计按铰接时”和“充分利用钢筋的抗拉强度时”两种情况由设计人员指定。

（3）下部纵筋直锚长度为伸入支座 5$d$，且至少到梁中线；梁板式转换层的板下部贯通纵筋在支座的直锚长度为 $l_{aE}$，否则应采用如图 5-17（b）所示的弯锚构造，且应保证平直段长度≥0.6$l_{abE}$。

### 2. 板在端部支座的锚固构造（二）

当端部支座为剪力墙时，如图 5-18 所示。

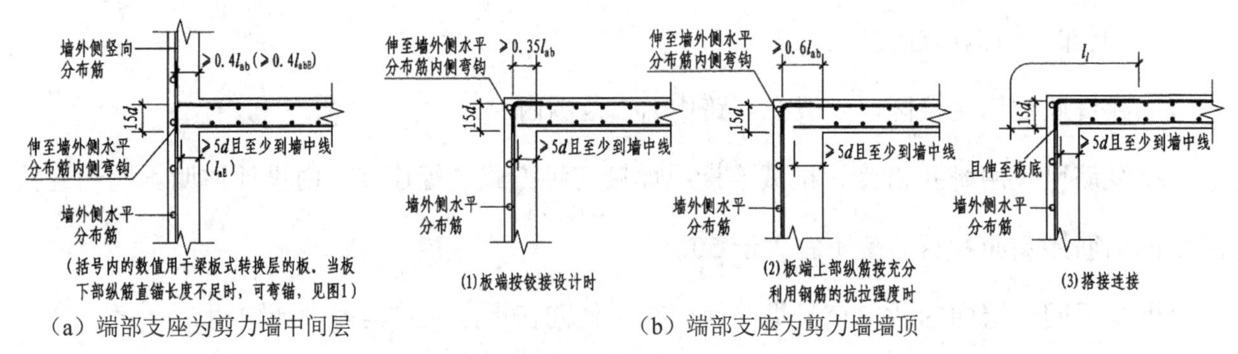


（a）端部支座为剪力墙中间层　　（b）端部支座为剪力墙墙顶

图 5–18　板在端部支座的锚固构造（二）

（1）当端部支座为剪力墙中间层时，如图 5-18（a）所示。

括号内的数值用于梁板式转换层的板。当板下部纵筋直锚长度不足时，可采用图 5-17（b）所示弯锚构造，平直段长度应≥0.4$l_{abE}$。

（2）当端部支座为剪力墙墙顶时，如图 5-18（b）所示。

① 图 5-18（b）中（1）、（2）、（3）三种做法由设计人员指定。

② 纵筋在端部支座应伸至墙外侧水平受力钢筋内侧后弯折 15$d$，当平直段长度≥$l_a$（或≥$l_{aE}$）时可不弯折。

## 三、悬挑板 XB 配筋构造

悬挑板 XB 配筋构造如图 5-19 所示。

图 5-19（a）所示为悬挑板 XB 为楼面板的延伸悬挑板，且板面标高相同的情况。XB 的上部受力筋为 LB 上部筋的延伸。

图 5-19（b）所示为悬挑板 XB 为楼面板的延伸悬挑板，且板面标高不同的情况。XB 的上部受力筋需单独设置，在梁内的直锚长度≥$l_a$（或≥$l_{aE}$）。图 5-14（a）所示，即为此种情况。

图 5-19（c）所示为悬挑板 XB 为纯悬挑板的情况。无论 XB 的上部受力筋是否满足≥$l_a$（或≥$l_{aE}$）的条件，均应采用弯锚构造形式，且应满足平直段≥0.6$l_a$（或≥0.6$l_{aE}$）的要求，即应充分利用钢筋的抗拉强度。

悬挑板 XB 下部为构造筋，伸入支座内的长度为 12$d$，且至少到梁中线，抗震时应取 $l_{aE}$。

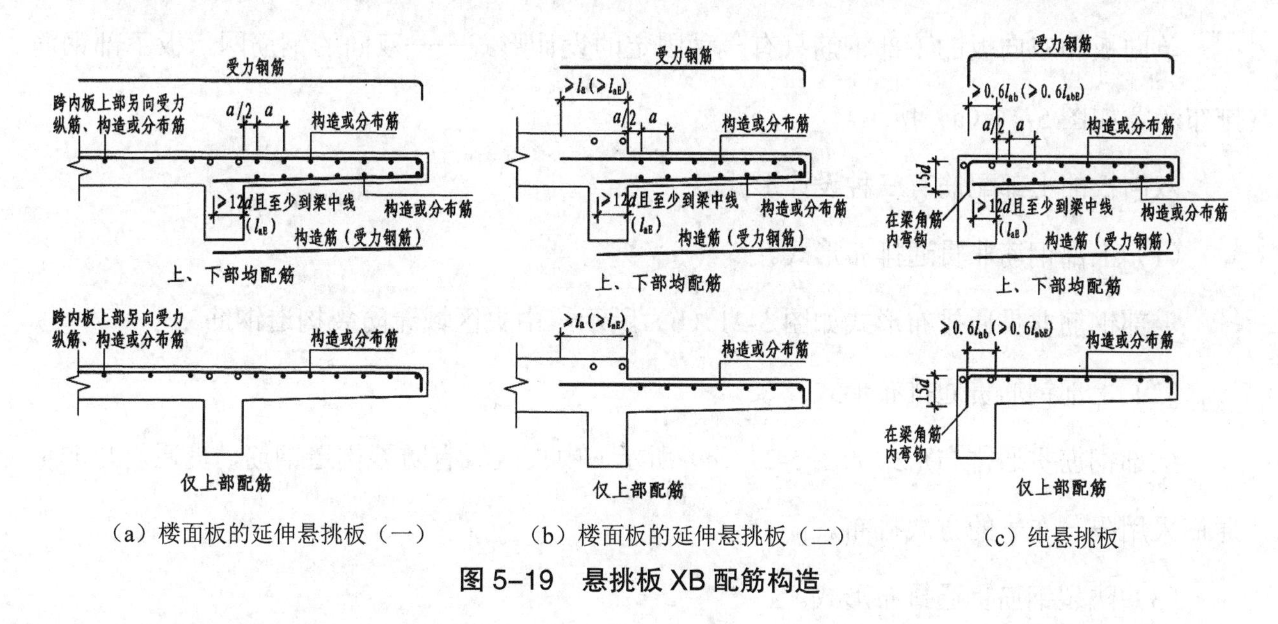


（a）楼面板的延伸悬挑板（一）　（b）楼面板的延伸悬挑板（二）　（c）纯悬挑板

**图 5–19　悬挑板 XB 配筋构造**

## 四、无支撑板端部封边构造

当悬挑板 XB 板厚≥150 时，无支撑的悬挑板端部封边构造有两种做法，如图 5-20 所示。

图 5-20（a）的构造做法为在板端加设 U 形钢筋，其钢筋牌号、直径和间距等应由设计人员标注，其中，水平段长度应≥15$d$，且≥200。

图 5-20（b）的构造做法为将上、下部钢筋在端部弯折，垂直段长度为“板厚−2 个板保护层厚度”。

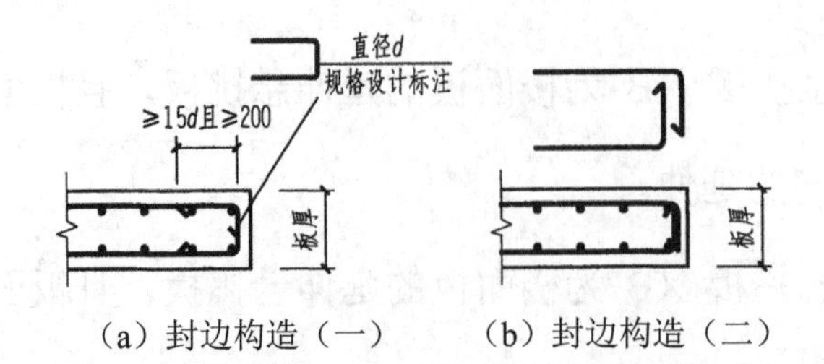

（a）封边构造（一）　　（b）封边构造（二）

图 5-20　无支撑板端部封边构造（当板厚≥150 时）

## 任务 4　计算楼板内钢筋

### 一、楼板上部配筋的三种形式

单向板和双向板的下部钢筋只有一种固定的设计形式——双向的钢筋网，板下部钢筋排布示意如图 5-21（a）所示。

双向板的上部配筋有三种设计形式。

（1）上部钢筋非贯通排布形式。

上部钢筋非贯通排布形式如图 5-21（b）所示，中央区域无防裂构造钢筋。

（2）上部钢筋贯通排布形式。

上部钢筋贯通排布形式如图 5-21（c）所示，中央区域有防裂构造钢筋，贯通筋与非贯通筋采用隔一布一的方式排布。

（3）防裂钢筋贯通排布形式。

防裂钢筋贯通排布形式如图 5-21（d）所示，中央区域防裂构造钢筋与非贯通筋采用搭接方式排布，搭接长度为 150mm。

图 5-21（c）所示由防裂构造钢筋网利用全部或部分原有受力支座负筋贯通而成；图 5-21（d）所示的防裂构造钢筋网是单独设计的独立钢筋网片，其实就是在图 5-21（b）板的上部中央无筋区设计了独立的防裂构造钢筋网与支座负筋搭接。

纵观这四个图会发现，板的上、下部钢筋最终都形成了钢筋网片。下部的配筋很均匀，较简单。上部的配筋稍微复杂一些，有的地方密一些，有的地方稀一些；有时中央有钢筋网，有时中央没有钢筋网。

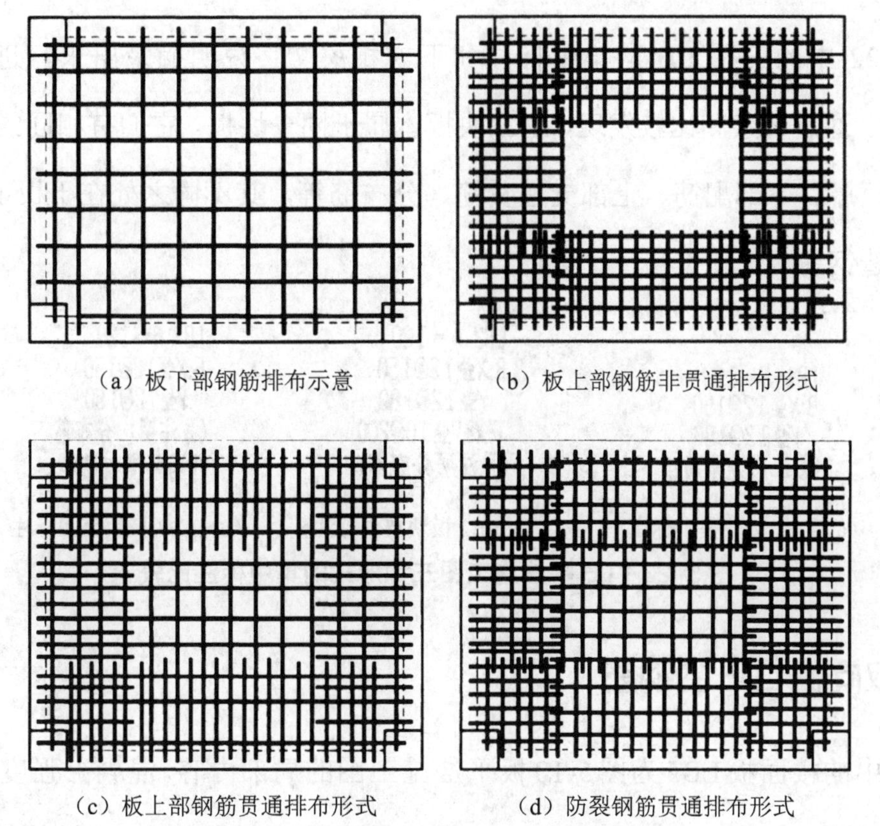

（a）板下部钢筋排布示意　（b）板上部钢筋非贯通排布形式

（c）板上部钢筋贯通排布形式　（d）防裂钢筋贯通排布形式

**图 5-21　板上部和下部配筋的设计形式**

识读板施工图时，首先要判断板上部钢筋属于哪种形式。

实际工程中板的配筋设计经常会用到图 5-22 所示的三种形式，下面通过这三种形式解读板的平法施工图识读和钢筋计算方面的知识。

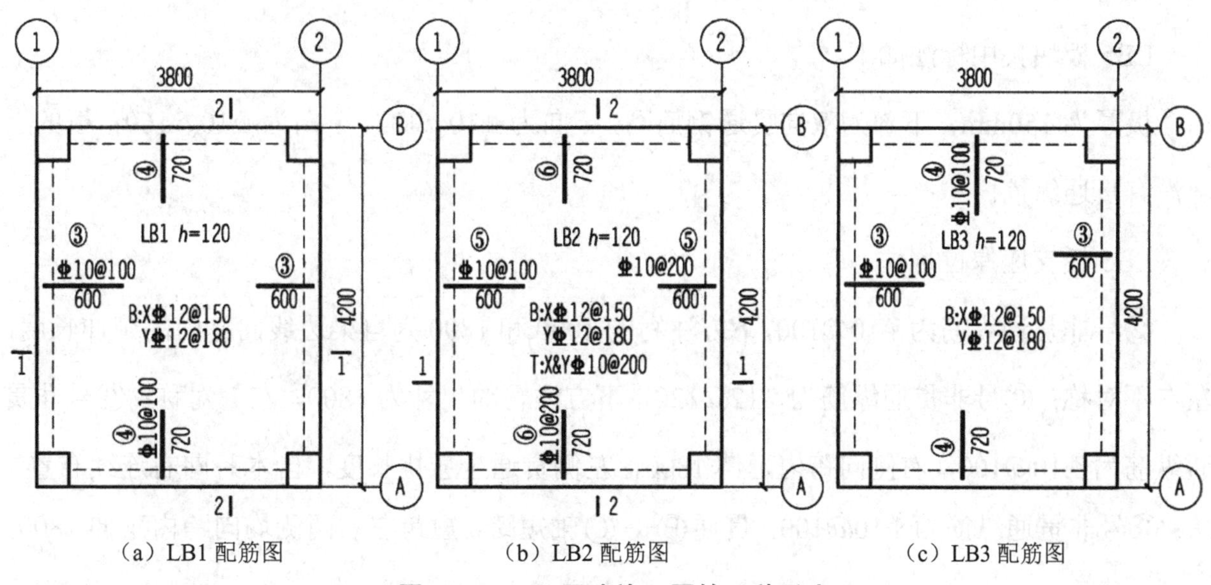


（a）LB1 配筋图　（b）LB2 配筋图　（c）LB3 配筋图

**图 5-22　LB 平法施工图的三种形式**

将图 5-22 中的三种 LB 的集中标注和下方相关文字说明摘录出来，进行对比，如图 5-23 所示。通过观察和比较发现，这三块板本属于同一块板。它们有相同的形状、大小、周边支座、板厚、下部配筋、上部支座负筋、分布筋等，其不同之处在于板上部中央区域的“防裂构造钢筋网”的设计。

LB1 h=120
B:XΦ12@150
YΦ12@180
(另注明分布筋)

（a）LB1 板块集中标注

LB2 h=120
B:XΦ12@150
YΦ12@180
T:X&YΦ10@200
(另注明分布筋)

（b）LB2 板块集中标注

LB3 h=120
B:XΦ12@150
YΦ12@180
(另注明：分布筋
作为温度钢筋)

（c）LB3 板块集中标注

**图 5-23　LB 平法施工图三种形式的集中标注比较**

## 二、计算双向板 LB5 的钢筋

图5-24中的楼面板LB5为图5-10板平法施工图的局部内容。混凝土强度等级为C30；周边梁的断面尺寸均为250mm×500mm；梁的保护层厚度为20mm，板的保护层厚度为15mm；梁的箍筋为 Φ6，梁的上部角筋为 Φ25；未注明的分布筋为 Φ8@200；板的钢筋弯曲角度按 $R$=2.5$d$ 考虑。试识读 LB5 平法施工图，计算板内各种类型钢筋的设计长度及根数。

### 1. 识读楼面板 LB5 的平法施工图

LB5 板块集中标注如下。

板厚为 150mm，下部为双向贯通钢筋网，$x$ 向为 Φ10@135，$y$ 向为 Φ10@160；板的上部没有贯通纵筋。

LB5 板支座原位标注：

②号非贯通纵筋为 Φ10@100，下方注写的 1000 和 1800 为自梁边线向跨内的延伸长度，左右不对称；③号非贯通纵筋为 Φ12@120，下方注写的尺寸为 1800，左右对称；⑥号非贯通纵筋为 Φ10@100，右侧向跨内延伸 1800，左侧贯通全悬挑长度，自本跨向右连续布置 2 跨；⑨号非贯通纵筋为 Φ10@100，贯通Ⓑ～Ⓒ轴短跨，短跨左右两侧均向跨内延伸 1800，自本跨向右连续布置 2 跨。

通过上述解读可判断出：

LB5 的上部配筋属于图 5-21（b）板上部钢筋非贯通排布形式，板上部无防裂构造钢筋网（在相关规范标准中，当板的短向跨度≥3.60m 时，上部必须设抗温度、收缩应力构造钢筋的要求，在此不予讨论）。

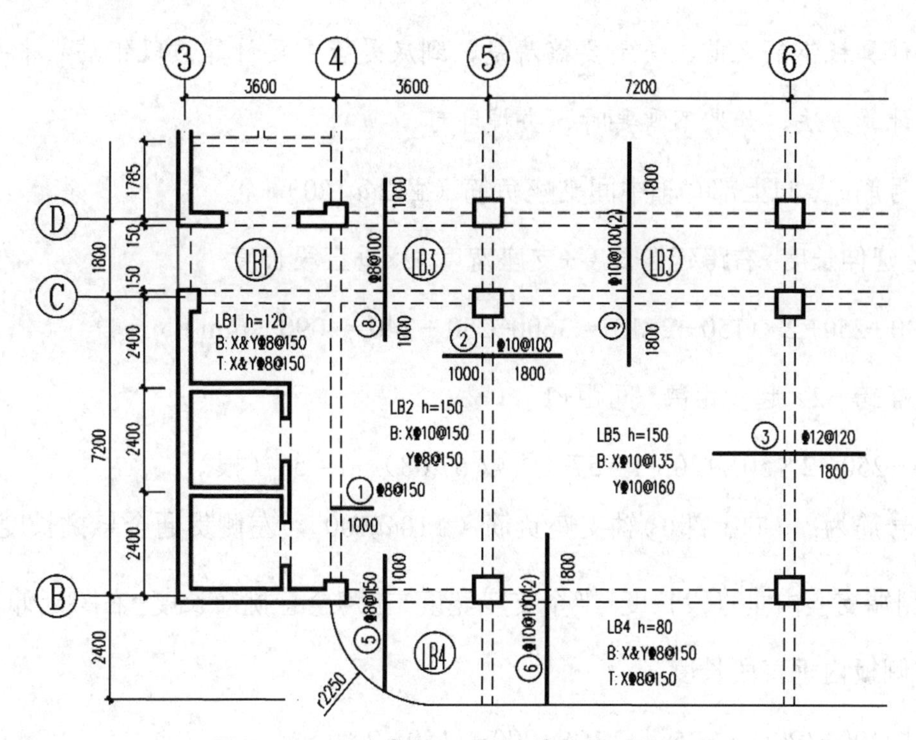


图 5-24　双向板 LB5 平法施工图（局部）

**2. 按钢筋编号计算钢筋的设计长度和根数**

（1）②号筋：$x$ 向上部⑤轴中间支座负筋（⌀10@100）。

$L_2$=左跨延伸长度+右跨延伸长度+支座宽度+2×垂直段长度

=1000+1800+250+2×(150−2×15)=2800+250+240=3290（mm）

$n_2$=（板净跨−2×起步距离）/间距+1

=(7200−250−2×50)/100+1=69（不取 68.5）+1=70（根）

**关于“支座非贯通钢筋两端垂直段长度 *e*”的讨论：**

在 16G101 及之前的平法图集版本中，有梁楼盖板标准配筋构造详图，板支座上部非贯通纵筋在端部是带有垂直弯折段的，这一段长度用 $e$ 来来表示。

关于 $e$ 的取值是板厚减一个保护层厚度（$h-c$）还是减两个保护层厚度（$h-2c$），这是一个有争议的问题，现行相关规范或图集中并未给出明确说法，而在有关的辅导材料当中，二者均被采用，所以目前认为，两者均是可行的。本书采用了减两个保护层厚度的做法。

而在22G101平法图集中，有梁楼盖板标准配筋构造详图，板支座上部非贯通纵筋在端部是不需要带垂直弯折段的，详见图5-16所示。

读者在计算板钢筋之前，一定要搞清楚，到底是否需要计算该段钢筋。本书中给出了该段钢筋的计算方法，如果不需要时，去掉即可。

（2）③号筋：$x$ 向上部⑥轴中间支座负筋（⌀12@120）。

$L_3$=左跨延伸长度+右跨延伸长度+支座宽度+2×垂直段长度

=2×1800+250+2×(150−2×15)=3600+250+240=4090（mm）

$n_2$=(板净跨−2×起步距离)/间距+1

=(7200−250−2×50)/120+1=57（不取57.08）+1=58（根）

（3）⑥号筋为：$y$ 向上部Ⓑ轴支座负筋（⌀10@100），左侧贯通全悬挑长度。

$L_6$= 左侧端支座内垂直段长度+半个支座宽度+左跨全悬挑净长度+右跨延伸长度

+右侧板内垂直段长度

=15$d$+[2400−(20+6+25)]+125+1800+(150−2×15)

=15×10+2349+125+1800+120=4544（mm）

$n_6$=(板净跨−2×起步距离)/间距+1

=(7200−250−2×50)/100+1=69（不取68.5）+1=70（根）

（4）⑨号筋：$y$ 向上部Ⓒ轴中间支座负筋（⌀10@100），贯通Ⓒ～Ⓓ轴短跨。

$L_9$= 左跨延伸长度+贯通跨轴线长度+右跨延伸长度+支座宽度+2×垂直段长度

=2×1800+1800+250+2×(150−2×15)=5400+250+240=5890（mm）

$n_9$=(板净跨−2×起步距离)/间距+1

=(7200−250−2×50)/100+1=69（不取68.5）+1=70（根）

LB5下部双向贯通纵筋（$x$ 向 ⌀10@135 和 $y$ 向 ⌀10@160）的设计长度为各自净跨长度加两端的直锚长度max（$b$/2, 5$d$）。请同学们作为课后练习，自行计算。

### 3. 汇总计算结果

读者可参照梁、柱的方法制作板钢筋材料明细表，将上述钢筋设计长度的计算结果填入表内，以备后续使用。

## 小　结

本项目论述了识读传统板和平法板施工图，以及计算板钢筋的基本步骤和方法。概括说明了平法板及钢筋的分类；有梁楼盖板平法施工图采用的平面注写方式，包括板块集中标注和板支座原位标注两部分；阐述了有梁楼盖板的钢筋构造，包括板内受力筋、构造筋和分布筋的设置，以及钢筋的连接、锚固方式等诸多方面；最后讲述了楼板主要钢筋类型的设计长度及根数计算等。

## 复习思考题

1. 现浇混凝土有梁楼盖板的编号有哪些?
2. 现行混凝土规范对单、双向板的划分是如何规定的？
3. 现浇有梁楼盖板内的钢筋分为几类？简述其作用。
4. 板纵向钢筋的连接方式有哪几种？
5. 板块集中标注的内容有哪几项？板支座原位标注有哪几项内容？
6. 当有梁楼盖板在中间支座处时，规定下部钢筋伸入支座内的长度是多少？
7. 普通楼屋面板在端支座为各类梁时的锚固构造有哪些？
8. 悬挑板 XB 无支撑板端封边构造有哪几种构造类型？

项目六

# 识读剪力墙平法施工图

## 教学目标与要求

### 教学目标

通过对本项目的学习，学生应能够：

1. 掌握剪力墙的分类和平法制图规则的含义。

2. 掌握剪力墙身水平和竖向钢筋的构造，以及各种约束边缘构件 YBZ 和构造边缘构件 GBZ 的构造。

3. 熟悉并理解扶壁柱 FBZ、非边缘暗柱 AZ、剪力墙连梁 LL、暗梁 AL、边框梁 BKL 的配筋构造等。

### 教学要求

| 教学要点 | 知识要点 | 权重 |
| --- | --- | --- |
| 剪力墙及墙内钢筋的分类 | 掌握剪力墙身、墙柱及墙梁内钢筋的种类 | 25% |
| 剪力墙平法施工图制图规则 | 理解剪力墙平法施工图的注写方式，熟悉并掌握其注写内容的含义和阅读方式 | 30% |
| 剪力墙的钢筋构造 | 熟悉剪力墙的钢筋构造，具体掌握墙柱、墙身和墙梁等部位的钢筋设置要求及连接 | 45% |

### 案例应用一

#### 认识剪力墙列表注写方式平法施工图

图 6-1 所示为剪力墙平法施工图列表注写方式示例，围绕本图所表达的图形语言及截面注写数字和符号的含义可以引领学生正确读懂和理解剪力墙平法施工图。

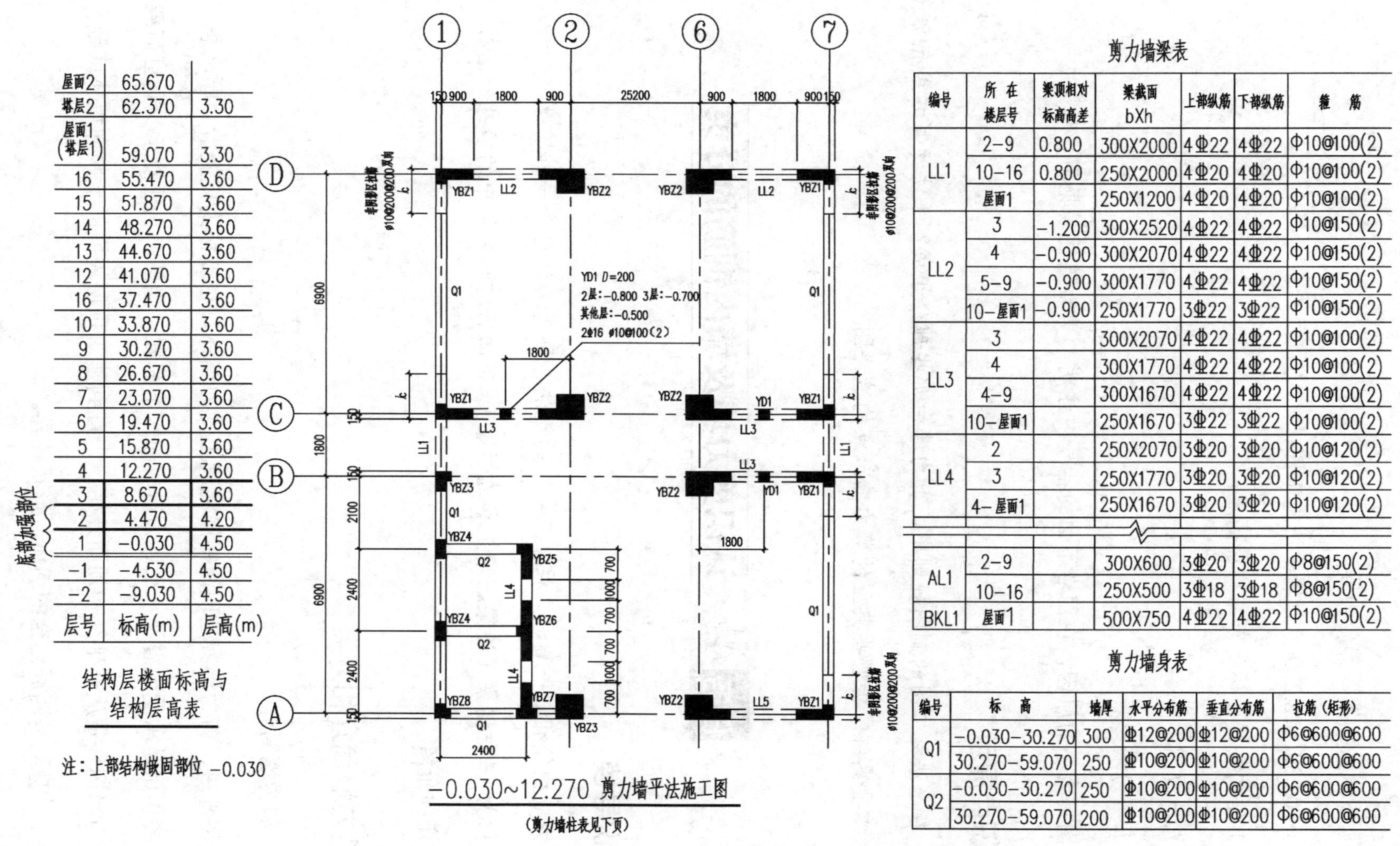


结构层楼面标高与结构层高表

| 层号 | 标高(m) | 层高(m) |
| --- | --- | --- |
| 屋面2 | 65.670 | |
| 塔层2 | 62.370 | 3.30 |
| 屋面1（塔层1） | 59.070 | 3.30 |
| 16 | 55.470 | 3.60 |
| 15 | 51.870 | 3.60 |
| 14 | 48.270 | 3.60 |
| 13 | 44.670 | 3.60 |
| 12 | 41.070 | 3.60 |
| 16 | 37.470 | 3.60 |
| 10 | 33.870 | 3.60 |
| 9 | 30.270 | 3.60 |
| 8 | 26.670 | 3.60 |
| 7 | 23.070 | 3.60 |
| 6 | 19.470 | 3.60 |
| 5 | 15.870 | 3.60 |
| 4 | 12.270 | 3.60 |
| 3 | 8.670 | 3.60 |
| 2 | 4.470 | 4.20 |
| 1 | -0.030 | 4.50 |
| -1 | -4.530 | 4.50 |
| -2 | -9.030 | 4.50 |

注：上部结构嵌固部位 -0.030

剪力墙梁表

| 编号 | 所在楼层号 | 梁顶相对标高高差 | 梁截面 bXh | 上部纵筋 | 下部纵筋 | 箍筋 |
| --- | --- | --- | --- | --- | --- | --- |
| LL1 | 2-9 | 0.800 | 300X2000 | 4Φ22 | 4Φ22 | Φ10@100(2) |
| | 10-16 | 0.800 | 250X2000 | 4Φ20 | 4Φ20 | Φ10@100(2) |
| | 屋面1 | | 250X1200 | 4Φ20 | 4Φ20 | Φ10@100(2) |
| LL2 | 3 | -1.200 | 300X2520 | 4Φ22 | 4Φ22 | Φ10@150(2) |
| | 4 | -0.900 | 300X2070 | 4Φ22 | 4Φ22 | Φ10@150(2) |
| | 5-9 | -0.900 | 300X1770 | 4Φ22 | 4Φ22 | Φ10@150(2) |
| | 10-屋面1 | -0.900 | 250X1770 | 3Φ22 | 3Φ22 | Φ10@150(2) |
| LL3 | 3 | | 300X2070 | 4Φ22 | 4Φ22 | Φ10@100(2) |
| | 4 | | 300X1770 | 4Φ22 | 4Φ22 | Φ10@100(2) |
| | 4-9 | | 300X1670 | 4Φ22 | 4Φ22 | Φ10@100(2) |
| | 10-屋面1 | | 250X1670 | 3Φ22 | 3Φ22 | Φ10@100(2) |
| LL4 | 2 | | 250X2070 | 3Φ20 | 3Φ20 | Φ10@120(2) |
| | 3 | | 250X1770 | 3Φ20 | 3Φ20 | Φ10@120(2) |
| | 4-屋面1 | | 250X1670 | 3Φ20 | 3Φ20 | Φ10@120(2) |
| AL1 | 2-9 | | 300X600 | 3Φ20 | 3Φ20 | Φ8@150(2) |
| | 10-16 | | 250X500 | 3Φ18 | 3Φ18 | Φ8@150(2) |
| BKL1 | 屋面1 | | 500X750 | 4Φ22 | 4Φ22 | Φ10@150(2) |

剪力墙身表

| 编号 | 标高 | 墙厚 | 水平分布筋 | 垂直分布筋 | 拉筋（矩形） |
| --- | --- | --- | --- | --- | --- |
| Q1 | -0.030-30.270 | 300 | Φ12@200 | Φ12@200 | Φ6@600@600 |
| | 30.270-59.070 | 250 | Φ10@200 | Φ10@200 | Φ6@600@600 |
| Q2 | -0.030-30.270 | 250 | Φ10@200 | Φ10@200 | Φ6@600@600 |
| | 30.270-59.070 | 200 | Φ10@200 | Φ10@200 | Φ6@600@600 |

图 6-1 剪力墙平法施工图列表注写方式示例

本页图纸共包括四部分内容：

（1）-0.030 ~ 12.270 剪力墙平法施工图。

（2）结构层楼面标高与结构层高表。

（3）剪力墙梁表。

（4）剪力墙身表。

因图幅大小的原因，在图名下面的括号内注明“剪力墙柱表见下页”。

## 知识点提示

1. 在平法施工图的制图规则中，剪力墙由哪些部分组成？平法注写方式有哪几种？

2. 需要熟练掌握哪些典型的剪力墙节点构造详图？

# 任务 1　认识剪力墙及墙内钢筋的分类

## 知识导读

剪力墙构件有“一墙、二柱、三梁”的说法，即剪力墙包含一种墙身、两种墙柱（端柱和暗柱）、三种墙梁（连梁、暗梁和边框梁）。下面将对剪力墙中的墙身、墙柱、墙梁分别进行详细介绍。

## 一、剪力墙简介和分类

### 1. 剪力墙简介

通俗地讲，剪力墙就是现浇钢筋混凝土受力墙体，也被称为抗震墙。顾名思义，剪力墙的主要作用是承受地震及水平风力造成的水平荷载，当然，它还能承受垂直荷载。

剪力墙构件是从基础结构顶面开始，一直到建筑顶层屋面的一整面墙体或连在一起的几面墙体，甚至是四周闭合的墙体，形状各异。

在高层钢筋混凝土结构建筑中，主要有框架结构和剪力墙结构两种结构类型。剪力墙属于混凝土结构众多受力构件（柱、梁、板及各类基础等）中的一种，剪力墙的钢筋结构图和钢筋轴测投影示意如图 6-2 所示。

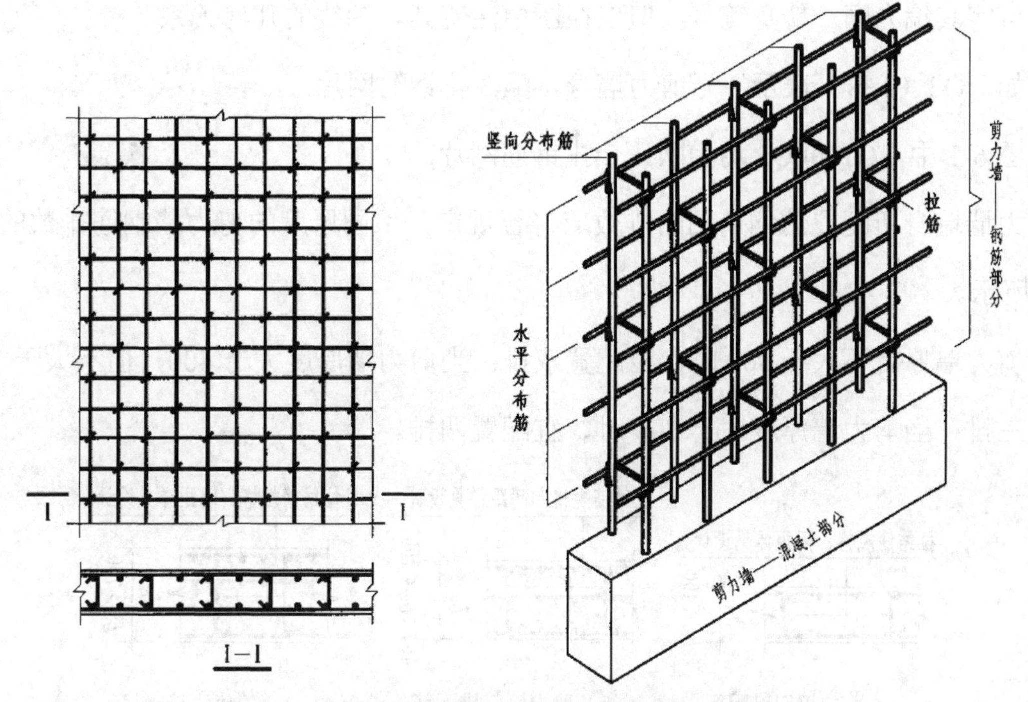


图 6-2 剪力墙的钢筋结构图和钢筋轴测投影示意

### 2. 剪力墙分类

为了表达清楚和识图简便，平法将剪力墙分成剪力墙柱、剪力墙身和剪力墙梁三类构件，分别简称为墙柱、墙身和墙梁，并以此分类进行相应的编号。墙柱、墙身和墙梁都是剪力墙不可分割的一部分，它们是一个有机的整体，但三者之间有着本质的区别。

平法将剪力墙视为剪力墙柱、剪力墙身和剪力墙梁三类构件分别绘图表达，其目的是条理清晰、识图简便。

## 二、墙身、墙柱、墙梁的编号和截面尺寸表达

下面以图 6-1 为例，介绍剪力墙墙身、墙柱、墙梁的编号和截面尺寸表达。

### 1. 墙身的编号及厚度

（1）墙身的编号。

墙身编号由墙身代号、序号，以及墙身所配置的水平与竖向分布筋的排数组成。其中，排数注写在括号内，表达形式为 Q××（×排）；若排数为 2，可不注写。

编号时，若墙身的厚度尺寸和配筋均相同，仅墙厚与轴线的关系不同或墙身长度不同时，也可将其编为同一墙身编号，但应在图中注明其与轴线的几何关系。

例如，Q3（3 排）表示 3 号剪力墙身，配 3 排钢筋网片。

在图 6-1 中，Q1 和 Q2 均为默认 2 排钢筋网片。

剪力墙墙身所配置的钢筋网的排数应符合规定，不同厚度的剪力墙钢筋排数的配置如图 6-3 所示。

当剪力墙厚度不大于 400 时，应配置双排；当剪力墙厚度大于 400，但不大于 700 时，宜配置三排；当剪力墙厚度大于 700 时，宜配置四排。

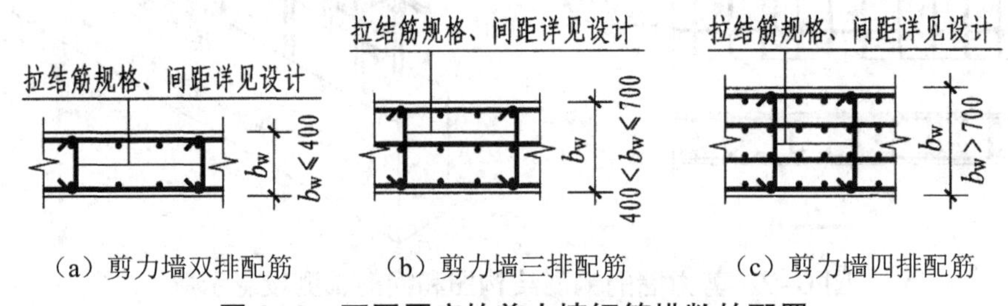


（a）剪力墙双排配筋　（b）剪力墙三排配筋　（c）剪力墙四排配筋

**图 6–3　不同厚度的剪力墙钢筋排数的配置**

各排水平受力筋和竖向分布筋的直径与间距应保持一致，而且在通常情况下，剪力墙中的水平筋为受力筋，位于墙的外侧，而竖向筋为分布筋，位于水平受力筋的内侧，如图 6-2 所示。显然，剪力墙保护层厚度是指水平筋外边缘至墙身混凝土表面的距离。

当剪力墙配置的分布钢筋多于两排时，剪力墙拉筋两端应同时钩住外排水平纵筋和竖向纵筋，还应与剪力墙内排水平纵筋和竖向纵筋绑扎在一起。

（2）墙身的厚度。

剪力墙墙身的厚度由设计图纸提供，剪力墙的墙肢截面厚度应符合相关规范规定。

如图 6-1 中的 Q1 的墙厚为 300mm 和 250mm；Q2 的墙厚为 250mm 和 200mm。

### 2. 墙柱编号和截面尺寸

剪力墙墙柱可分为端柱和暗柱两大类。

剪力墙墙柱编号由墙柱类型代号和序号组成，表达形式应符合表 6-1 的规定。编号时，当墙柱的截面尺寸与配筋均相同，仅截面与轴线的关系不同时，可将其编为同一墙柱编号。

约束边缘构件包括约束边缘暗柱、约束边缘端柱、约束边缘翼墙柱和约束边缘转角墙柱四种标准类型，如图 6-4 所示。

**表 6-1 剪力墙墙柱编号**

| 墙柱类型 | 代号 | 序号 |
|---|---|---|
| 约束边缘构件 | YBZ | ×× |
| 构造边缘构件 | GBZ | ×× |
| 非边缘暗柱 | AZ | ×× |
| 扶壁柱 | FBZ | ×× |

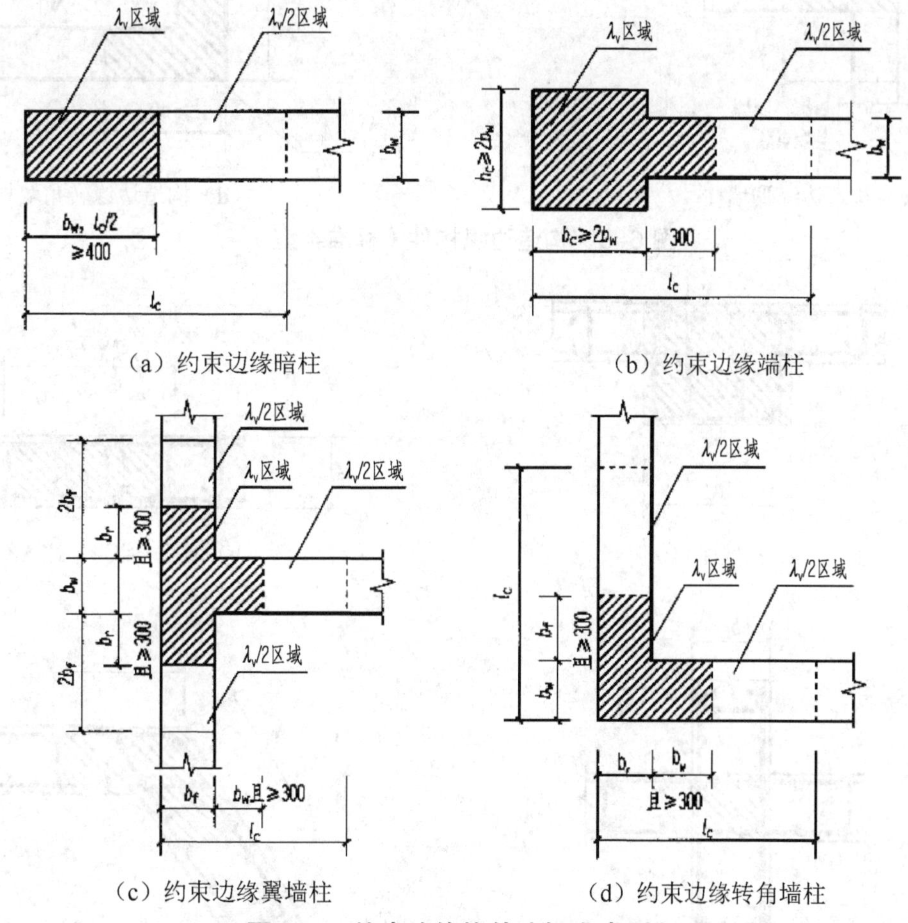


（a）约束边缘暗柱 （b）约束边缘端柱

（c）约束边缘翼墙柱 （d）约束边缘转角墙柱

**图 6–4 约束边缘构件（标准类型）**

构造边缘构件包括构造边缘暗柱、构造边缘端柱、构造边缘翼墙柱和构造边缘转角墙柱四种标准类型，如图 6-5 所示。

扶壁柱和各种非边缘暗柱如图 6-6 所示。

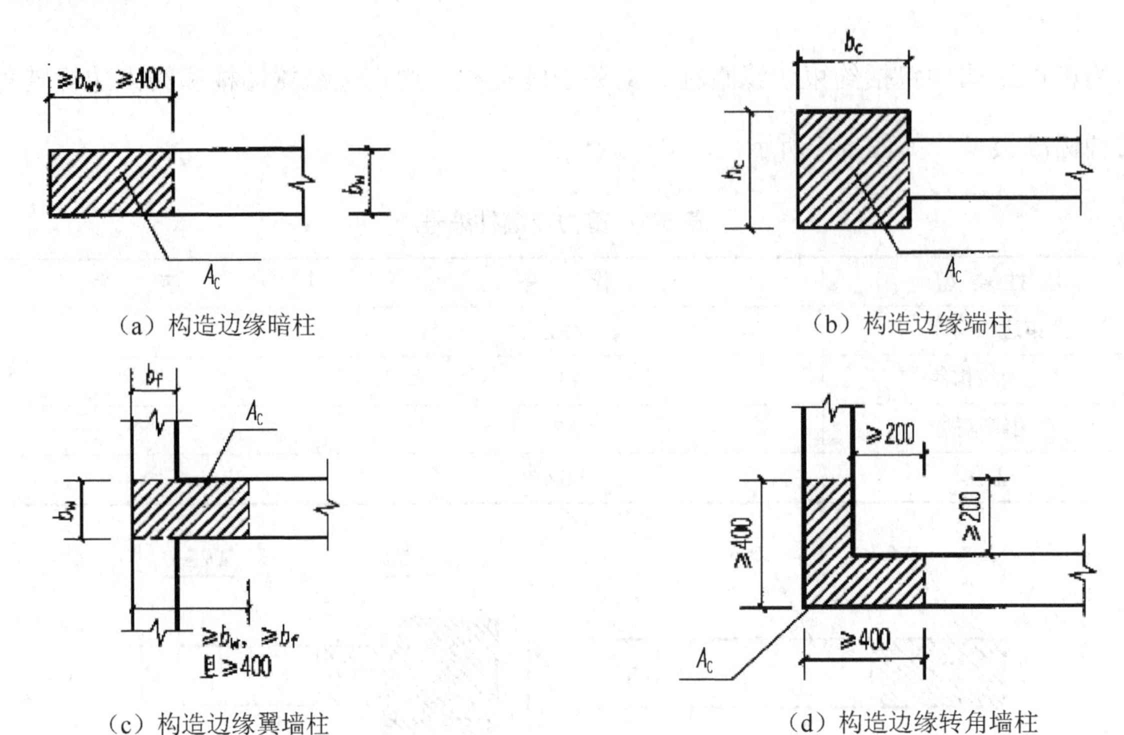


（a）构造边缘暗柱　　（b）构造边缘端柱

（c）构造边缘翼墙柱　　（d）构造边缘转角墙柱

**图 6-5　构造边缘构件（标准类型）**

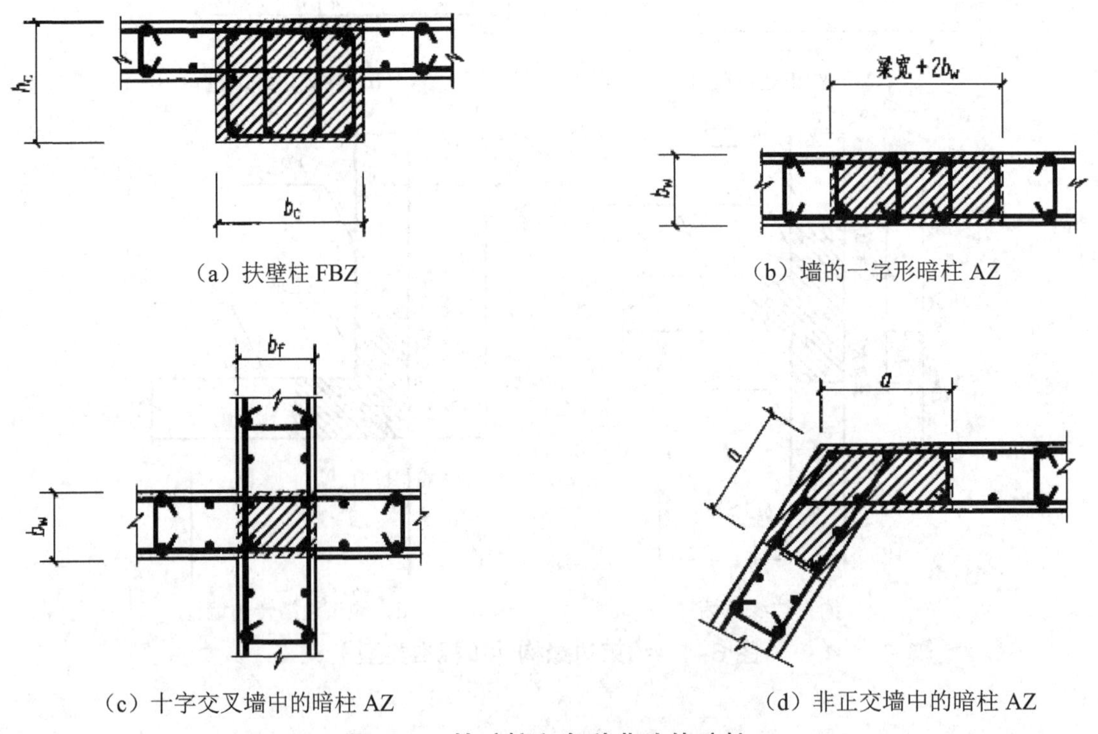


（a）扶壁柱 FBZ　　（b）墙的一字形暗柱 AZ

（c）十字交叉墙中的暗柱 AZ　　（d）非正交墙中的暗柱 AZ

**图 6-6　扶壁柱和各种非边缘暗柱**

另外，还有 Z 形、W 形、F 形等非标准类型的约束或构造边缘构件。

约束边缘构件沿墙肢的长度 $l_c$、配箍特征值 $\lambda_v$、各类墙柱的截面形状与几何尺寸等均由设计图纸提供，图 6-1 所示工程的剪力墙柱表如图 6-7 所示。

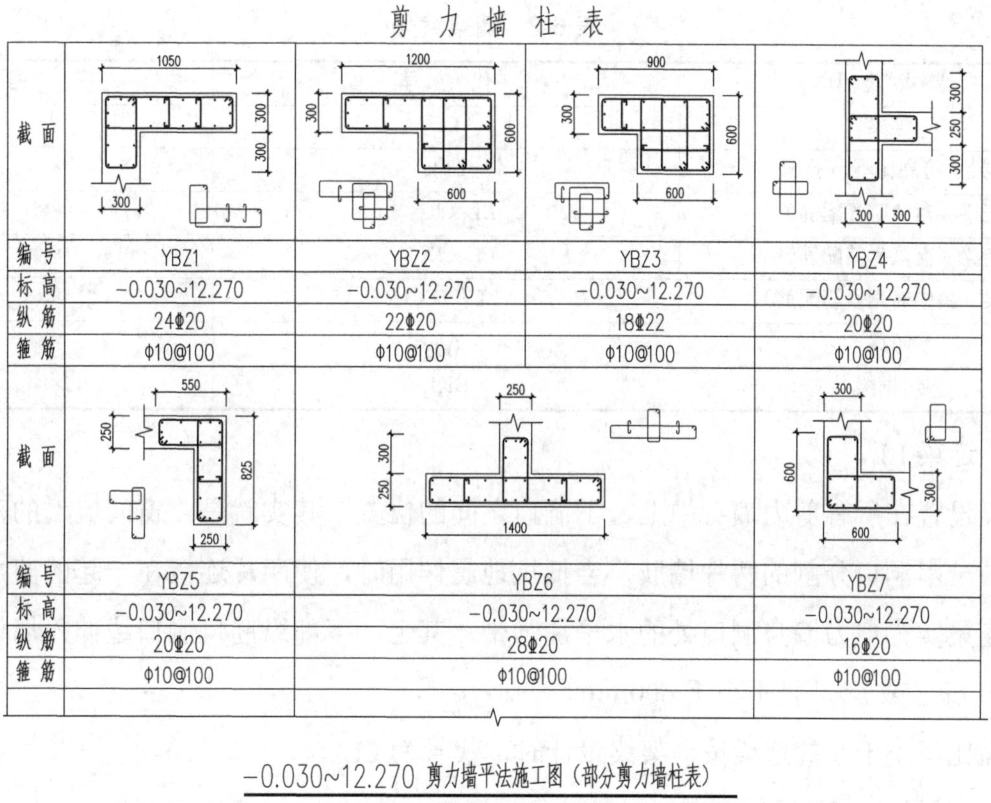

剪力墙柱表

| | | | | |
|---|---|---|---|---|
| 截面 | | | | |
| 编号 | YBZ1 | YBZ2 | YBZ3 | YBZ4 |
| 标高 | −0.030~12.270 | −0.030~12.270 | −0.030~12.270 | −0.030~12.270 |
| 纵筋 | 24Φ20 | 22Φ20 | 18Φ22 | 20Φ20 |
| 箍筋 | Φ10@100 | Φ10@100 | Φ10@100 | Φ10@100 |
| 截面 | | | | |
| 编号 | YBZ5 | YBZ6 | | YBZ7 |
| 标高 | −0.030~12.270 | −0.030~12.270 | | −0.030~12.270 |
| 纵筋 | 20Φ20 | 28Φ20 | | 16Φ20 |
| 箍筋 | Φ10@100 | Φ10@100 | | Φ10@100 |

−0.030~12.270 剪力墙平法施工图（部分剪力墙柱表）

**图 6-7 剪力墙柱表**

仔细观察图 6-4～图 6-7 所示的墙柱类型，根据截面厚度是否与墙体相同可将它们分为两大类：端柱和扶壁柱（比墙体厚）归为一类；其他的各类形状的墙柱（与墙体同厚）归为另一类，统称暗柱，即前面提到的剪力墙柱分为端柱和暗柱两大类。

### 3. 墙梁编号

剪力墙的墙梁可分为连梁、暗梁和边框梁三种类型，如图 6-8 所示。

墙梁编号由墙梁类型代号和序号组成，表达形式应符合表 6-2 的规定。

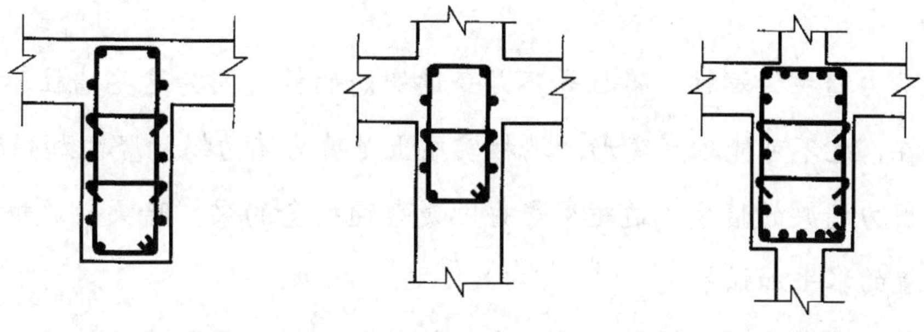

(a) LL　　(b) AL　　(c) BKL

**图 6-8 连梁 LL、暗梁 AL 和边框梁 BKL**

表 6-2　墙梁编号

| 墙梁类型 | 代　　号 | 序　　号 |
| --- | --- | --- |
| 连梁 | LL | ×× |
| 连梁（跨高比不小于 5） | LLk | ×× |
| 连梁（对角暗撑配筋） | LL（JC） | ×× |
| 连梁（交叉斜筋配筋） | LL（JX） | ×× |
| 连梁（集中对角斜筋配筋） | LL（DX） | ×× |
| 暗梁 | AL | ×× |
| 边框梁 | BKL | ×× |

（1）连梁 LL。

连梁设置在所有剪力墙身中上、下洞口之间的位置，其实就是“窗间墙”的范围。连梁连接被一串洞口分割的两片墙肢，当抵抗地震作用时，使两片连接在一起的剪力墙协同工作，连梁实为剪力墙身洞口处的水平加强带，其上、下部纵筋自洞口边伸入墙体内的长度不小于 $l_{aE}$（或 $l_a$），且不小于 600mm。

跨高比不小于 5 的连梁按框架梁设计时，代号为 LLk。

（2）暗梁 AL 和边框梁 BKL。

剪力墙有两种布置方式：一种是剪力墙围成筒，墙两端没有柱子：另一种是剪力墙嵌入框架内，有端柱、有边框梁，成为“带边框的剪力墙”。暗梁、边框梁就是用于框架-剪力墙结构中的“带边框的剪力墙”。

暗梁和边框梁的区别在于截面宽度是否与墙同宽。

暗梁和边框梁均设置在楼面和屋面位置，并与墙身现浇在一起。在具体工程中，当某些带有端柱的剪力墙墙身需要设置暗梁或边框梁时，宜在剪力墙平法施工图中绘制暗梁或边框梁的平面布置图并编号，以明确其具体位置。

## 特别提示

（1）归入剪力墙柱的端柱、暗柱等不是普通概念的柱。因为这些墙柱不可能脱离整片剪力墙独立存在，也不可能独立变形。墙柱实质上是剪力墙边缘的竖向加强带。

（2）归入剪力墙梁的暗梁、边框梁等也不是普通概念的梁。暗梁、边框梁实质上是剪力墙在楼层位置的水平加强带。

（3）归入剪力墙梁中的连梁虽然属于水平构件，但其主要功能是将两片剪力墙连接在一起，当抵抗地震作用时使两片连接在一起的剪力墙协同工作，剪力墙连梁实为剪力墙洞口处的水平加强带。连梁的形状与框架梁基本相同，但它们的受力原理有较大区别。

### 4. 剪力墙洞口和地下室外墙编号

剪力墙洞口和地下室外墙编号如表 6-3 所示。

表 6-3　剪力墙洞口和地下室外墙编号

| 类　型 | 代　号 | 序　号 | 特　征 |
|---|---|---|---|
| 矩形洞口 | JD | ×× | 通常为在内墙身或连梁上的设备管道预留洞口 |
| 圆形洞口 | YD | ×× | |
| 地下室外墙 | DWQ | ×× | 承受上部主体的竖向荷载，以及外侧土层的横向侧压力 |

## 三、剪力墙内钢筋

### 1. 剪力墙内钢筋分类

如图 6-9 所示，剪力墙结构构件分为墙身、墙柱和墙梁三部分。

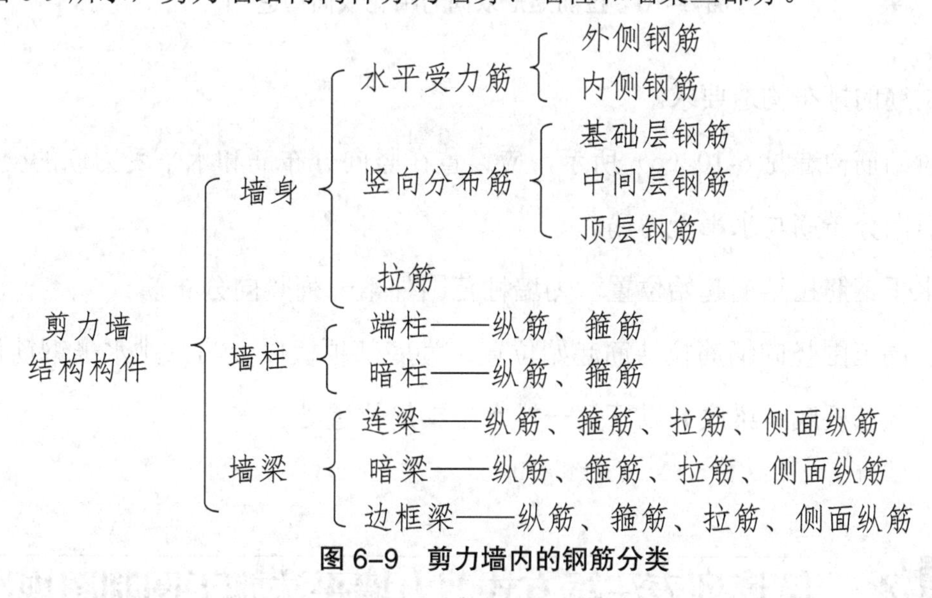


图 6–9　剪力墙内的钢筋分类

墙身内的钢筋有水平受力筋、竖向分布筋和拉筋三种。

墙柱的钢筋与普通柱类似，有纵筋和箍筋两种。

墙梁内的钢筋与普通梁类似，有上、下部纵筋、箍筋、侧面纵筋（可不单独设置，而由墙身的水平受力筋来替代）及拉筋。

### 2. 剪力墙墙身拉筋构造

剪力墙墙身拉结筋的排布构造方案及规格和间距在设计施工图上应有明确标注。

（1）拉结筋的排布构造方案。

墙身拉筋的排布构造方案有矩形双向和梅花双向两种，如图 6-10（a）和 6-10（b）所示。设计人员应注明采用哪种方式。

例如，施工图纸中注有拉筋 Φ6@600（梅花双向），表示拉筋采用梅花双向布置方式，HPB300 级钢筋，直径为 6mm，其中，剪力墙拉筋的水平间距为 600mm，竖向间距为 600mm。

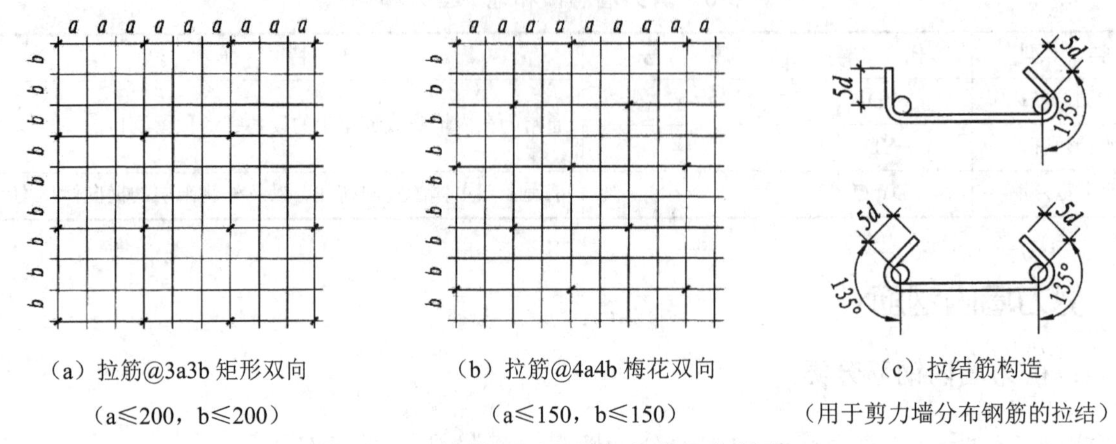


（a）拉筋@3a3b 矩形双向
（a≤200，b≤200）

（b）拉筋@4a4b 梅花双向
（a≤150，b≤150）

（c）拉结筋构造
（用于剪力墙分布钢筋的拉结）

图 6-10　拉筋矩形双向与梅花双向构造

（2）拉结筋的排布构造要求。

剪力墙拉结筋构造见 6-10（c）所示，应设置在竖向分布筋和水平受力筋的交叉点处，宜同时钩住竖向分布筋与水平受力筋。

剪力墙水平钢筋拉结筋起始位置，为墙柱范围外第一列竖向分布筋。

剪力墙层高范围竖向钢筋拉结筋起始位置，为底部顶板以上第二排水平钢筋位置处，终止位置为层顶部板底（梁底）以下第一排水平钢筋位置处。

## 任务 2　解读列表注写方式剪力墙平法施工图制图规则

### 知识导读

本部分内容主要讲解剪力墙平法施工图的几种平法注写方式，包括列表注写方式和截面注写方式。

### 一、剪力墙平法施工图的表示方法

1. 剪力墙平法施工图是在剪力墙平面布置图上采用列表注写方式或截面注写方式表达的。两种注写方式不同，但表达的内容完全相同。

2．剪力墙平面布置图可采用适当比例单独绘制，也可与柱或梁平面布置图合并绘制。当剪力墙较复杂或采用截面注写方式时，应按标准层分别绘制剪力墙平面布置图。

3．在剪力墙平法施工图中，必须按规定注明各结构层楼面标高、结构层高及相应的结构层号，还应注明上部结构嵌固部位的具体位置和加强层部位。

4．对于轴线未居中的剪力墙（包括端柱），应标注其偏心定位尺寸。

下面讲述剪力墙的列表注写方式平法施工图制图规则。

## 二、剪力墙的列表注写方式平法施工图

剪力墙列表注写方式是分别在剪力墙柱表、剪力墙身表和剪力墙梁表中，对应于剪力墙平面布置图上的编号，用绘制截面配筋图并注写几何尺寸与配筋具体数值的方式，来表达剪力墙平法施工图。

剪力墙的构造比较复杂，除了剪力墙自身的配筋，还有暗梁、连梁、边框梁、暗柱和端柱等。在剪力墙平法施工图列表注写方式中，表示的内容包括剪力墙平面布置图和剪力墙柱表、剪力墙身表、剪力墙梁表、结构层楼面标高及结构层高表等。

下面参照图 6-1，详细讲述剪力墙列表注写方式的平法施工图所包含的具体内容。

### 1. 剪力墙平面布置图

平面布置图应表明定位轴线，以及剪力墙的编号、形状、与轴线的关系，剪力墙按照约束边缘构件（或构造边缘构件）分别进行编号，如 YBZ1、YBZ2（或 GBZ1、GBZ2）等。

本例图名是“-0.030～12.270 剪力墙平法施工图”，对照左侧的表格，知道表达的只是 1～3 层底部加强部位的剪力墙平法施工图内容。

因此，图中的墙柱编号均采用约束边缘构件 YBZ，如果是 4 层及以上的剪力墙平法施工图，则图中的墙柱编号应该采用构造边缘构件 GBZ。除此之外，图中还有连梁（LL）、墙身（Q）及圆形洞口（YD）等。

### 2. 结构层楼面标高及结构层高表

剪力墙的结构层楼面标高及结构层高表如图 6-1 左侧所示，其与前面讲过的梁、柱、板等构件的结构层楼面标高及结构层高表的意义基本相同，此处不再赘述。

应注意对应位置和层数的水平和垂直线段均应用粗实线表示。底部加强部位应设置约束边缘构件 YBZ，其他部位可设置构造边缘构件 GBZ。底部加强部位是剪力墙构件特有的

结构要求，其他构件不需要设置。

### 3. 剪力墙柱表

图 6-7 为图 6-1 所示某工程“-0.030～12.270 剪力墙平法施工图”的剪力墙柱表部分。

在剪力墙柱表中表达的内容有以下规定。

（1）注写墙柱编号。

绘制墙柱的截面配筋图，标注几何尺寸。无论是端柱、暗柱，还是扶壁柱等，均需标注完整的几何尺寸。

（2）注写各段墙柱的起止标高。

各段墙柱的起止标高，自墙柱嵌固部位往上，以变截面位置或截面未变但配筋改变处为界分段注写。

本例墙柱嵌固部位标高为-0.030m，各墙柱的起止标高均为-0.030～12.270m。

（3）注写各段墙柱的纵筋和箍筋。

注写值应与在表中绘制的截面配筋图一致。纵筋注写总配筋值，墙柱箍筋的注写方式与柱箍筋相同。

### 特别提示

对于约束边缘构件，除注写阴影部位的箍筋外，还需在剪力墙平面布置图中注写非阴影区内布置的拉筋（或箍筋）。

所有墙柱纵筋搭接长度范围内的箍筋间距均应按标准构造要求进行加密。

### 4. 剪力墙身表

剪力墙身表参见图 6-1 所示的某工程的“-0.030～12.270 剪力墙平法施工图”的剪力墙身表部分。

剪力墙身表中表达的内容有以下规定。

（1）注写墙身编号。

注意在编号后的括号内应含有水平与竖向分布钢筋的排数，排数为两排时可省略不写。

若墙身 Q1 和 Q2 无钢筋排数说明，默认为两排钢筋网片。

（2）注写各段墙身的起止标高。

自墙身嵌固部位往上，以变截面位置或截面未变但配筋改变处为界分段注写。

本例墙身 Q1 分为两个标高段：

第一段墙身的起止标高为-0.030～30.270；

第二段墙身的起止标高为 30.270～59.070。

（3）注写墙身厚度。

对应不同标高段，分别注写墙身厚度。

本例墙身 Q2 两个标高段的墙身厚度：

第一标高段-0.030～30.270 的墙厚为 250mm；

第二标高段 30.270～59.070 的墙厚为 200mm。

（4）注写水平受力筋、竖向分布筋和拉筋的具体数值。

注写数值为一排水平受力筋和竖向分布筋的规格与间距；各排数值均保持一致。设置几排已在墙身编号后面的括号内表达。

本例墙身 Q2 两个标高段的墙身钢筋：

水平受力筋均为 ⌀10@200；

竖向分布筋均为 ⌀10@200；

拉筋（矩形）均为 Φ6@600@600。

## 5. 剪力墙梁表

剪力墙梁表参见图 6-1 所示的某工程的“-0.030～12.270 剪力墙平法施工图”的剪力墙梁表部分。

在剪力墙梁表中表达的内容有以下规定。

（1）注写墙梁编号：如 LL1、LL2、AL1 和 BKL1 等。

（2）注写墙梁所在楼层号。

（3）注写墙梁顶相对标高高差：指相对于墙梁所在结构层楼面标高的高差值。高者为正值，低者为负值，当无高差时不注写。

（4）注写墙梁截面 $b×h$。

（5）注写墙梁上部纵筋、下部纵筋和箍筋：箍筋应有肢数，并写在后面的括号内。

图 6-1 和图 6-7 是采用列表注写方式表达的剪力墙平法施工图示例。限于图幅，无法在一页图纸上同时表达，在实际施工图纸中，可在一张图纸中完整表达所有内容。

6. 剪力墙洞口的表示方法

无论采用列表注写方式还是截面注写方式，剪力墙上洞口均可在剪力墙平面布置图上原位表达。洞口的具体表示方法如下。

（1）在剪力墙平面布置图上绘制洞口示意图，并标注洞口中心的平面定位尺寸。

例如，图 6-1 中的圆形洞口，编号均为 YD1。洞口中心的平面定位尺寸为：①～②轴线之间的 YD1 在Ⓒ轴线上，距②轴线的水平尺寸为 1800mm。

（2）在洞口中心位置引注以下四项内容。

① 洞口编号：矩形洞口为 JD××，圆形洞口为 YD××，如 JD2、JD3、YD1、YD2。

② 洞口几何尺寸：矩形洞口为洞宽×洞高（$b$×$h$），圆形洞口为洞口直径 $D$。

例如，图 6-1 中的 YD1 的原位标注的第二项内容：$D$=200mm。

③ 洞口中心相对标高，指相对于结构层楼面标高的洞口中心高度。当其高于结构层楼面时为正值，低于结构层楼面时为负值。

例如，图 6-1 中的 YD1 的原位标注的第三项内容：2 层：−0.800；其他层：−0.500。

④ 洞口每边补强钢筋。

例如，图 6-1 中的 YD1 的原位标注的第四项内容：2⌀16　⌀10@100（2）。

**【例 6-1】**矩形洞口原位标注为：JD2 400×300　+3.100　3⌀14。

表示 2 号矩形洞口，洞宽 400mm，洞高 300mm，洞口中心高于本结构层楼面 3100mm，洞口每边的补强钢筋为 3⌀14。

**【例 6-2】**矩形洞口原位标注为：JD4 500×400　−1.500。

表示 4 号矩形洞口，洞宽 500mm，洞高 400mm，洞口中心低于本结构层楼面 1500mm，洞口每边的补强钢筋按标准构造进行配置（未标注时，取标准构造配筋值）。

**【例 6-3】**圆形洞口原位标注为：YD5　600　+1.800　6⌀20　⌀8@150（2）。

表示 5 号圆形洞口，直径为 600mm，洞口中心高于本结构层楼面 1800mm，洞口上设补强暗梁纵筋为 6⌀20，箍筋为 ⌀8@150，双肢箍。

**案例应用二**

## 认识剪力墙截面注写方式平法施工图

图 6-11 所示为剪力墙平法施工图截面注写方式示例。

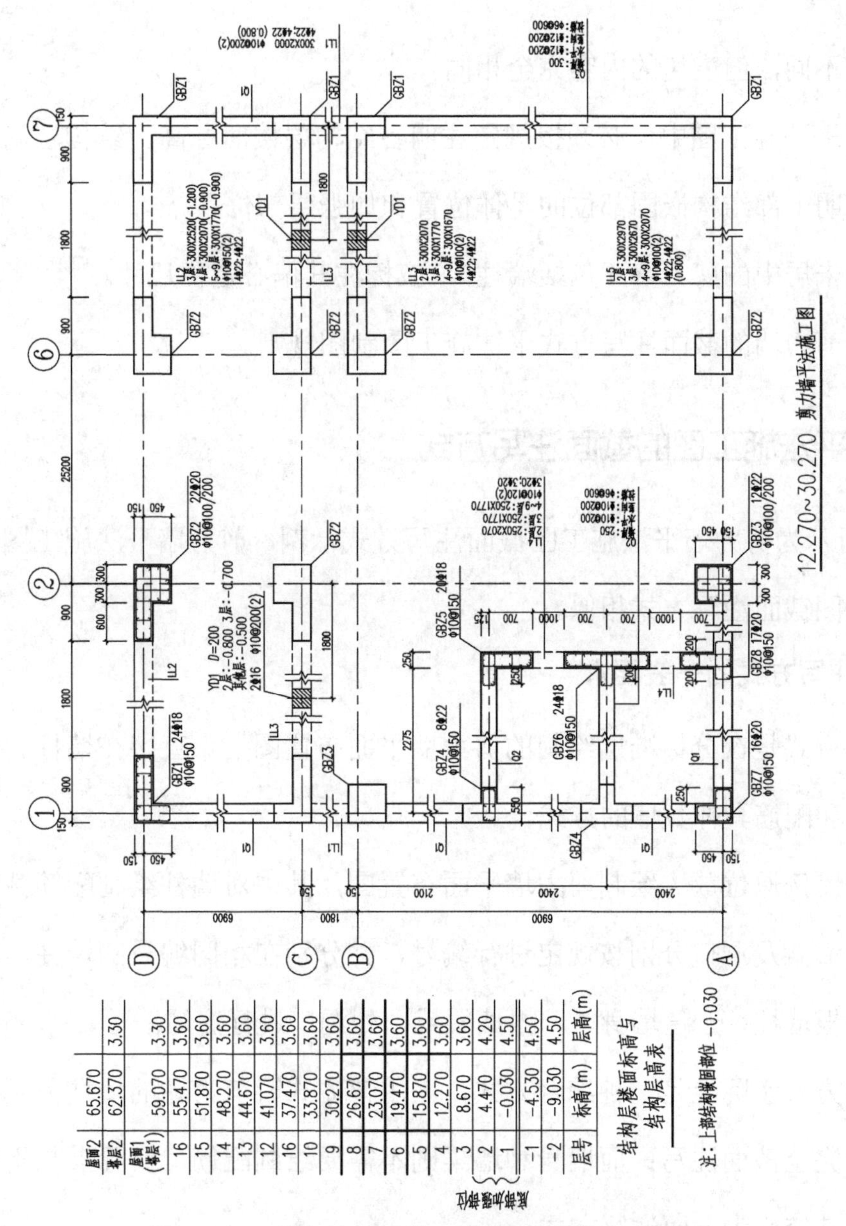

图 6-11　剪力墙平法施工图截面注写方式示例

上述图纸共包括两部分内容：12.270～30.270 剪力墙平法施工图；结构层楼面标高与结构层高表。

## 任务 3　解读截面注写方式剪力墙平法施工图制图规则

### 一、剪力墙平法施工图的表示方法

剪力墙平法施工图是在剪力墙平面布置图上采用列表注写方式或截面注写方式表达。

两种注写方式不同，但表达的内容完全相同。

在剪力墙平法施工图中，必须按规定注明各结构层楼面标高、结构层高及相应的结构层号，还应注明上部结构嵌固部位的具体位置和加强层部位。

对于轴线未居中的剪力墙（包括端柱），应标注其偏心定位尺寸。

下面讲述剪力墙的截面注写方式平法施工图制图规则。

## 二、剪力墙平法施工图的截面注写方式

图 6-11 所示为剪力墙平法施工图截面注写方式示例。剪力墙平法施工图截面注写方式与柱平法施工图截面注写方式相似。

### 1. 截面注写方式的一般要求

截面注写方式是在分标准层绘制的剪力墙平面布置图上，直接在墙柱、墙身、墙梁上注写截面尺寸和配筋具体数值的方式。

选用适当比例原位放大绘制剪力墙平面布置图，其中对墙柱绘制配筋截面图；对所有墙柱、墙身、墙梁及洞口分别按规定进行编号，并分别在相同编号的墙柱、墙身、墙梁及洞口中选择一根墙柱、一道墙身、一根墙梁或一处洞口进行注写。

截面注写方式实际上是一种综合方式，采用该方式时剪力墙的墙柱需要在原位绘制配筋截面，属于完全截面注写；而墙身和墙梁则不需要绘制配筋，实际上是平面注写。为了表述简单，将其统称为截面注写方式。

墙柱表示方法与柱平法施工图截面注写方式一致，连梁的表示方法常采用梁平法施工图平面注写方式。

### 2. 剪力墙柱的截面注写

下面以图 6-11 中的 GBZ3 为例进行讲述，在墙柱截面配筋图上集中标注以下内容。

（1）墙柱编号：如表 6-1 所示，如图 6-11 中有构造边缘构件 GBZ1～GBZ8 等。

如果若干墙柱的截面尺寸与配筋均相同，仅截面与轴线的关系不同，那么可将其编为同一墙柱号。

（2）墙柱全部纵筋：GBZ3 的全部纵筋为 12⌀22，各边排列根数如图 6-12 所示。

（3）墙柱箍筋：如 GBZ3 的箍筋为 Φ10@100/150。

（4）注明几何尺寸：所有墙柱均采用原位标注的方式来表达几何尺寸，如 GBZ3 的截面尺寸为 600×600，轴线偏心情况如图 6-11 所示。

关于截面配筋图集中注写的说明如下。

① 墙柱竖向纵筋的注写。对于约束边缘构件，所注纵筋不包括设置在墙柱扩展部位的竖向纵筋，该部位的纵筋规格与剪力墙身的竖向分布筋相同。

对于构造边缘构件则无墙柱扩展部分。纵筋分布情况应在截面配筋图上绘制清楚。

② 墙柱核心部位箍筋与墙柱扩展部位拉筋的注写。墙柱核心部位的箍筋注写竖向分布间距，且应注意采用同一间距（全高加密），箍筋的复合方式应在截面配筋图上绘制清楚。

墙柱扩展部位的拉筋不注写竖向分布间距，其竖向分布间距与剪力墙水平受力筋的竖向分布间距相同，拉筋应同时拉住该部位的墙身竖向分布筋和水平钢筋，拉筋应在截面配筋图上绘制清楚。

③ 在各种墙柱截面配筋图上，应原位加注截面几何尺寸和定位尺寸。

④ 在相同编号的其他墙柱上可只注写编号及必要附注。

### 3. 剪力墙身的注写

以图 6-11 中的剪力墙身为例进行讲述。

从相同编号的墙身中选择一道墙身，集中标注按顺序有以下内容。

（1）墙身编号：Q2 墙身后没有括号，说明 Q2 有两排钢筋网片。

当若干墙身的厚度尺寸和配筋均相同，仅墙厚与轴线的关系不同或墙身的长度不同时，也可将其编为同一墙身号。

（2）墙厚尺寸：Q2 的墙厚为 250mm。

（3）水平受力筋/竖向分布筋/拉筋：Φ10@200/Φ10@200/Φ6@600（矩形），拉筋排列采用矩形方式，如图 6-10 所示。

### 4. 剪力墙梁的注写

以图 6-11 中的剪力墙梁 LL3 为例进行讲述。

从相同编号的墙梁中选择一道墙梁，集中标注按顺序有以下内容。

（1）墙梁编号：如表 6-2 所示，如图 6-11 中的 3 号连梁 LL3 所示。

（2）所在楼层号/对应的截面尺寸：如 2 层为 300×2070，3 层为 300×1770 等。

（3）箍筋（肢数）：如 Φ10@100（2）。

（4）上部纵筋；下部纵筋：如 4Φ25；4Φ25。

关于剪力墙梁的注写说明如下。

① 当墙梁的侧面纵筋与剪力墙身水平受力筋相同时，设计不注，按标准构造详图施工；当墙身水平受力筋不能满足连梁、暗梁及边框梁的梁侧面纵向构造筋的要求时，应补充注明梁侧面纵筋的具体数值。

当为 LLk 时，平面注写方式以大写字母“N”打头。梁侧面纵筋在支座内锚固的要求与连梁中的受力筋相同。

NΦ12@150 表示墙梁两个侧面纵筋对称配置 HRB400 级受扭钢筋，直径为 12mm，间距为 150mm。

② 不注写与墙梁侧面纵筋配合的拉筋。与项目三框架梁的拉筋规定相同。

③ 在相同编号的其他墙梁上，可仅注写编号及必要附注。

### 5. 剪力墙洞口的表示方法

剪力墙洞口的表示方法与列表注写方式剪力墙上洞口的表示方法相同，此处不再赘述。

## 小　结

本项目论述了剪力墙平法制图规则和施工图识读的基本方法。

首先介绍剪力墙及墙内钢筋的分类、编号规则和截面尺寸的表达方式；接着讲解了剪力墙平法施工图的两种注写方式，即剪力墙平法施工图列表注写方式和截面注写方式；对剪力墙不同部位钢筋的构造、各种钢筋设置要求，以及连接、锚固的方式等进行了简单介绍，但对构造详图及剪力墙钢筋计算等内容，未进行详细介绍，需要了解的读者，请参看

22G101-1 的相关内容。

本单元是继项目三～项目五全面地讲解了梁、柱、板平法施工图之后，系统阐述的第二种重要的竖向承力构件——剪力墙平法施工图的识读方法。虽然涉及的规范构造内容繁多，但层层论述，随着认识理解的深入，将引领读者对剪力墙平法施工图建立完整而清晰的概念。

## 复习思考题

1. 平法将剪力墙分为哪三种构件？

2. 剪力墙构件有“一墙、二柱、三梁”的说法，其含义是什么？

3. 约束边缘构件包括哪四种标准类型？构造边缘构件包括哪四种标准类型？

4. 如何理解端柱、暗柱、暗梁、连梁和边框梁？

5. 剪力墙内钢筋的详细分类是什么？

6. 剪力墙平法施工图主要有哪两种注写方式？

7. 剪力墙柱表、墙身表和墙梁表分别包含哪些内容？

8. 矩形洞口原位注写为

JD2 600×400　+3.000　3⌀18/3⌀14

其表示的含义是什么？

9. 圆形洞口原位注写为

YD1　*D*=200　2 层：−0.800　3 层：−0.700　其他层：−0.500

2⌀16　Φ10@100（2）

其表示的含义是什么？

项目七

思政小课堂

# 识读板式楼梯平法施工图

## 教学目标与要求

### 教学目标

通过对本项目的学习，学生应能够：

1. 掌握板式楼梯的平法分类、配筋构造及平法制图规则的含义。
2. 熟悉板式楼梯的平面注写内容和配筋构造。
3. 了解板式楼梯平法施工图的识读方法。

### 教学要求

| 教 学 要 点 | 知 识 要 点 | 权　重 |
| --- | --- | --- |
| 平法楼梯的分类 | 了解板式楼梯的种类，掌握其构件组成和相应特征 | 25% |
| 板式楼梯平法施工图制图规则 | 熟悉板式楼梯平面布置图，掌握其平面注写方式的集中标注和外围标注 | 40% |
| AT 型楼梯平面注写和标准配筋构造 | 理解 AT 型楼梯的适用条件和平面注写内容。掌握其标准配筋构造 | 35% |

### 案例应用一

## 认识板式楼梯平法施工图

图 7-1 所示为板式楼梯（CT 型）平法施工图平面注写方式示例。

通过学习该部分内容，使读者能够读懂图纸所表达的图形语言含义及平面注写的数字和符号的含义，最终达到识读板式楼梯平法施工图的目的。

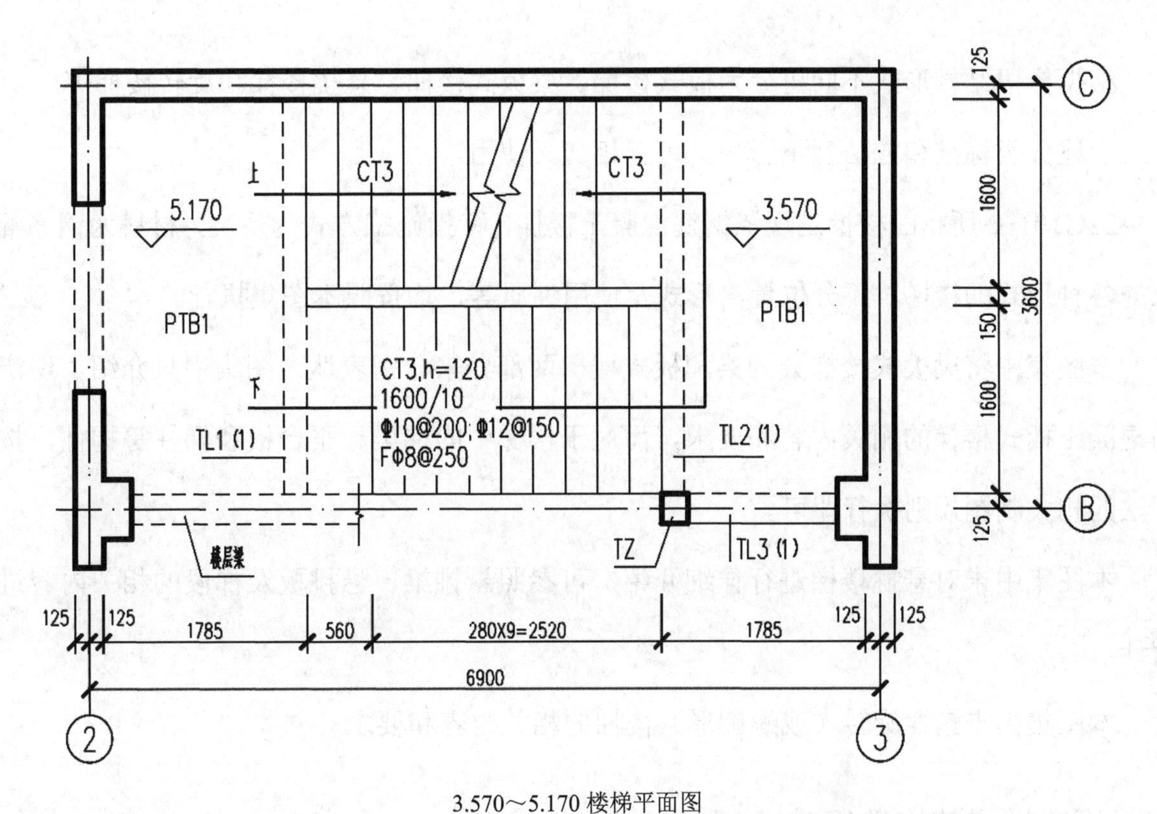


3.570～5.170 楼梯平面图

**图 7-1　板式楼梯平法施工图平面注写方式示例**

# 任务 1　认识板式楼梯和梁板式楼梯及其分类

## 一、楼梯的分类

楼梯根据不同的需要有不同的分类标准，常见的分类方法如下。

按位置不同可分为室内楼梯和室外楼梯。

按施工方式不同可分为现浇楼梯和预制楼梯。

按使用性质不同可分为主要楼梯、辅助楼梯、安全楼梯和防火楼梯等。

按材料不同可分为钢楼梯、钢筋混凝土楼梯、木楼梯、钢与混凝土混合楼梯等。

按楼梯形式不同可分为直楼梯、曲尺楼梯、双折楼梯（又称转弯楼梯、双跑楼梯、平行楼梯）、三折楼梯、弧形楼梯、螺旋形楼梯、有中柱的盘旋形楼梯、剪刀式楼梯和交叉楼梯等。

根据梯段结构形式不同可分为板式楼梯、梁板式楼梯、悬挑楼梯和旋转楼梯等。

上述分类标准和方法互不影响，可互相交叉使用。

22G101-2 所指的楼梯是现浇钢筋混凝土楼梯，特指施工方式为现浇，材料为钢筋混凝土的各种形式的楼梯，不分位置、形式及使用性质等，均按照本图集执行。

本图集中将梁板式楼梯分为梁和板式楼梯两部分来分别表达。图集中只介绍了现浇钢筋混凝土板式楼梯的相关内容和要求，而对于楼梯中的梯梁、平台板和梯柱等构件，按照平法的相关制图规则执行即可。

本图集中未对悬挑楼梯进行详细介绍，可参照悬挑梁、悬挑板及梯段的相关内容进行设计。

本图集中未包含旋转（或螺旋形）楼梯的相关内容和要求。

## 二、板式楼梯的构件组成

以一个楼梯间所包含的构件为例，一个完整的现浇钢筋混凝土板式楼梯主要由踏步段 TB、楼梯梁 TL 和平台板 PTB 等组成，如图 7-2 所示。

踏步段 TB，又称梯板，或梯段板，是楼梯实现垂直交通的核心结构构件，是本图集主要介绍的内容。

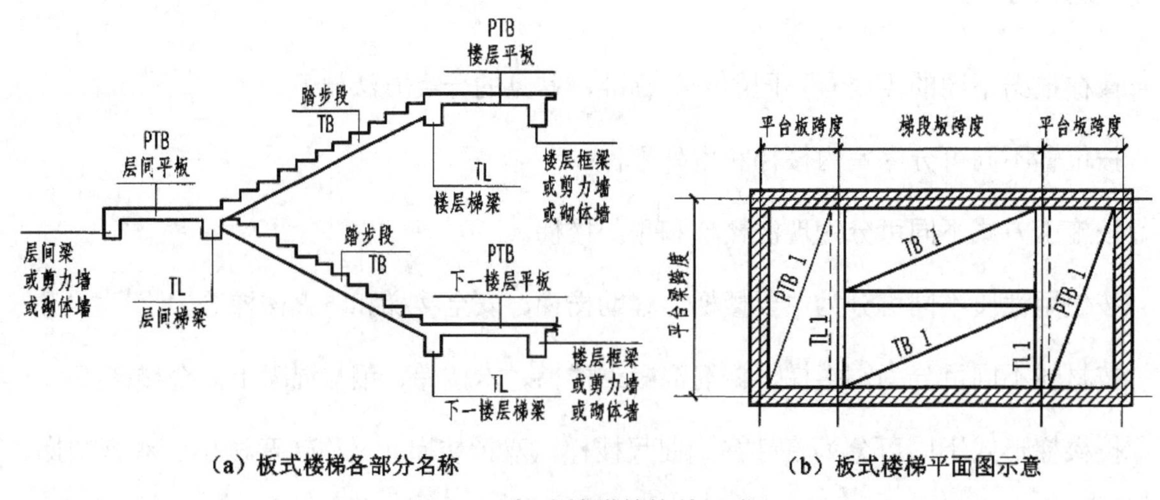


（a）板式楼梯各部分名称　　（b）板式楼梯平面图示意

图 7-2　板式楼梯的构件组成

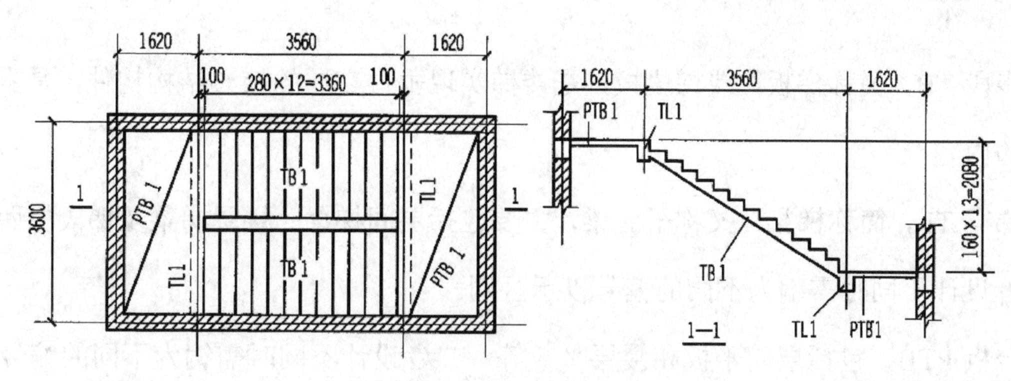


（c）某楼梯间的平面图和剖面图示例

图 7-2　板式楼梯的构件组成（续）

楼梯梁 TL，简称梯梁，又称平台梁，主要包括层间梯梁、楼层梯梁两类，二者设计不同时需编为不同的编号。

平台板 PTB，包括层间平板和楼层平板等，二者设计不同时需编为不同的编号。

## 三、梁板式楼梯的构件组成

以一个楼梯间所包含的构件为例，一个完整的现浇钢筋混凝土梁板式楼梯主要由踏步段 TB、楼梯梁 TL 和平台板 PTB 等共同组成，如图 7-3 所示。

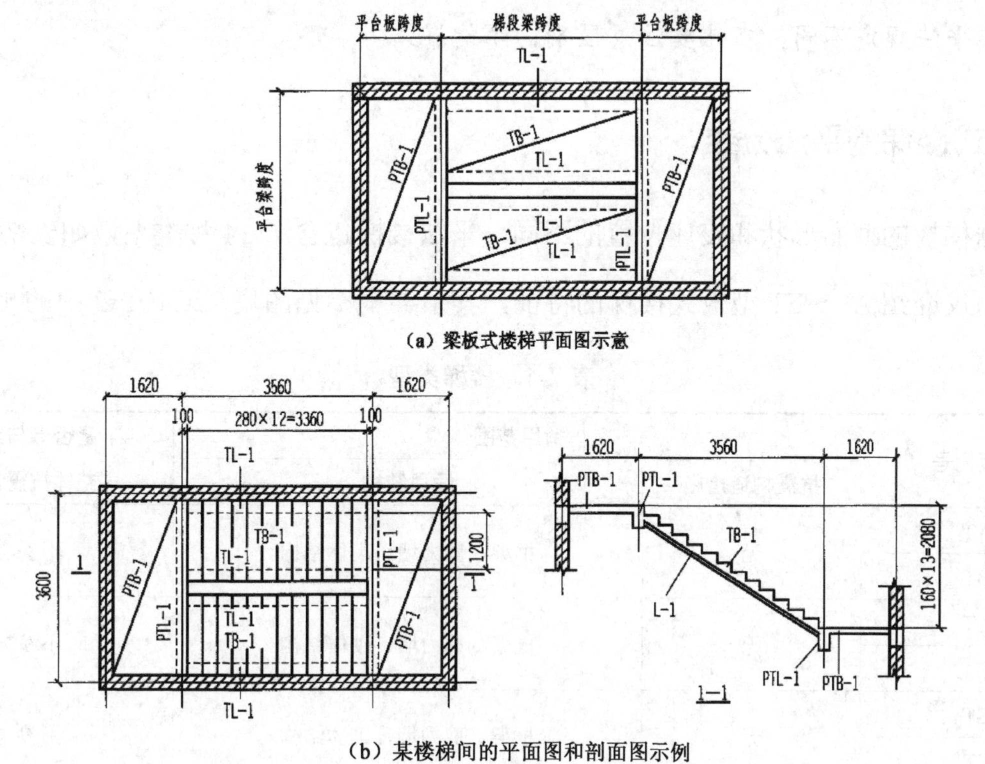


（b）某楼梯间的平面图和剖面图示例

图 7-3　梁板式楼梯的构件组成

踏步段TB，又称梯板，或梯段板，是楼梯实现垂直交通的核心结构构件，是本图集主要介绍的内容。

楼梯梁TL，简称梯梁，又称平台梁，主要包括层间梯梁、楼层梯梁及梯段板两侧的斜梁，三者设计不同时需编为不同的编号以示区别。

平台板PTB，包括层间平板和楼层平板等，二者设计不同时需编为不同的编号。

由上述介绍可知，板式楼梯与梁板式楼梯的主要区别就在于有无梯段板两侧的斜梁，除此之外，再无本质上的区别。

### 特别提示

（1）现浇钢筋混凝土板式楼梯的梯段板在结构计算时简化为斜向搁置的简支单向板，计算轴线是倾斜的，所以斜板最小的正截面高度（板厚）是指锯齿形踏步凹角处垂直于计算轴线的最小厚度。

（2）平法中悬挑梁简称悬梁，代号为XL；楼梯梁简称梯梁，代号为TL。

在其他建筑类专业课程中，如施工技术课程中，悬挑梁的传统简称为挑梁，用“TL”表示，与平法规定不同，在此要注意区别，不能混淆。

## 四、板式楼梯的平法分类

根据梯板的截面形状和支座位置的不同，平法楼梯包含了14种类型，如表7-1所示。

下面仅介绍AT～ET型板式楼梯的特征，其余类型参见图集22G101-2中的相关内容。

表7-1 楼梯类型

| 梯板代号 | 适用范围 | | 是否参与结构整体抗震计算 |
|---|---|---|---|
| | 抗震构造措施 | 适用结构 | |
| AT | 无 | 框架、剪力墙、砌体结构 | 不参与 |
| BT | | | |
| CT | 无 | 框架、剪力墙、砌体结构 | 不参与 |
| DT | | | |
| ET | 无 | 框架、剪力墙、砌体结构 | 不参与 |
| FT | | | |
| GT | 无 | 框架、剪力墙、砌体结构 | 不参与 |

续表

<table>
<tr><th rowspan="2">梯板代号</th><th colspan="2">适用范围</th><th rowspan="2">是否参与结构整体抗震计算</th></tr>
<tr><th>抗震构造措施</th><th>适用结构</th></tr>
<tr><td>ATa</td><td rowspan="3">有</td><td rowspan="3">框架结构、剪力墙中的框架部分</td><td rowspan="2">不参与</td></tr>
<tr><td>ATb</td></tr>
<tr><td>ATc</td><td>参与</td></tr>
<tr><td>BTb</td><td>有</td><td>框架结构、剪力墙中的框架部分</td><td>不参与</td></tr>
<tr><td>CTa</td><td rowspan="2">有</td><td rowspan="2">框架结构、剪力墙中的框架部分</td><td rowspan="2">不参与</td></tr>
<tr><td>CTb</td></tr>
<tr><td>DTb</td><td>有</td><td>框架结构、剪力墙中的框架部分</td><td>不参与</td></tr>
</table>

### 1. AT～DT 型板式楼梯截面形状与支座位置

AT～DT 型板式楼梯截面形状与支座位置示意图如图 7-4 所示。

### 2. AT～ET 型板式楼梯的特征

AT～ET 型板式楼梯具备以下特征。

（1）AT～ET 的每个代号代表一段带上、下支座的梯板：梯板的主体为踏步段，除踏步段外，梯板可包括低端平板或高端平板。

（2）AT～ET 各型楼梯板特征，详见表 7-2。

表 7-2　AT～ET 型梯板特征

| 梯板代号 | 梯板构成方式 |
|---|---|
| AT | 踏步段 |
| BT | 低端平板、踏步段 |
| CT | 踏步段、高端平板 |
| DT | 低端平板、踏步段、高端平板 |
| ET | 低端踏步段、中位平板、高端踏步段 |

（3）AT～ET 各型梯板的两端分别以低端和高端的梯梁为支座，楼梯间内部既要设置楼层梯梁，也要设置层间梯梁，以及与其相连的楼层平板和层间平板。

（4）AT～ET 各型梯板的型号、板厚、上下部纵筋及分布筋等内容，由设计者在平法施工图中注明。梯板上部支座纵筋向跨内伸出的水平投影长度见相应的标准构造详图，设计人员不注写，但设计人员应予以校核。当标准构造详图规定的水平投影长度不满足具体工程要求时，应由设计人员另行注明。

## 特别提示

各类梯梁按双向受弯构件计算，当支承在梯柱上时，其构造做法同项目三中的框架梁KL；当支承在梁上时，其构造做法同项目三中的非框架梁L。

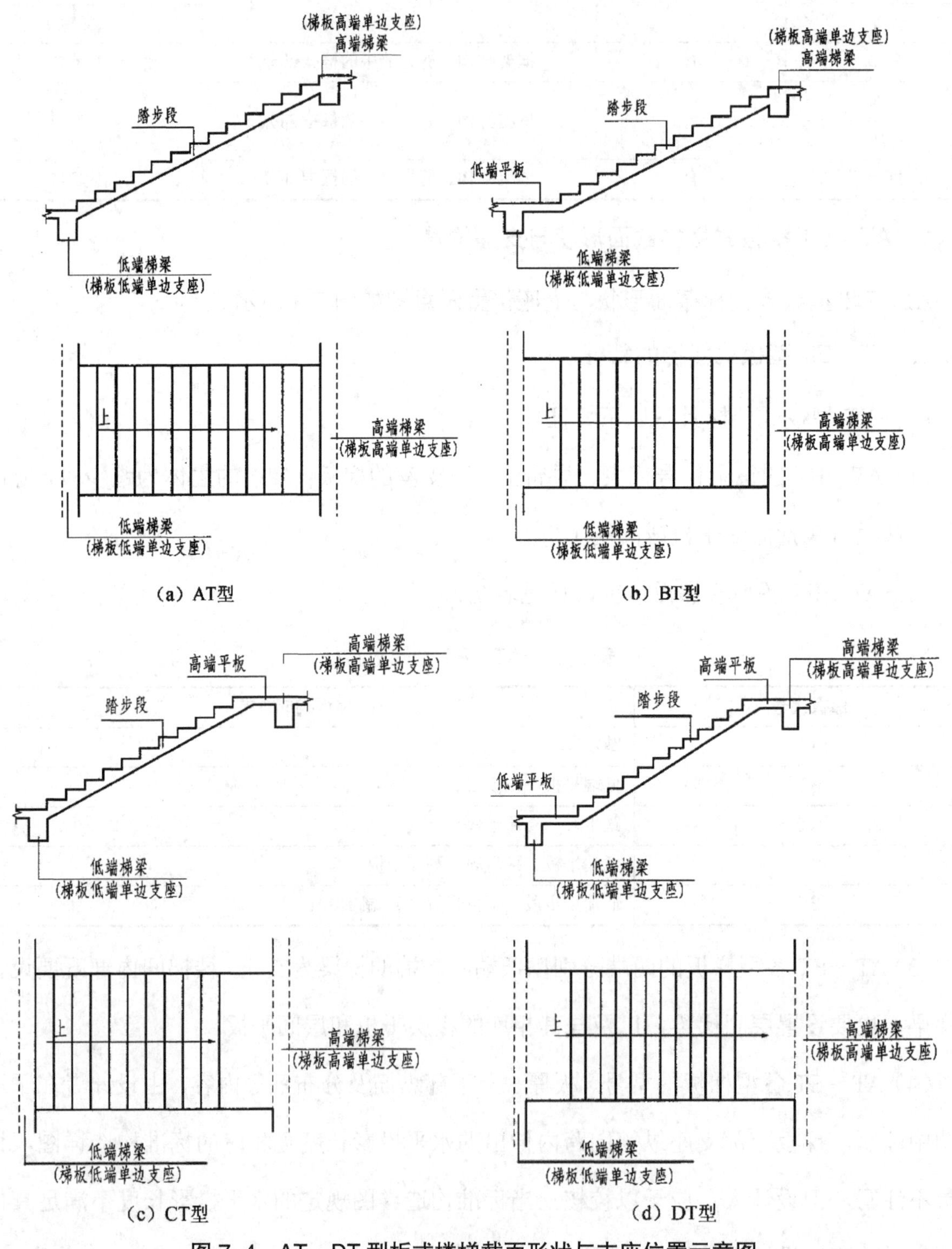


图 7-4　AT ~ DT 型板式楼梯截面形状与支座位置示意图

# 任务 2 解读板式楼梯平法施工图制图规则

## 一、现浇混凝土板式楼梯平面整体表示方法制图规则总则

（1）为了规范使用建筑结构施工图平面整体设计方法，保证按平法设计绘制的结构施工图实现全国统一，确保设计、施工质量，特制定本制图规则。本图集号为国家建筑标准设计 22G101-2，使用时应与 22G101-1 及 22G101-3 配合使用。

（2）本图集制图规则适用于各种现浇混凝土板式楼梯施工图设计。

（3）按平法绘制的楼梯施工图，一般是由楼梯的平法施工图和标准构造详图两大部分构成。

（4）按平法绘制楼梯施工图时，应将所有构件进行编号，编号中含有类型代号和序号等。其中，类型代号的主要作用是指明所选用的标准构造详图；在标准构造详图上，已经按其所属梯板类型注明代号，以明确该详图与施工图中相同构件的互补关系，使两者结合构成完整的楼梯结构施工图。

（5）本图集不包括楼梯与栏杆连接的预埋件详图，设计中应注明楼梯与栏杆连接的预埋件详见建筑设计图或相应的国家建筑标准设计图集。

（6）本图集所有梯板踏步段的侧边均与侧墙相挨但不相连。当梯板踏步段与侧墙相连或嵌入时，否认其侧墙为混凝土结构或砌体结构，均由设计者另行设计。

## 二、现浇混凝土板式楼梯平法施工图制图规则

### 1. 现浇混凝土板式楼梯平法施工图的表示方法

现浇混凝土板式楼梯平法施工图有平面注写、剖面注写和列表注写三种表达方式，设计者可根据工程的具体情况任选一种。图 7-1 是采用平面注写方式表达的楼梯平法施工图。

本任务主要介绍梯板的表达方式，与楼梯相关的平台梁、梯梁、梯柱及平板的平法注写方式分别按项目三～项目五的内容执行，此处不再赘述。

楼梯平面布置图应按照楼梯标准层采用适当的比例集中绘制，或按标准层与相应的梁平法施工图一起绘制在同一张图上，需要时绘制其剖面图。梁平法施工图详见项目三。

为方便施工，在集中绘制的板式楼梯平法施工图中，宜注明各结构层楼面标高、结构层高及相应的结构层号。

**2. 楼梯的平面注写方式**

平面注写方式采用在楼梯平面布置图上注写截面尺寸和配筋具体数值的方式来表达楼梯施工图。平面注写的内容包括集中标注和外围标注两部分。

（1）集中标注的内容。

集中标注的内容有五项，具体规定如下。

① 梯板类型代号与序号：如 AT1、BT2、CT3、DT4 等。

② 梯板厚度：注写为 $h$=×××。当为带平板的梯板类型，且梯段板厚度和平板厚度不同时，可在梯段板厚度后面的括号内以字母 P 打头注写平板厚度。

**【例 7-1】** $h$=130（P150），表示梯段板厚度为 130mm，梯板平板段厚度为 150mm。

③ 踏步段总高度和踏步级数之间以“/”分隔，如 1800/12。

④ 梯板支座上部纵筋和下部纵筋中间以“；”分隔，如 ⏀10@200；⏀12@150。

支座上部纵筋为非通长筋，下部纵筋为通长筋，二者均为受力筋。若上部纵筋通长设置时，应予以注明，如 ⏀12@200（通长）；⏀12@150。

⑤ 梯板分布筋：以 F 打头注写分布筋的具体值，该项也可在图中统一说明。

**【例 7-2】** 平面图中梯板类型及配筋的完整标注示例如下（AT 型）：

AT3，$h$=130　　梯板类型及编号，梯板板厚

1800/12　　踏步段总高度 / 踏步级数

⏀10@200；⏀12@150　　上部纵筋；下部纵筋

F⏀8@250　　梯板分布筋（可统一说明）

（2）外围标注的内容。

外围标注的内容包括楼梯间的平面尺寸、结构层楼面标高，层间平台结构标高、楼梯的上下方向、梯板的平面几何尺寸、平板配筋、梯梁及梯柱配筋等。

### 3. 楼梯的剖面注写方式

剖面注写方式需在楼梯平法施工图中绘制楼梯平面布置图和楼梯剖面图，注写方式分平面图注写和剖面图注写两部分。

（1）楼梯平面图注写内容。

楼梯平面布置图注写内容包括楼梯间的平面尺寸、结构层楼面标高、层间平台结构标高、楼梯上下方向、梯板的平面几何尺寸、梯板类型及编号、平板配筋、梯梁及梯柱配筋等。

（2）楼梯剖面图注写内容。

楼梯剖面图注写内容包括梯板集中标注、梯梁及梯柱编号、梯板水平及竖向尺寸、结构层楼面标高、层间平台结构标高等。

其中，梯板集中标注的内容有四项，具体规定如下。

① 梯板类型及编号：如 AT××。

② 梯板厚度：注写为 *h*=×××。当梯板由踏步段和平板构成，且梯板厚度和平板厚度不同时，可在梯板厚度后面的括号内以字母 P 打头注写平板厚度。

③ 梯板配筋：注明梯板上部纵筋和梯板下部纵筋，用"；"将上部纵筋与下部纵筋的配筋值分隔开来。若上部纵筋通长设置时，应予以注明（同平面注写方式）。

④ 梯板分布筋：以 F 打头注写分布筋的具体值，该项也可在图中统一说明。

对照平面注写方式，剖面注写方式的集中标注内容少了"踏步段总高度和踏步级数"的文字标注内容，而是用图示来表达。

**【例 7-3】** 剖面图中梯板配筋的完整标注示例如下（AT 型）：

AT2，*h*=120　　梯板类型及编号，梯板板厚

⏀10@200；⏀12@150　　上部纵筋；下部纵筋

FΦ8@250　　梯板分布筋（可统一说明）

### 4. 楼梯的列表注写方式

楼梯的列表注写方式是用列表方式注写梯板截面尺寸和配筋具体数值的方式来表达楼梯施工图，需要与楼梯平面布置图和楼梯剖面图配合使用，共同表达。当楼梯类型较多时，采用列表注写方式可大大减少图纸数量。

列表注写方式的具体要求与剖面注写方式相同，仅将剖面注写方式中的梯板配筋注写

项改为列表注写项即可。

梯板列表注写格式如表 7-3 所示。

表 7-3 梯板列表注写方式

| 梯板类型编号 | 踏步高度/踏步级数 | 板厚 *h* | 上部纵筋 | 下部纵筋 | 分布筋 |
|---|---|---|---|---|---|
| AT1 | 1480/9 | 100 | ⌀10@200 | ⌀12@200 | Φ8@250 |
| CT1 | 1480/9 | 140 | ⌀10@150 | ⌀12@120 | Φ8@250 |
| CT2 | 1320/8 | 100 | ⌀10@200 | ⌀12@200 | Φ8@250 |

比较上述三种注写方式：各种方式均需详细绘制各层楼梯平面图，后两种方式还需要绘制剖面图配合表达。其主要区别是梯板钢筋的注写位置与方式略有不同，三者之间并无太大的区别。

## 任务 3　识读 AT 型楼梯平法施工图和标准配筋构造

### 一、AT 型楼梯的适用条件与识读楼梯平面注写方式平法施工图

#### 1. AT 型楼梯的适用条件

两梯梁之间的一跑矩形梯板全部由踏步段构成，即踏步段两端均以梯梁为支座。凡是满足该条件的楼梯段均归为 AT 型，如双跑楼梯、双分（双合）楼梯、交叉楼梯和剪刀楼梯等。

#### 2. 识读 AT 型楼梯平面注写方式平法施工图

图 7-5 所示为 AT 型楼梯平面注写方式平法施工图示例。

楼梯平法施工图平面注写方式包括集中标注和外围标注两部分内容。

AT3 楼梯的解读如下。

（1）集中标注共有 5 项内容。

① 楼梯板类型代号与序号：AT3 表示 3 号 AT 型楼梯板。

② 梯板厚度：*h*=120mm 表示梯板厚度为 120mm。

③ 踏步段总高度和踏步级数：1800/12 表示该踏步段的总高度为 1800mm，踏步数为 12 级（步）。

④ 梯板支座上部纵筋和下部纵筋：表示支座上部非贯通纵筋为 ⌀10@200，下部贯通纵筋为 ⌀12@150。

⑤ 梯板的分布筋：Φ8@250 表示梯板上部纵向受力筋和下部纵向受力筋的分布筋，此项也可在说明中统一注明。

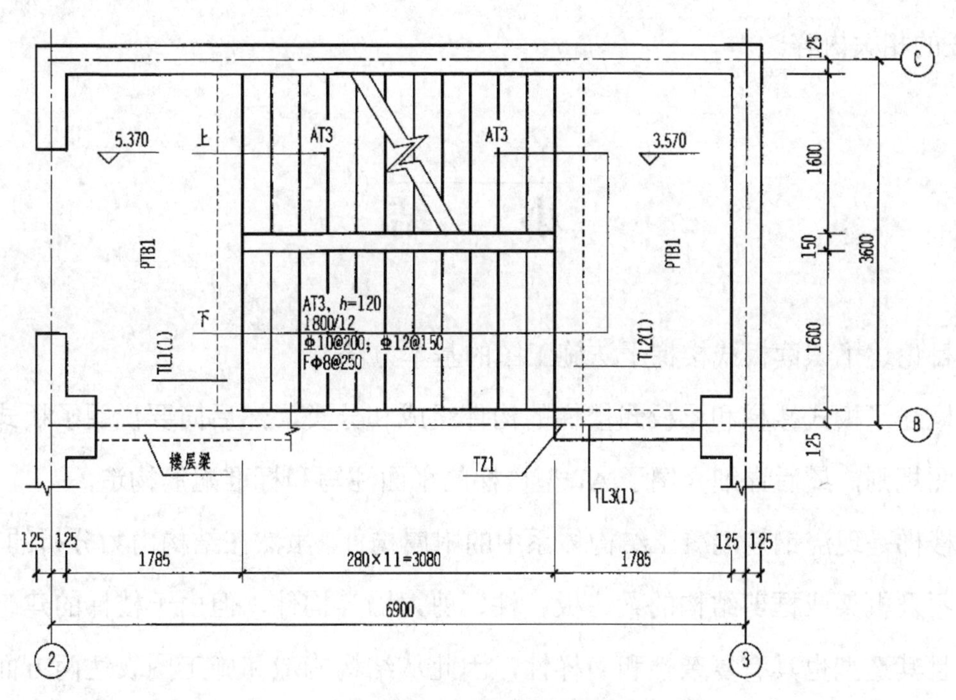


3.570～5.370 楼梯平面图

**图 7-5　AT 型楼梯平面注写方式平法施工图示例**

（2）外围标注的内容。

楼梯间的平面尺寸开间为 3600mm，进深为 6900mm。

楼层平台结构标高为 5.370m，层间平台结构标高为 3.570m。

梯板的平面几何尺寸梯段宽 1600mm，楼梯段的水平投影长度为 3080mm，楼层和层间平台的净宽均为 1785mm；

梯井宽 150mm，墙厚 250mm 及楼梯的上、下方向箭头。

图 7-5 中楼层和层间平板、梯梁、梯柱的配筋注写内容略。

## 二、AT 型楼梯的标准配筋构造

### 1. AT 型楼梯的标准配筋构造

AT 型楼梯的标准配筋构造见 22G101-2 相关内容，本书不再详述。

### 2. AT 型楼梯梯板的钢筋排布构造

AT 型楼梯梯板的钢筋排布构造见 18G901-2 相关内容。

其他楼梯与 AT 型楼梯基本一致，主要是在截面形状上略有区别。

抗震楼梯也有专门的构造详图，在此不予详细介绍，感兴趣的读者可以参考学习图集 22G101-2 的相关内容。

## 小　结

本项目论述了识读板式楼梯平法施工图的基本方法。

首先概述了板式楼梯和梁板式楼梯的构件组成和分类，然后简要说明了板式楼梯平法施工图制图规则，最后详细介绍了 AT 型楼梯的平面注写和标准配筋构造。

板式楼梯是现浇钢筋混凝土结构体系中的附属构件。虽然在结构内力分析的重要性上，板式楼梯不及框架或框剪结构的梁、板、柱、剪力墙等构件，但由于楼梯的建筑功能十分重要，而且其造型也具有复杂性和多样性，因此从结构构造和施工图表达两方面来说，学好本项目依然是学生学习掌握结构专业知识必不可少的组成部分。

## 复习思考题

1. 板式楼梯和梁板式楼梯各由哪些构件组成？两者有何不同之处？
2. 什么是板式楼梯的厚度？
3. 现浇混凝土板式楼梯平法施工图有哪三种表达方式？
4. 板式楼梯的平面注写方式包括哪几部分内容？
5. 楼梯的剖面注写方式包括哪些内容？
6. 楼梯的列表注写方式包括哪些内容？
7. AT 型楼梯的适用条件是什么？

# 项目八

# 识读基础平法施工图

## 教学目标与要求

### 教学目标

通过对本项目的学习，学生应能够：

1. 熟悉独立基础的平法制图规则和标准配筋构造。
2. 熟悉条形基础的平法制图规则和标准配筋构造。
3. 了解独立基础内的钢筋配置及排布构造。
4. 了解条形基础内的钢筋配置及排布构造。

### 教学要求

| 教学要点 | 知识要点 | 权重 |
|---|---|---|
| 独立基础平法制图规则和配筋构造 | 熟悉平法独立基础的集中标注和原位标注，重点掌握单柱独立基础的配筋构造和钢筋排布构造 | 60% |
| 条形基础平法制图规则和配筋构造 | 熟悉条形基础构件的制图规则<br>了解条形基础的钢筋构造 | 40% |

### 案例应用一

## 认识独立基础平法施工图

图 8-1 所示为阶形普通独立基础平法施工图平面注写方式示例。

通过对本项目的学习，读者应能够读懂下图所表达的图形语言含义及平面注写的数字和符号的含义，最终达到识读独立基础平法施工图的目的。

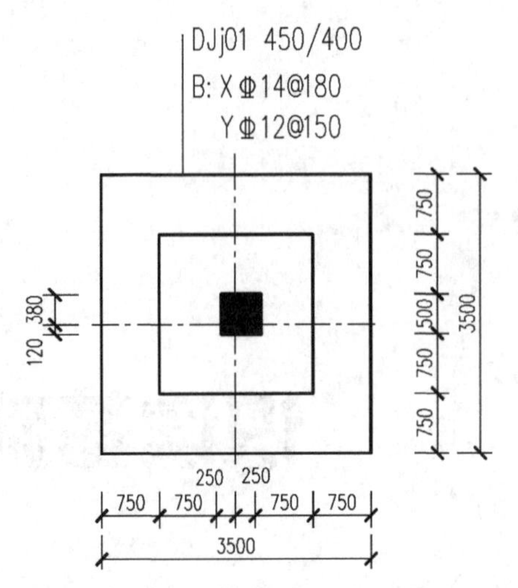


图 8-1 阶形截面普通独立基础平法施工图平面注写方式示例

# 任务 1 解读独立基础平法施工图制图规则

## 一、基础平面整体表示方法制图规则总则

（1）为了规范使用建筑结构施工图平面整体设计方法，保证按平法设计绘制的结构施工图实现全国统一，确保设计、施工质量，特制定本制图规则。本图集号为国家建筑标准设计 22G101-3，使用时应与 22G101-1 及 22G101-2 配合使用。

（2）本图集制图规则适用于各种现浇混凝土的独立基础、条形基础、筏形基础及桩基础施工图设计。

（3）按平法绘制基础结构施工图，是在基础平面布置图上直接表达基础的尺寸和配筋，应将所有基础进行编号，编号中含有类型代号和序号等。其中，类型代号的主要作用是指明所选用的标准构造详图；在标准构造详图上，已经按其所属的基础类型注明代号，以明确该详图与平法施工图中该类型基础的互补关系，使两者结合构成完整的基础施工图。

（4）按平法绘制基础结构施工图时，应采用表格或其他方式注明基础底面基准标高、±0.000 的绝对标高。

（5）为方便设计表达和施工识图，规定基础结构平面的坐标方向为：

① 当两向轴网正交布置时，图面从左至右为 $x$ 方向，从下至上为 $y$ 方向。

② 当轴网在某位置转向时，局部坐标方向顺轴网的转向角度作相应转动。

③ 当轴网向心布置时，切向为 $x$ 向，径向为 $y$ 向，并应加图示。

④ 对于平面布置比较复杂的区域，如轴网转折交界区域、向心布置的核心区域等，其平面坐标方向应由设计者另行规定，并在图上明确表示。

## 二、独立基础平法施工图制图规则

一般情况下，各种类型的基础均按非抗震构件设计，若按抗震设计时应进行相应的变更。

### 1. 独立基础平法施工图的表示方法

（1）独立基础平法施工图，有平面注写、截面注写和列表注写三种表达方式，设计时可根据具体工程情况选择一种，或将两种方式相结合进行独立基础的施工图设计。实际工程中主要以平面注写方式为主，同时结合另外两种方式进行设计。

（2）绘制独立基础平面布置图时，应将独立基础平面与基础所支承的柱子一起绘制。当设置基础联系梁时，可根据图面的疏密情况，将基础联系梁与基础平面布置图一起绘制，或将基础联系梁布置图单独绘制。

（3）独立基础平面布置图上应标注基础定位尺寸；当独立基础的柱中心线或杯口中心线与建筑定位轴线不重合时，应标注其定位尺寸。编号相同且定位尺寸相同的基础，可仅选择一个进行标注。

### 2. 独立基础的平法编号和竖向尺寸表达

（1）独立基础的平法编号。

平法根据外形不同将独立基础分成了普通独立基础和杯口独立基础两类，每类又细分为阶形截面和锥形截面二种形式。独立基础平法编号如表 8-1 所示，各种编号的独立基础对应的示意图如表 8-2 所示。

表 8-1　独立基础平法编号

| 基础类型 | 基础底板截面形式 | 代号 | 序号 | 说明 |
|---|---|---|---|---|
| 普通独立基础 | 阶形 | DJj | ×× | 小写字母 j 表示阶形，z 表示锥形<br>单阶截面即为平板独立基础<br>锥形截面基础底板可为四坡、三坡、双坡及单坡 |
| | 锥形 | DJz | ×× | |
| 杯口独立基础 | 阶形 | BJj | ×× | |
| | 锥形 | BJz | ×× | |

表 8-2　各种编号的独立基础对应的示意图

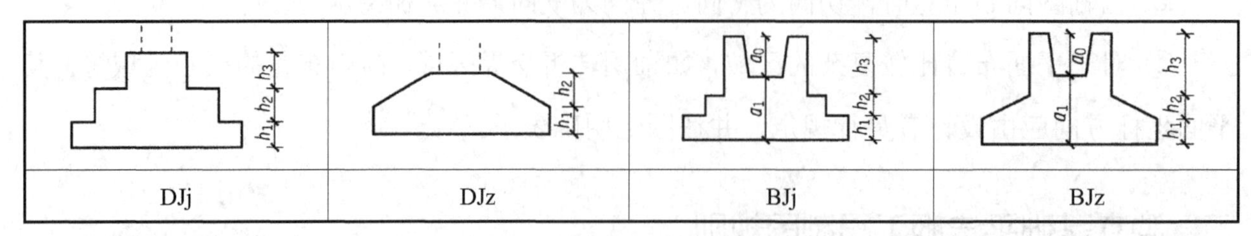


| DJj | DJz | BJj | BJz |
|---|---|---|---|

例如，DJj4 表示 4 号阶形截面普通独立基础，BJz2 表示 2 号锥形截面杯口独立基础。普通独立基础与现浇柱配套，是民用建筑常用的基础类型；杯口独立基础与预制柱配套，一般用于钢筋混凝土门式框架结构的工业厂房。至于阶形和锥形，设计师可任选其中一种。

（2）独立基础的竖向尺寸表达如表 8-2 图中所示。

普通独立基础的竖向尺寸注写只有一组，如 $h_1/h_2/h_3$……；自下而上顺序注写。

杯口独立基础的竖向尺寸标注有两组，一组表达杯口内（自上而下注写），另一组表达杯口外（自下而上注写），两组尺寸以“，”分隔，注写为 $a_0/a_1$，$h_1/h_2/h_3$……；其中，杯口深度 $a_0$ 为预制柱子插入杯口的尺寸加 50mm。

**【例 8-1】**当阶形截面普通独立基础 DJj4 竖向尺寸注写为 350/300/300 时，表示 $h_1$=350mm，$h_2$=300mm，$h_3$=300mm，基础底板总厚度为 $h_1+h_2+h_3$=950mm。

**【例 8-2】**当锥形截面普通独立基础 DJz3 的竖向尺寸注写为 400/300 时，表示 $h_1$=400mm，$h_2$=300mm，基础底板总厚度为 $h_1+h_2$=700mm。

**【例 8-3】**当锥形截面杯口独立基础 BJz6 的竖向尺寸注写为 400/300，300/200/200 时，表示 $a_0$=400mm，$a_1$=300mm，$h_1$=300mm，$h_2$=200mm，$h_3$=200mm，基础底板总厚度为 $a_0+a_1=h_1+h_2+h_3$=700。

**2. 独立基础的平面注写方式**

独立基础的平面注写方式是指直接在独立基础平面布置图上进行注写，分为集中标注和原位标注两部分内容，如图 8-2 所示。

（1）独立基础的集中标注内容。

集中标注是指在基础平面图上集中引注独立基础编号、截面竖向尺寸、配筋三项必注内容，以及基础底面标高（与基础底面基准标高不同时）和必要的文字注解两项选注内容。

素混凝土普通独立基础的集中标注，除无基础配筋内容外均与钢筋混凝土普通独立基础相同。

下面以图 8-3 为例讲解集中标注内容的含义。

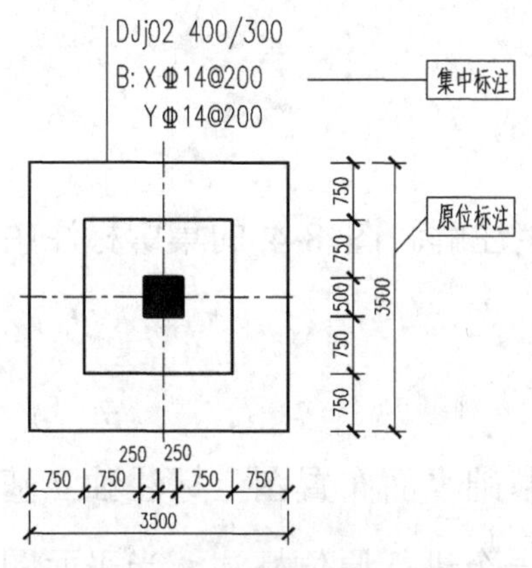


图 8–2 独立基础平面注写方式

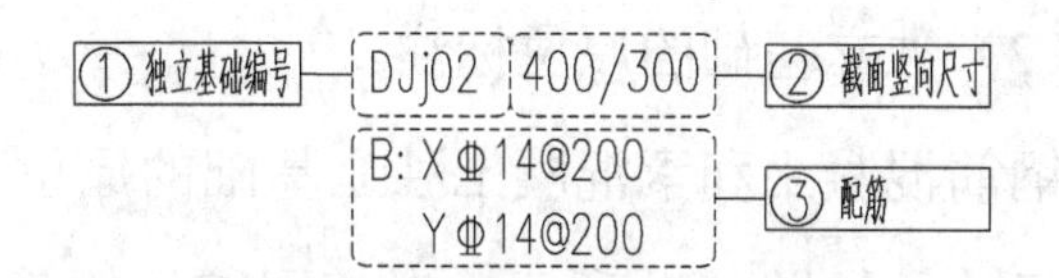


图 8–3 独立基础的集中标注

① 第一项注写独立基础编号，如表 8-1 所示，此项为必注内容。

图 8-3 中的编号“DJj02”表示 2 号阶形截面普通独立基础。

② 第二项注写独立基础的截面竖向尺寸，如表 8-2 所示，此项为必注内容。

例如，图 8-3 中的第二项“400/300”，表示该独立基础的截面竖向尺寸 $h_1$=400mm，$h_2$=300mm，基础底板总厚度为 700mm。

③ 第三项注写独立基础的底板配筋，此项为必注内容。

普通独立基础和杯口独立基础的底板双向配筋注写内容和方式相同，规定如下。

以“B”代表各种独立基础底板的底部配筋。

*x* 向配筋以“X”打头注写，*y* 向配筋以“Y”打头注写；当两向配筋均相同时，则以“X&Y”打头注写。

例如，图 8-3 中的第三项“B:XΦ14@200, YΦ14@200”表示独立基础 $DJ_j02$ 底板的底部配筋 *x* 向直径为 Φ14，分布间距为 200mm；*y* 向配筋与 *x* 向相同。此时，也可以表示为 X&YΦ14@200，意义相同。

【例 8-4】独立基础底板配筋标注为 B:XΦ14@ 200, YΦ16@150，表示基础底板底部配置 HRB400 级钢筋，*x* 向直径为 Φ14，分布间距为 200mm; *y* 向直径为 Φ16，分布间距为 150mm，如图 8-4 所示。

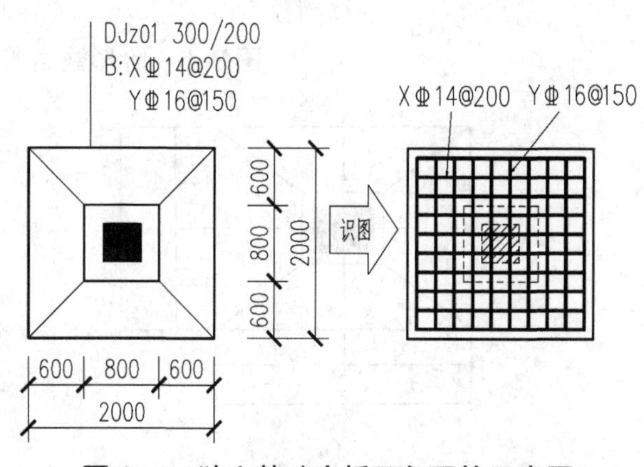


图 8–4 独立基础底板双向配筋示意图

④ 第四项注写基础底面标高，此项为选注值。当独立基础的底面标高与基础底面基准标高不同时，应将该独立基础底面标高直接注

写在“（ ）”内。

⑤ 第五项注写必要的文字注解，此项为选注值。

当独立基础的设计有特殊要求时，宜增加必要的文字注解。图 8-4 的集中标注中没有第 4 项和第 5 项内容。

（2）独立基础的原位标注。

钢筋混凝土和素混凝土独立基础的原位标注，是在基础平面布置图上标注独立基础的平面尺寸，如图 8-2 所示。对相同编号的基础，可选择一个进行原位标注，当平面图形较小时，可将所选定进行原位标注的基础按比例适当放大；其他相同编号者仅注编号。

原位标注的具体内容规定如下。

① 普通独立基础。

原位标注 $x$、$y$，$x_i$、$y_i$，$i$=1，2，3……。

其中，$x$、$y$ 为普通独立基础两向边长，$x_i$、$y_i$ 为阶宽或锥形平面尺寸。

阶形截面普通独立基础的原位标注，如图 8-5 所示。

锥形截面普通独立基础的原位标注，如图 8-6 所示。

普通独立基础采用平面注写方式的集中标注和原位标注综合设计表达示例，如图 8-1 和图 8-2 所示。

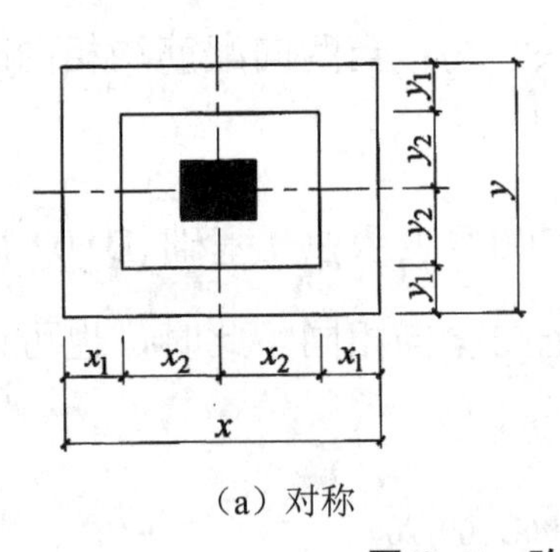

（a）对称

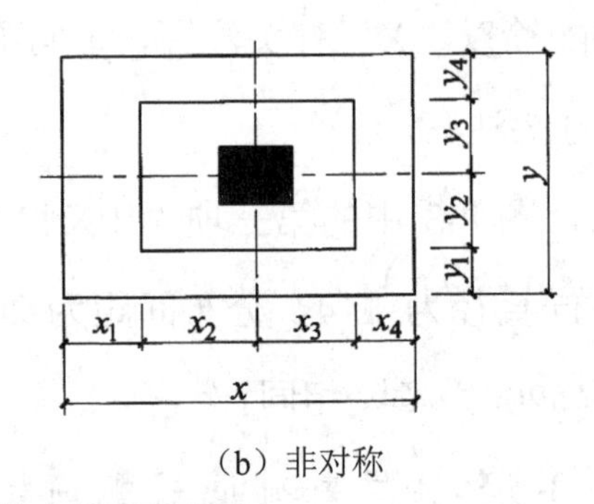

（b）非对称

图 8–5　阶形截面普通独立基础的原位标注

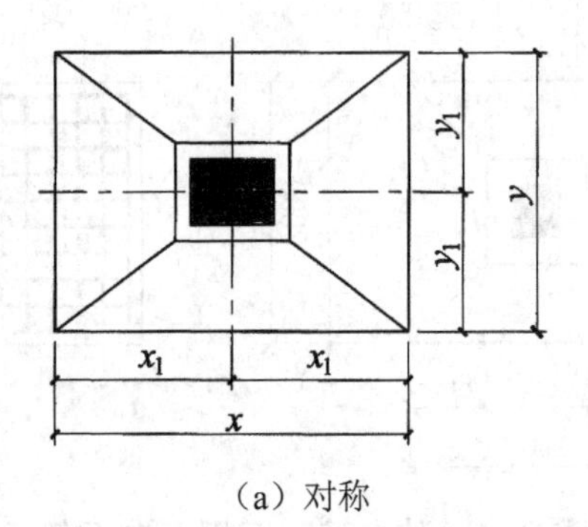

（a）对称

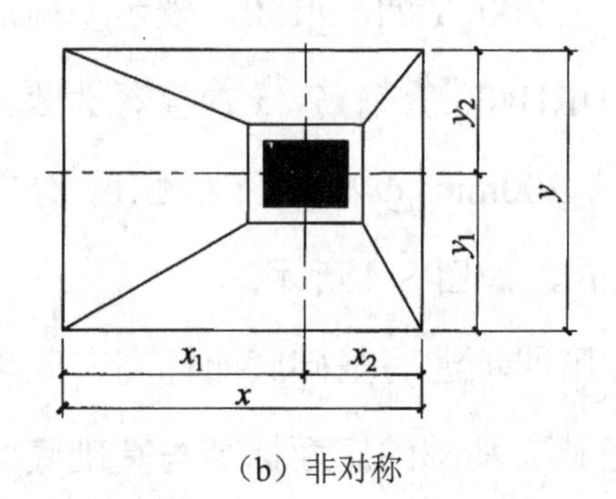

（b）非对称

图 8–6　锥形截面普通独立基础的原位标注

② 杯口独立基础。

原位标注 $x$、$y$，$x_u$、$y_u$，$x_{ui}$、$y_{ui}$，$t_i$、$x_i$、$y_i$，$i$=1，2，3……。

其中，$x$、$y$ 为杯口独立基础两向边长，$x_u$、$y_u$ 为杯口上口尺寸，$x_{ui}$、$y_{ui}$ 为杯口上口边到轴线的尺寸，$t_i$ 为杯口上口厚度，下口厚度为 $t_i$+25mm，$x_i$、$y_i$ 为阶宽或锥形截面尺寸。

杯口上口尺寸 $x_u$、$y_u$，按柱截面边长两侧双向各加 75mm；杯口下口尺寸按标准构造详图（为插入杯口的相应柱截面边长尺寸，每边各加 50mm），设计不注。

杯口独立基础的原位标注，如图 8-7 所示。

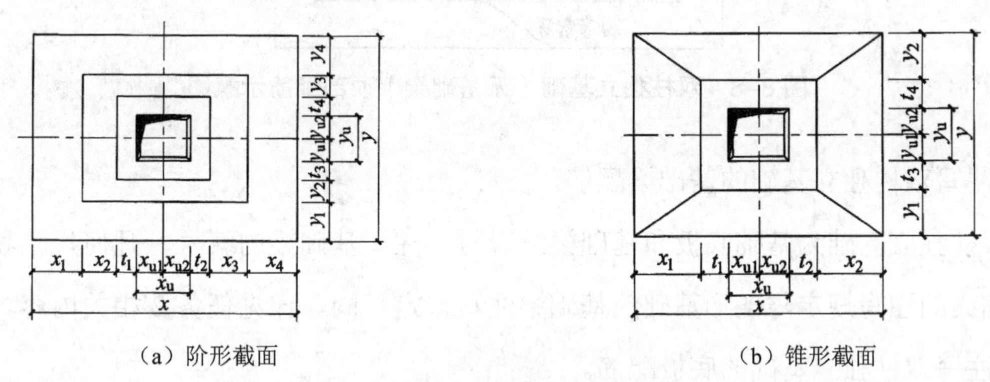


（a）阶形截面　　（b）锥形截面

**图 8–7　杯口独立基础的原位标注**

（3）多柱独立基础

独立基础通常为单柱独立基础，也可为多柱独立基础（双柱或四柱等）。多柱独立基础的编号、几何尺寸和配筋的标注方法与单柱独立基础相同。

当为双柱独立基础且柱距较小时，通常与单柱独立基础一样，仅需配置基础底部钢筋即可；当柱距较大时，除基础底部配筋外，还需要在两柱间配置基础顶部钢筋或设置基础梁；当为四柱独立基础时，通常可设置两道平行的基础梁，需要时可在两道基础梁之间配置基础顶部钢筋。

多柱独立基础顶部配筋和基础梁配筋的注写方法规定如下。

① 注写无基础梁的双柱独立基础底板的顶部配筋。

无基础梁的双柱独立基础底板的顶部配筋，通常对称分布在双柱中心线两侧。以大写字母“T”打头，注写方式为：双柱间纵向受力筋 / 分布筋。当纵筋受力筋在基础底板顶面非满布时，应注明其总根数。

**【例 8-5】**某无基础梁的双柱独立基础顶部配筋项注写为“T：11⌀18@100/Φ10@200”，以 T 打头代表独立基础底板的顶部配筋，表示独立基础顶部配置 HRB400 级纵向受力筋，

直径为 ⌀18，设置 11 根，间距为 100mm；分布筋为 HPB300 级钢筋，直径为 Φ10，分布间距为 200mm，如图 8-8 所示。

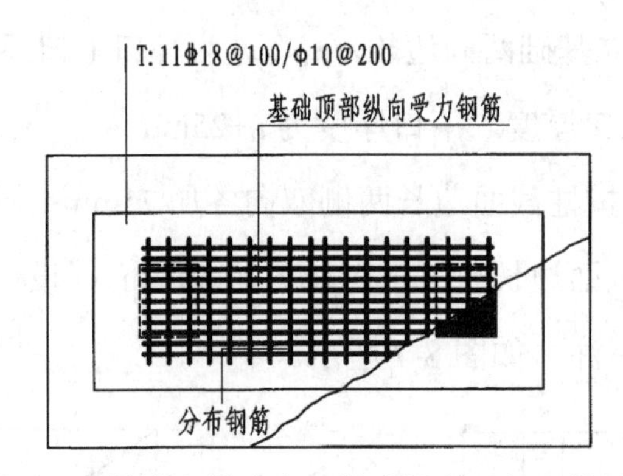


图 8-8 双柱独立基础（无基础梁）顶部配筋示意图

② 注写双柱独立基础的基础梁配筋。

当双柱独立基础为基础底板和基础梁结合时，注写基础梁的编号、几何尺寸和配筋。

基础梁的注写规定与条形基础的基础梁注写规定相同，详见任务 2 相关内容。

③ 注写双柱独立基础的底板配筋。

双柱独立基础底板配筋的注写，可以按条形基础底板的注写规定（详见任务 2 相关内容），也可以按独立基础底板的注写规定。

双柱独立基础底板与基础梁注写示例，如图 8-9 所示。基础底板注写内容与方式均与单柱相同

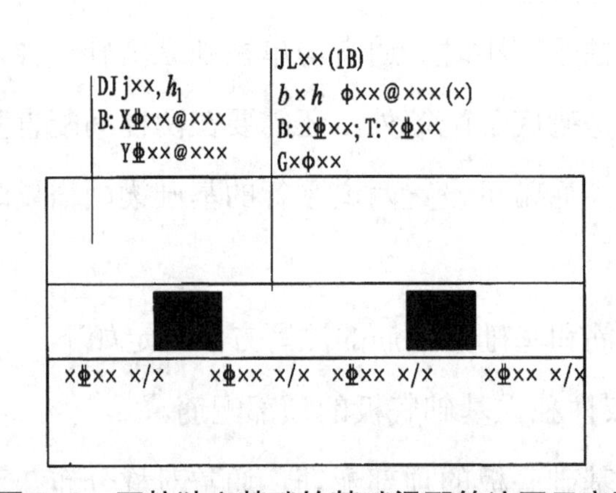


图 8-9 双柱独立基础的基础梁配筋注写示意图

④ 注写配置两道基础梁的四柱独立基础底板的顶部配筋。

当四柱独立基础已设置两道平行的基础梁时，根据内力需要可在双梁之间及梁的长度范围内配置基础顶部钢筋，注写为：梁间受力筋/分布筋。

【例 8-6】某四柱独立基础的顶部配筋项注写为“T: ⌀16@120/Φ10@200”；表示在四柱独立基础顶部的两道基础梁之间配置 HRB400 级受力筋，直径为 ⌀16，间距为 120mm；分布筋为 HPB300 级钢筋，直径为 Φ10，分布间距为 200mm，如图 8-10 所示。

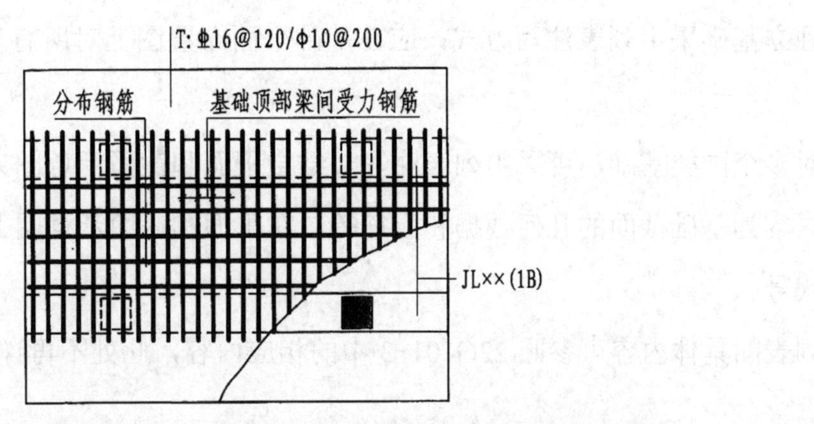


图 8–10　四柱独立基础（设置两道基础梁）的顶部配筋示意图

平行设置两道基础梁的四柱独立基础底板配筋，也可按双梁条形基础底板配筋的注写规定。

（4）基础梁箍筋复合方式。

基础梁箍筋复合方式，如图 8-11 所示。封闭箍筋可采用焊接封闭箍筋形式。

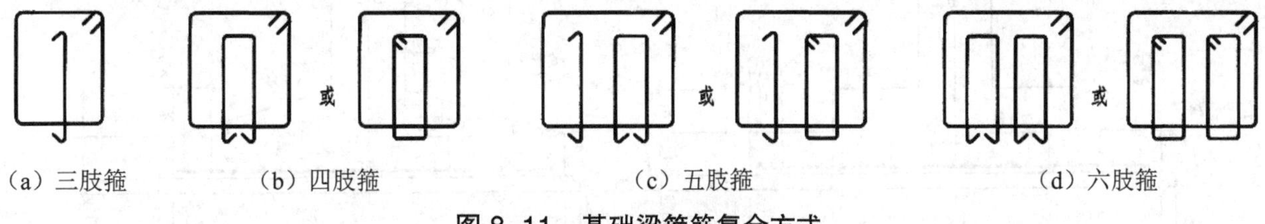


图 8–11　基础梁箍筋复合方式

基础梁截面纵筋外围应采用封闭箍筋，当为多肢复合箍筋时，其截面内箍可采用开口箍或封闭箍。封闭箍的弯钩可在四角的任何部位，开口箍的的弯钩宜设在基础底板内。

当多于六肢箍时，偶数肢增加小开口箍或小套箍，奇数肢加一单肢箍。

### 3. 独立基础的截面注写方式

独立基础采用截面注写方式，应在基础平面布置图上对所有基础进行编号，标注独立基础的平面尺寸，并用剖面号引出对应的截面图；对相同编号的基础，可选择一个进行标注，基础编号见表 8-2 所示。

对单个基础进行截面标注的内容和形式，与传统“单构件正投影的表示方法”基本相同。对于已在基础平面布置图上原位标注清楚的该基础平面几何尺寸，在截面图上可不再重复表达，具体表达内容可参照 22G101-3 中相应的标准构造。

**4．独立基础的列表注写方式**

独立基础采用列表注写方式，应在基础平面布置图上对所有基础进行编号，见表 8-2 所示。

对多个同类基础，可采用列表注写（结合平面和截面示意图）的方式进行集中表达。表中内容为基础截面的几何数据和配筋等，在平面和截面示意图上应标注与表中栏目相对应的代号。

列表的具体内容可参照 22G101-3 中的相应内容，此处不再详细介绍。

## 三、解读独立基础典型节点的标准配筋构造

独立基础底板配筋构造主要包括一般构造和长度减短 10%的构造。

**1．独立基础底板配筋的一般构造**

独立基础底板配筋必须配置双向钢筋网，如图 8-12 所示。

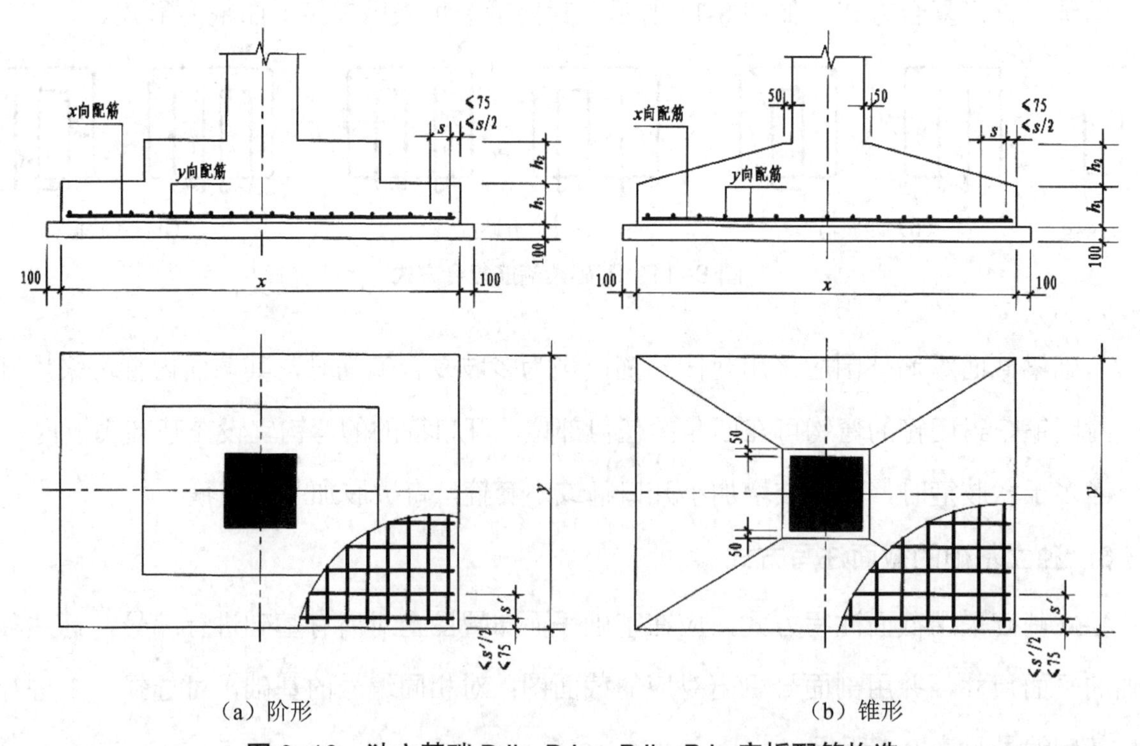


（a）阶形　　　（b）锥形

图 8-12　独立基础 DJj、DJz、BJj、BJz 底板配筋构造

图 8-12 的解读如下。

（1）独立基础底板配筋构造适用于普通独立基础和杯口独立基础。

（2）独立基础底板双向交叉钢筋的长向设置在下，短向设置在上。

## 特别提示

这与前面学过的双向楼面板 LB 钢筋的摆放位置正好相反，这是因为楼板的荷载方向朝下，而基础底板承受的地基反力方向朝上。

（3）基础底板最外侧第一根钢筋距边缘的距离为≤75mm，且≤$s/2$（$s$ 为同向钢筋的间距），即取 min（75, $s/2$）。

### 2. 独立基础底板配筋长度减短 10%的构造

当独立基础底板边长≥2500mm 时，采用钢筋长度减短 10%的构造，如图 8-13 所示。

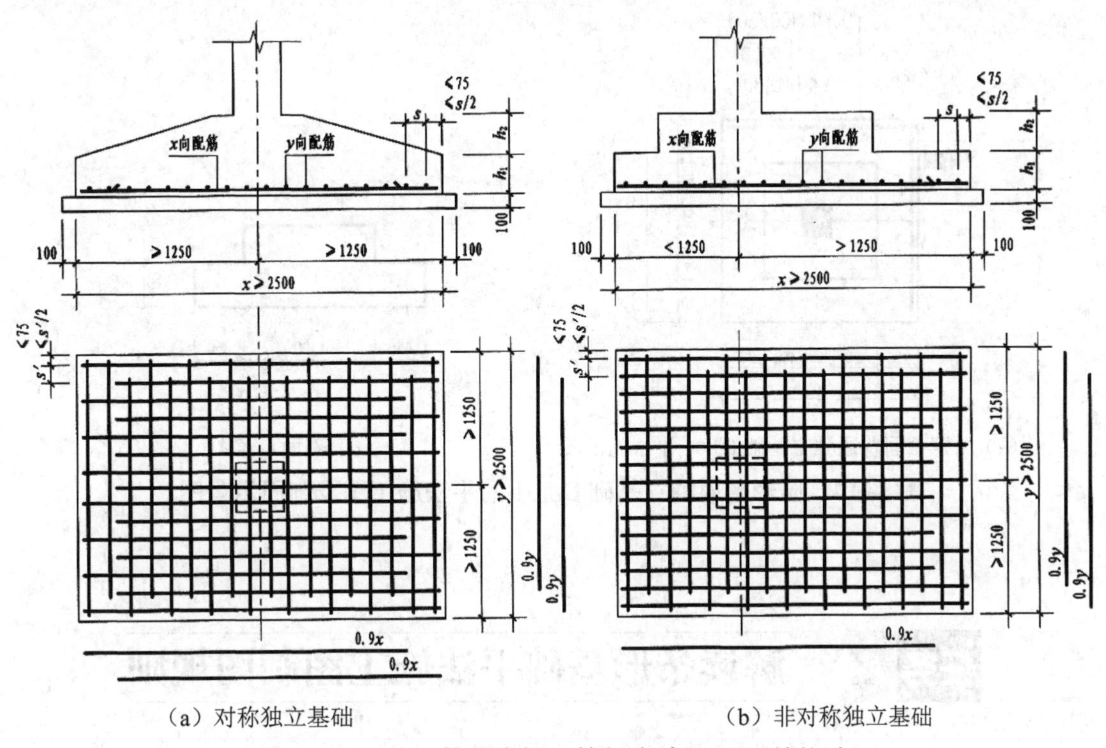


（a）对称独立基础　　（b）非对称独立基础

图 8-13　独立基础底板配筋长度减短 10%的构造

图 8-13 的解读如下。

（1）当独立基础底板长度≥2500mm 时，除外侧钢筋外，底板配筋长度可取相应方向底板边长的 0.9 倍，交错放置，四边最外侧钢筋不缩短。

（2）当非对称独立基础底板长度≥2500mm，但该基础某侧从柱中心至基础底板边缘的距离<1250mm 时，钢筋在该侧不应减短。

（3）图 8-12 中的三条解读同样适用于本图。

## 四、识读独立基础平法施工图

阶形截面普通独立基础 DJj01 的平法施工图及剖面示意图如图 8-14 所示，下面识读 DJj01 的平法施工图。

基础平法施工图解读如下。

1 号阶形截面普通独立基础 DJj0l，基础底面尺寸为 2200mm×2200mm，台阶宽度均为 450mm。

二阶基础截面竖向尺寸 $h_1$=400mm，$h_2$=300mm，基础底板总厚度为 700mm。

DJ j0l 底板的底部配筋的 $x$ 向直径为 ⌀14，分布间距为 200mm；$y$ 向直径也为 ⌀14，分布间距为 180mm。

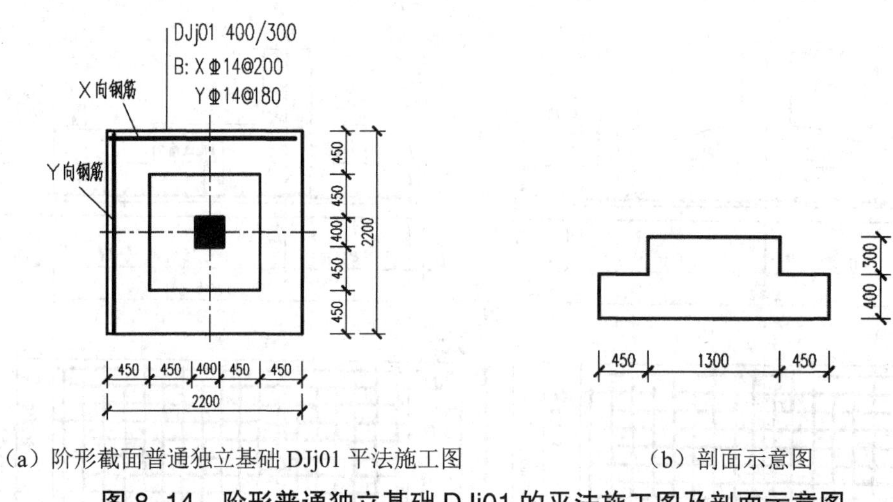


（a）阶形截面普通独立基础 DJj01 平法施工图　　（b）剖面示意图

图 8-14　阶形普通独立基础 DJj01 的平法施工图及剖面示意图

# 任务 2　解读条形基础平法施工图制图规则

## 一、条形基础平法施工图制图规则

### 1. 条形基础平法施工图的表示方法

（1）条形基础平法施工图有平面注写与列表注写两种表达方式，设计者可根据具体工程情况选择一种，或将两种方式相结合进行条形基础的施工图设计。

（2）当绘制条形基础平面布置图时，应将条形基础平面与基础所支承的上部结构柱、墙一起绘制。当基础底面标高不同时，需注明与基础底面基准标高不同之处的范围和标高。

（3）当梁板式基础梁中心或板式条形基础板中心与建筑定位轴线不重合时，应标注其定位尺寸；对于编号相同的条形基础，仅选择一个进行详细标注，其他条形基础只注写编号即可。

（4）条形基础整体上可分为以下两类。

① 板式条形基础。

该类型的条形基础适用于钢筋混凝土剪力墙结构和砌体结构。平法施工图仅表达条形基础底板。

③ 梁板式条形基础。

该类型的条形基础适用于钢筋混凝土框架结构、框架-剪力墙结构、部分框支剪力墙结构和钢结构等。平法施工图将梁板式条形基础分解为基础梁和条形基础底板分别进行表达。

### 2. 条形基础编号

条形基础编号分为基础梁和条形基础底板编号，如表 8-3 所示。

表 8-3 条形基础梁及底板编号

| 类 型 | | 代 号 | 序 号 | 跨数及有无外伸 |
|---|---|---|---|---|
| 基础梁 | | JL | ×× | （××）端部无外伸<br>（××A）一端有外伸<br>（××B）两端有外伸 |
| 条形基础底板 | 坡形 | $TJB_P$ | ×× | |
| | 阶形 | $TJB_J$ | ×× | |

注：条形基础通常采用坡形截面或单阶形截面。

（××）表示基础梁和条形基础底板的跨数；（××A）表示一端有悬挑；（××B）表示两端有悬挑，悬挑部位不计入跨数××内。

## 二、条形基础底板的平面注写方式

### 1. 条形基础底板 TJBp、TJBj 的平面注写内容

条形基础底板 TJBp、TJBj 的平面注写内容相同，均分为集中标注和原位标注两部分内容。

### 2. 条形基础底板的集中标注内容

条形基础底板编号、截面竖向尺寸、配筋三项为必注内容，条形基础底板底面标高（与基础底面基准标高不同时）和必要的文字注解两项为选注内容。

素混凝土条形基础底板的集中标注，除无底板配筋内容外，与钢筋混凝土条形基础底板相同，具体规定如下。

（1）注写条形基础底板编号，此项为必注内容，如表 8-3 所示。

条形基础底板两侧的截面形状通常有以下两种。

① 坡形截面，编号加小写字母“p”，如 TJBp××。

② 阶形截面，编号加小写字母“j”，如 TJBj××。

（2）注写条形基础底板截面竖向尺寸，此项为必注内容。

注写 $h_1/h_2/\cdots\cdots$　具体标注为：

① 当条形基础底板为坡形截面时，注写为 $h_1/h_2$，如图 8-15 所示。

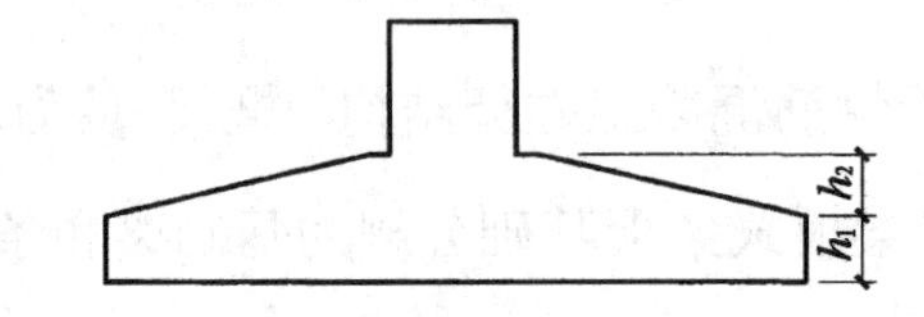


**图 8–15　条形基础底板坡形截面竖向尺寸**

**【例 8-7】**当条形基础底板为坡形截面 TJBp××，其截面竖向尺寸注写为 300/250 时，表示 $h_1$=300、$h_2$=250，基础底板根部总高度为 550。

② 当条形基础底板为阶形截面时，如图 8-16 所示。

**【例 8-8】**当条形基础底板为阶形截面 TJBj××，其截面竖向尺寸注写为 300 时，表示 $h_1$=300，基础底板总高度为 300。

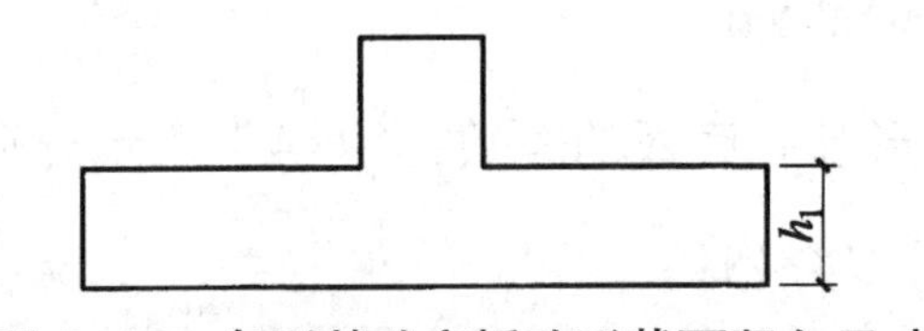


**图 8–16　条形基础底板阶形截面竖向尺寸**

当条形基础底板为多阶时各阶尺寸自下而上以“/”分隔，顺序注写，参照独立基础多阶截面注写方式。

（3）注写条形基础底板底部及顶部配筋，此项为必注内容。

① 以“B”打头，注写条形基础底板底部的横向受力筋。

② 以“T”打头，注写条形基础底板顶部的横向受力筋。

③ 注写时，用“/”分隔条形基础底板的横向受力筋与纵向分布筋，如图 8-17 和图 8-18 所示。

**【例 8-9】**当条形基础底板配筋标注为 B:⏀14@150/Φ8@250 时，表示条形基础底板底部配置 HRB400 级横向受力筋，直径为 14mm，间距为 150mm；配置 HPB300 级纵向分布筋，直径为 8mm，间距为 250mm，如图 8-18 所示。

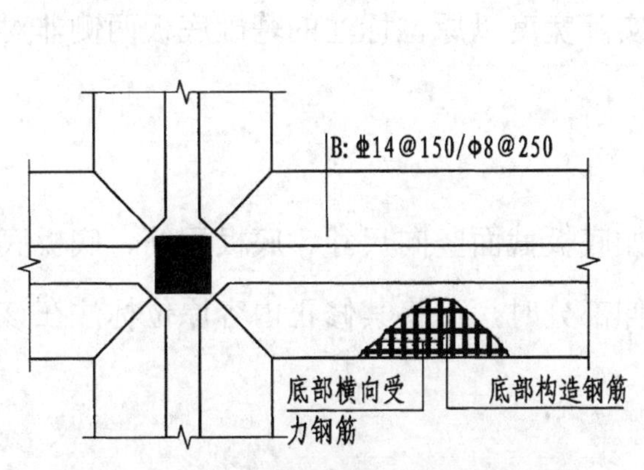


图 8–17　条形基础底板底部配筋示意

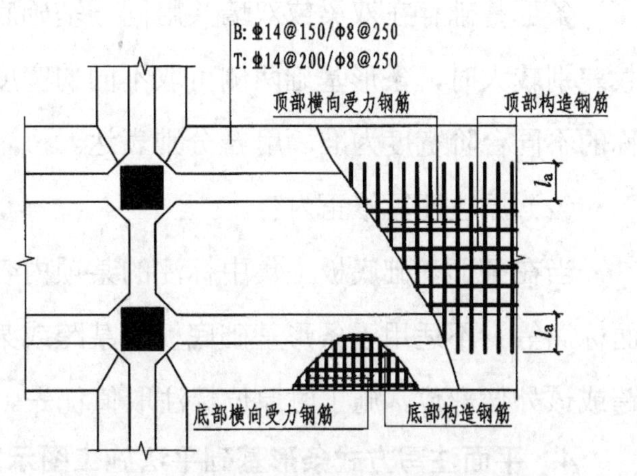


图 8–18　双梁条形基础底板配筋示意图

**【例 8-10】**当为双梁（或双墙）条形基础底板时，除在底板底部配置钢筋外，一般尚需在两根梁或两道墙之间的底板顶部配置钢筋，其中横向受力筋的锚固长度 $l_{aE}$ 从梁的内边缘（或墙内边缘）起算，如图 8-18 所示。

（4）注写条形基础底板底面标高，此项为选注内容。

当条形基础底板的底面标高与条形基础底面基准标高不同时，应将条形基础底板底面标高注写在“（　）”内。

（5）必要的文字注解，此项为选注内容。

当条形基础底板有特殊要求时，应增加必要的文字注解。

**3. 条形基础底板的原位标注内容**

（1）原位注写条形基础底板的平面尺寸。

原位标注 $b$、$b_i$，$i$=1, 2, ……　其中，$b$ 为基础底板总宽度，$b_i$ 为基础底板台阶的宽度。当基础底板采用对称于基础梁的坡形截面或单阶形截面时，可不注写，如图 8-19 所示。

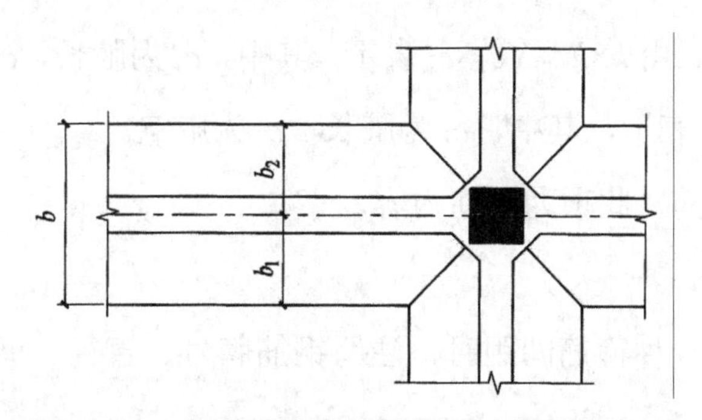


图 8–19　条形基础底板平面尺寸的原位标注

素混凝土条形基础底板的原位标注与钢筋混凝土条形基础底板相同。

对于相同编号的条形基础底板，可仅选择一个进行详细标注。

条形基础存在双梁或双墙共用同一基础底板的情况，当为双梁或为双墙，且梁或墙荷载差别较大时，条形基础两侧可取不同的宽度，实际宽度以原位标注的基础底板两侧非对称的不同台阶宽度为准，用 $b_i$ 分别表达。

（2）原位注写修正内容。

当在条形基础底板上集中标注的某项内容（如底板截面竖向尺寸、底板配筋、底板底面标高等）不适用于条形基础底板的某跨或某外伸部分时，可将其修正内容原位标注在该跨或该外伸部位，施工时原位标注取值优先。

**4. 平面注写方式条形基础平法施工图示意**

采用平面注写方式表达的条形基础设计施工图示意，见 22G101-3 相关内容。

## 三、基础梁的平面注写方式

**1. 基础梁 JL 的平面注写方式**

基础梁 JL 的平面注写方式分集中标注和原位标注两部分内容，当集中标注的某项数值不适用于基础梁的某部位时，则将该项数值采用原位标注进行修正，在施工时，原位标注取值优先。

**2. 基础梁 JL 的集中标注内容**

集中标注内容包括基础梁编号、截面尺寸、配筋三项必注内容，以及基础梁底面标高（与基础底面基准标高不同时）和必要的文字注解两项选注内容，具体规定如下。

（1）注写基础梁编号，此项为必注内容，如表 8-3 所示。

（2）注写基础梁截面尺寸，此项为必注内容。

当为矩形截面时，注写为 $b \times h$（宽×高），表示基础梁截面的宽度与高度。

当为竖向加腋梁时，用 $b \times h$　Y$c_1 \times c_2$ 表示，其中，$c_1$ 为腋长，$c_2$ 为腋高。当为水平加腋梁时，用 $b \times h$　PY$c_1 \times c_2$ 表示，其中，$c_1$ 为腋长，$c_2$ 为腋宽。

（3）注写基础梁配筋，此项为必注内容。

① 注写基础梁箍筋。

当具体设计仅采用一种箍筋间距时，注写钢筋牌号、直径、间距与肢数（箍筋肢数写在括号内，下同）。

当具体设计采用两种箍筋间距时，用“/”分隔不同的箍筋，按照从基础梁两端向跨中的顺序注写。先注写第 1 段（梁两端）的箍筋（在前面加注箍筋道数），再在斜线后注写第 2 段（跨中）箍筋（不再加注箍筋道数）。

**【例 8-11】**某基础梁配筋：9⌀16@100/⌀16@200（6），表示配置两种间距的 HRB400 级箍筋，直径为 ⌀16，从梁两端起向跨内按间距为 100mm 在每端各设置 9 道箍筋，梁跨中部位的箍筋间距为 200mm，均为 6 肢箍。

**施工时应注意：**

两向基础梁相交的柱下区域，应有一向截面较高的基础梁箍筋贯通设置；当两向基础梁的高度相同时，任选一向基础梁箍筋贯通设置。

② 注写基础梁底部、顶部及侧面纵筋。

以“B”打头，注写梁底部贯通纵筋。

当跨中所注根数少于箍筋肢数时，需要在跨中增设梁底部架立筋以固定箍筋，采用“+”将贯通纵筋与架立筋相连，架立筋注写在加号后面的括号内。

以“T”打头，注写梁顶部贯通纵筋。

注写时用“；”将底部与顶部贯通纵筋分隔开，如有个别跨与其不同者，按本规则原位注写的规定处理。

当梁底部或顶部贯通纵筋多于一排时，用“/”将各排纵筋自上而下分开。

**【例 8-12】**某基础梁配筋：B：4⌀25；T：12⌀25 7/5，表示梁底部配置贯通纵筋为 4⌀25；梁顶部配置贯通纵筋上一排为 7⌀25，下一排为 5⌀25，共 12⌀25。

以大写字母“G”打头注写梁两侧面对称设置的纵向构造筋的总配筋值（当梁腹板高度 $h_w \geq 450$ 时，根据需要配置）。

**【例 8-13】**某基础梁配筋：G8⌀14，表示梁每个侧面配置的纵向构造筋为 4⌀14，两侧共配置 8⌀14。

当需要配置抗扭纵筋时，梁两个侧面设置的抗扭纵筋以“N”打头。

**【例 8-14】**某基础梁配筋：N8⌀16，表示梁的两个侧面共配置 8⌀16 的抗扭纵筋，沿截面两侧均匀对称设置。

### 特别提示

（1）当为梁侧面构造筋时，其搭接与锚固长度可取为 15*d*。

（2）当为梁侧面受扭纵筋时，其锚固长度为 $l_a$，搭接长度为 $l_l$；其锚固方式同基础梁上部纵筋。

（3）注写基础梁底面标高，此项为选注内容。当条形基础的底面标高与基础底面基准标高不同时，将条形基础底面标高注写在括号内。

（4）必要的文字注解，此项为选注内容。当基础梁的设计有特殊要求时，宜增加必要的文字注解。

**3. 基础梁 JL 的原位标注内容**

（1）基础梁支座的底部纵筋，系指包含贯通纵筋与非贯通纵筋在内的所有纵筋。

① 当底部纵筋多于一排时，用“/”将各排纵筋自上而下分开。

② 当同排纵筋有两种直径时，用“+”将两种直径的纵筋相连，同框架梁 KL 规定。

③ 当梁支座两边的底部纵筋配置不同时，需在支座两边分别标注；当梁支座两边的底部纵筋相同时，可仅在支座的一边标注，默认两边对称配置。

④ 当梁支座底部的全部纵筋与集中注写过的底部贯通纵筋相同时，可不再重复做原位标注。

⑤ 竖向加腋梁加腋部位钢筋需在设置加腋的支座处以“Y”打头注写在括号内。

**【例 8-15】** 竖向加腋梁端（支座）处注写 Y4⌀25，表示竖向加腋部位斜纵筋为 4⌀25。

（2）原位注写基础梁的附加箍筋或（反扣）吊筋。

当两向基础梁十字交叉，但交叉位置无柱时，应根据需要设置附加箍筋或（反）扣吊筋。

将附加箍筋或（反扣）吊筋直接画在平面图中的条形基础主梁上，原位直接引注总配筋值（附加箍筋的肢数注在括号内）。当多数附加箍筋或（反扣）吊筋相同时，可在条形基础平法施工图上统一注明。当少数与统一注明值不同时，在原位直接引注。

（3）原位注写基础梁外伸部位的变截面高度尺寸。

当基础梁外伸部位采用变截面高度时，在该部位原位注写 $b \times h_1/h_2$，$h_1$ 为根部截面高度，$h_2$ 为尽端截面高度。

（4）原位注写修正内容。

当在基础梁上集中标注的某项内容（如截面尺寸、箍筋、底部与顶部贯通纵筋或架立筋、梁侧面纵向构造筋、梁底面标高等）不适用于某跨或某外伸部位时，将其修正内容原位标注在该跨或该外伸部位，施工时原位标注取值优先。

当在多跨基础梁的集中标注中已注明竖向加腋，而该梁某跨根部不需要竖向加腋时，则应在该跨原位标注截面尺寸 $b \times h$，以修正集中标注中的竖向加腋要求。

## 四、基础梁底部非贯通纵筋的长度规定

（1）为方便施工，对于基础梁柱下区域底部非贯通纵筋的伸出长度 $a_0$ 值的规定如下。

当非贯通纵筋配置不多于两排时，在标准构造详图中统一取值为自柱边向跨内伸出至 $l_n/3$ 的位置。

当非贯通纵筋配置多于两排时，从第三排起向跨内的伸出长度值应由设计者注明。

$l_n$ 的取值规定为：对于边跨、边支座的底部非贯通纵筋，$l_n$ 取本边跨的净跨长度值；对于中间支座的底部非贯通纵筋，$l_n$ 取支座两边较大一跨的净跨长度值。

（2）基础梁外伸部位底部纵筋的伸出长度 $a_0$ 在标准构造详图中的统一取值如下。

第一排伸出至梁端头后，全部上弯 12$d$ 或 15$d$（详见 22G101-3 相关构造要求）；其他排钢筋伸至梁端头后截断。

## 五、条形基础的列表注写方式

采用列表注写方式，应在基础平面布置图上对所有条形基础进行编号，编号原则如表 8-1 所示。

对多个条形基础可采用列表注写（结合截面示意图）方式进行集中表达，列表中的内容为条形基础截面的几何数据和配筋，截面示意图上应标注与表中栏目相对应的代号。

列表的具体内容规定如下。

### 1. 条形基础底板

（1）条形基础底板列表格式见表 8-4 所示。

表 8-4　条形基础底板几何尺寸和配筋表

| 基础底板编号/截面号 | 截面几何尺寸 | | | 底板配筋（B） | |
|---|---|---|---|---|---|
| | $b$ | $b_i$ | $h_1/h_2$ | 横向受力钢筋 | 纵向分布钢筋 |
| | | | | | |
| | | | | | |

注：表中可根据实际情况增加栏目，如增加上部配筋、基础底板底面标高（与基础底板底面基准标高不一致时）等。

（2）条形基础底板列表集中注写栏目如下。

① 编号。

坡形截面编号为TJBp××（××）、TJBp××（××A）或TJBp××（××B）。

阶形截面编号为TJBj××（××）、TJBj××（××A）或TJBj××（××B）。

② 几何尺寸。

水平尺寸为 $b$、$b_i$，$i$=1, 2, ……；竖向尺寸为 $h_1/h_2$。

③ 配筋。

B:⌀××@×××/⌀××@×××。

**2. 基础梁**

（1）基础梁列表格式见表8-5所示。

（2）基础梁列表集中注写栏目如下。

① 编号。

注写JL××（××）、JL××（××A）或JL××（××B）。

**表8-5 基础梁几何尺寸和配筋表**

| 基础梁编号/截面号 | 截面几何尺寸 | | | 配筋 | |
|---|---|---|---|---|---|
| | $b \times h$ | 竖向加腋 $c_1 \times c_2$ | 底部贯通纵筋+非贯通纵筋，顶部贯通纵筋 | 横向受力钢筋 | 纵向分布钢筋 |
| | | | | | |
| | | | | | |

注：1. 表中可根据实际情况增加栏目，如增加基础梁底面标高等。

2. 表中非贯通纵筋需配合原位标注使用。

② 几何尺寸。

基础梁截面宽度与高度 $b \times h$。

当为竖向加腋梁时，注写 $b \times h$ Y$c_1 \times c_2$，其中 $c_1$ 为腋长，$c_2$ 为腋高。

③ 配筋。

注写基础梁底部贯通纵筋+非贯通纵筋、顶部贯通纵筋、箍筋。

当设计两种箍筋时，箍筋注写为：第一种箍筋/第二种箍筋。

第一种箍筋为梁端部箍筋，第二箍筋为梁端部箍筋不跨中范围的箍筋。

箍筋注写内容包括：箍筋的箍（根）数、钢筋牌号、直径、间距与肢数。

## 小　结

本单元简要介绍了独立基础和条形基础的构件编号及对应的示意图；介绍了独立基础和条形基础的平法制图规则和标准配筋构造。

## 复习思考题

1．独立基础有几种类型？代号是什么？

2．单柱独立基础的底板配筋如何表达？

3．条形基础包含几种类型？在表 8-3 中，条形基础梁及底板编号有几种？

4．掌握独立基础标准构造，如图 8-12～图 8-14 所示。

## 识图练习

1．识读案例应用中的独立基础平法施工图。

附录 

# 钢筋的公称直径、公称截面面积及理论质量

| 公称直径/mm | 不同根数钢筋的公称截面面积/mm² | | | | | | | | | 单根钢筋理论质量/（kg/m） |
|---|---|---|---|---|---|---|---|---|---|---|
| | 1 | 2 | 3 | 4 | 5 | 6 | 7 | 8 | 9 | |
| 6 | 28.3 | 57 | 85 | 113 | 142 | 170 | 198 | 226 | 255 | 0.222 |
| 8 | 50.3 | 101 | 151 | 201 | 252 | 302 | 352 | 402 | 453 | 0.395 |
| 10 | 78.5 | 157 | 236 | 314 | 393 | 471 | 550 | 628 | 707 | 0.617 |
| 12 | 113.1 | 226 | 339 | 452 | 565 | 678 | 791 | 904 | 1017 | 0.888 |
| 14 | 153.9 | 308 | 461 | 615 | 769 | 923 | 1077 | 1231 | 1385 | 1.21 |
| 16 | 201.1 | 402 | 603 | 804 | 1005 | 1206 | 1407 | 1608 | 1809 | 1.58 |
| 18 | 254.5 | 509 | 763 | 1017 | 1272 | 1527 | 1781 | 2036 | 2290 | 2.00（2.11） |
| 20 | 314.2 | 628 | 942 | 1256 | 1570 | 1884 | 2199 | 2513 | 2827 | 2.47 |
| 22 | 380.1 | 760 | 1140 | 1520 | 1900 | 2281 | 2661 | 3041 | 3421 | 2.98 |
| 25 | 490.9 | 982 | 1473 | 1964 | 2454 | 2945 | 3436 | 3927 | 4418 | 3.85（4.10） |
| 28 | 615.8 | 1232 | 1847 | 2463 | 3079 | 3695 | 4310 | 4926 | 5542 | 4.83 |
| 32 | 804.2 | 1609 | 2413 | 3217 | 4021 | 4826 | 5630 | 6434 | 7238 | 6.31（6.65） |
| 36 | 1017.9 | 2036 | 3054 | 4072 | 5089 | 6107 | 7125 | 8143 | 9161 | 7.99 |
| 40 | 1256.6 | 2513 | 3770 | 5027 | 6283 | 7540 | 8796 | 10053 | 11310 | 9.87（10.34） |
| 50 | 1963.5 | 3928 | 5892 | 7856 | 9820 | 11784 | 13748 | 15712 | 17676 | 15.42（16.28） |

注：括号内为预应力螺纹钢筋的数值。

# 参 考 文 献

[1] 李晓红，赵庆辉．混凝土结构平法施工图识读与钢筋计算[M]．北京：科学出版社，2015．

[2] 陈达飞．平法识图与钢筋计算[M]．北京：中国建筑工业出版社，2012．

[3] 李文渊，彭波．平法钢筋识图算量基础教程[M]．北京：中国建筑工业出版社，2009．

[4] 中华人民共和国住房和城乡建设部．GB50010－2010（2015 年版）混凝土结构设计规范[S]．北京：中国建筑工业出版社，2010．

[5] 中华人民共和国住房和城乡建设部．GB50011－2010 建筑抗震设计规范[S]．北京：中国建筑工业出版社，2010．

[6] 中华人民共和国住房和城乡建设部．22G101 系列图集．混凝土结构施工图平面整体表示方法制图规则和构造详图[S]．北京：中国建筑标准设计研究院，2022．

[7] 中华人民共和国住房和城乡建设部．18G901 系列图集．混凝土结构施工钢筋排布规则与构造，2018．